1 巴贝拉 战吉成摄

2 法国蓝 陈谦摄

3 品丽珠 战吉成摄

4 赤霞珠 李德美摄

5 蛇龙珠 陈谦摄

6 佳利酿 李德美摄

7 卡曼娜 李德美摄

8 神索 战吉成摄

9 佳美 李德美摄

10-1 歌海娜 战吉成摄　　10-2 白歌海娜 李德美摄　　11 马尔贝克 李德美摄

12 马瑟兰 李德美摄　　13 美乐 李德美摄　　14 缪尼尔 李德美摄

15 慕合怀特 战吉成摄　　16 内比奥罗 战吉成摄　　17 小味儿多 战吉成摄

18 小西拉 战吉戎摄

19 黑比诺 战吉戎摄

20 皮诺塔吉 李德美摄

21 桑娇维塞 战吉戎摄

22 西拉 李德美摄

23 丹那 战吉戎摄

24 丹魄 李德美摄

25 本土图丽佳 李德美摄

26 增芳德 李德美摄

27 艾伦 李德美摄

28 阿里高特 李德美摄

29 霞多丽 战吉宬摄

30 莎斯拉 李德美摄

31 白诗南 战吉宬摄

32 福明特 陈谦摄

33 琼瑶浆 李德美摄

34 格雷拉 李德美摄

35 贵人香 陈谦摄

36 龙眼 李德美摄

37 玛尔维萨 战吉戎摄

38 玛珊 李德美摄

39-1 米勒 李德美摄

39-2 米勒 战吉戎摄

40-1 玫瑰香 谢强摄

40-2 小白玫瑰 李德美摄

41 小芒森 李德美摄　　42 白比诺 李德美摄　　43 灰比诺 李德美摄

44 雷司令 李德美摄　　45 长相思 李德美摄　　46 赛美蓉 战吉成摄

47 舍西亚尔 家宝玉酒　　48 西万尼 李德美摄　　49-1 威代尔 蔡明摄
庄（Justino's）提供

49-2 威代尔 蔡明摄

50 维奥妮 李德美摄

51-1 北冰红 兰义宾摄

51-2 北冰红 兰义宾摄

52 北醇 范培格摄

53 北红 范培格摄

54 北玫 范培格摄

55 北全 范培格摄

56 北玺 匡阳甫摄

57 北馨 匡阳甫摄　　58 爱格丽　张振文摄　　59 公酿一号 陈谦摄

60 公酿二号 陈谦摄　　61 红汁露 陈谦摄　　62 梅醇 陈谦摄

63 梅浓 陈谦摄　　64 梅郁 陈谦摄　　65 泉白 陈谦摄

66 泉玉 陈谦摄　　67 双丰（吉林）　　68 双红（吉林）
　　　　　　　　　宋润刚摄　　　　　宋润刚摄

69 双庆（吉林）　70 双优 陈谦摄　71 新北醇 匡阳甫摄　72 熊岳白 中国
　　陈谦摄　　　　　　　　　　　　　　　　　　　　　　葡萄志

73 雪兰红 杨义明摄　　74 郑果 25 号 刘崇怀摄　　75 左红一 杨义明摄

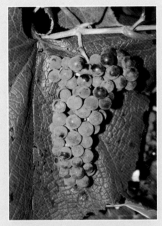

76 左山一　陈谦摄　　　77 左山二　杨义明摄　　　78 左优红　李海升摄

79 鸽笼白　战吉晟摄　　　80 白福尔　战吉晟摄　　　81 白玉霓　战吉晟摄

82 紫北塞　李德美摄　　　83 烟73　陈谦摄　　　84 烟74　陈谦摄

5BB   1   5BB   2

41B   1   41B   2

101-14   1   101-14   2

110R   1   110R   2

本页图片由 Galet Pierre 摄

140R   1   140R   2

420A   1   420A   2

1103P   1   1103P   2

3309C   1   3309C   2

本页图片由 Galet Pierre 摄

SO4　　1　　　　SO4　　2

弗卡　1　　　　弗卡　2

河岸葡萄　1　　　　河岸葡萄　2

本页图片由 Galet Pierre 摄

沙地葡萄　1　　　　沙地葡萄　2

北京市高等教育精品教材立项项目

普通高等教育农业部"十二五"规划教材

普通高等教育"十四五"规划教材

酿酒葡萄品种学
Wine Grape Varieties

第 3 版

战吉宬　李德美　主编

·北京·

内 容 简 介

本书总体上可分为两部分,第一部分(第一、二、三章)讲述了葡萄的起源和品种的分类、葡萄品种性状描述和评价方法、新品种选育的途径和方法等。作为酿酒葡萄品种学的基础,该部分多以酿酒葡萄品种举例。第二部分(第四、五、六章)则重点讲述了目前国内外推广种植的优良酿酒葡萄品种、砧木品种及品种的区域化等。通过广泛查阅资料,除酿酒葡萄品种的植物学和经济学特性外,该部分对不同品种的起源、发展、主要分布区域、适合酿造的酒种及酒质做了尽可能详细的描述。

图书在版编目(CIP)数据

酿酒葡萄品种学/战吉宬,李德美主编.--3版.--北京:中国农业大学出版社,2022.4
ISBN 978-7-5655-2756-2

Ⅰ.①酿… Ⅱ.①战…②李… Ⅲ.①葡萄—品种 Ⅳ.①S663.102

中国版本图书馆 CIP 数据核字(2022)第 053929 号

书　　名	酿酒葡萄品种学　第3版		
作　　者	战吉宬　李德美　主编		
策划编辑	梁爱荣	责任编辑	梁爱荣　魏　巍
封面设计	郑　川		
出版发行	中国农业大学出版社		
社　　址	北京市海淀区圆明园西路2号	邮政编码	100193
电　　话	发行部 010-62733489,1190	读者服务部	010-62732336
	编辑部 010-62732617,2618	出　版　部	010-62733440
网　　址	http://www.caupress.cn	E-mail	cbsszs@cau.edu.cn
经　　销	新华书店		
印　　刷	运河(唐山)印务有限公司		
版　　次	2022年6月第3版　2022年6月第1次印刷		
规　　格	185 mm×260 mm　16开本　13.5印张　340千字　彩插7		
定　　价	49.00元		

图书如有质量问题本社发行部负责调换

第 3 版编委会

主　　编　战吉宬（中国农业大学）

　　　　　　　李德美（北京农学院）

编写人员　（按姓氏拼音排序）

　　　　　　　黄卫东（中国农业大学）

　　　　　　　李德美（北京农学院）

　　　　　　　刘崇怀（中国农业科学院郑州果树研究所）

　　　　　　　王利军（中国科学院植物研究所）

　　　　　　　王秀芹（中国农业大学）

　　　　　　　温鹏飞（山西农业大学）

　　　　　　　游义琳（中国农业大学）

　　　　　　　战吉宬（中国农业大学）

第 2 版编委会

主　　编　战吉宬（中国农业大学）

李德美（北京农学院）

编写人员　（按姓氏拼音排序）

黄卫东（中国农业大学）

李德美（北京农学院）

刘崇怀（中国农业科学院郑州果树研究所）

王利军（中国科学院植物研究所）

王秀芹（中国农业大学）

温鹏飞（山西农业大学）

战吉宬（中国农业大学）

第1版编委会

主　　编　战吉宬（中国农业大学）

　　　　　　李德美（北京农学院）

编写人员　（按姓氏拼音排序）

　　　　　　黄卫东（中国农业大学）

　　　　　　李德美（北京农学院）

　　　　　　刘崇怀（中国农业科学院郑州果树研究所）

　　　　　　王利军（中国科学院植物研究所）

　　　　　　王秀芹（中国农业大学）

　　　　　　温鹏飞（山西农业大学）

　　　　　　战吉宬（中国农业大学）

第 3 版前言

《酿酒葡萄品种学》于 2010 年 4 月第一次出版,2015 年 4 月经过修订后第二次出版。至今,本书第 2 版也已出版 6 年。世界葡萄酒产业发展迅速,随着新的葡萄酒产区的出现和发展,许多数据资料有了新变动。本次修订增加了部分新内容,强调了酿酒葡萄品种培育过程中研究人员的创造性工作,将立德树人教育融入本书,并对最新研究结果和先前的认识误区进行比较分析,突出创新的重要性。此外,本次修订还更新了部分数据,同时对书中一些外文地名和人名进行了翻译。

参加本次修订的有:中国农业大学战吉宬教授、黄卫东教授、王秀芹副教授、游义琳副教授,北京农学院李德美副教授,山西农业大学温鹏飞教授,中国农业科学院郑州果树研究所刘崇怀研究员,中国科学院植物研究所王利军研究员等,最后由战吉宬教授统稿。

本书在修订过程中得到了中国农业大学出版社梁爱荣老师的支持和帮助,她为本书的修订提供了许多建议,在此表示真挚的感谢!

编　者

2021 年 10 月

第 2 版前言

　　《酿酒葡萄品种学》(第 1 版)属于北京市高等教育精品教材立项项目,由中国农业大学战吉宬、王秀芹和黄卫东,北京农学院李德美,山西农业大学温鹏飞,中国农业科学院郑州果树研究所刘崇怀,中国科学院植物研究所王利军等 5 个单位共 7 位同志合力编写,战吉宬、李德美任主编,2010 年 4 月第一次出版。

　　至今,本书第 1 版已出版 5 年,其间多次印刷,并在 2011 年获得中国大学出版社第二届优秀教材一等奖。本书所提供的各品种的翔实资料,给葡萄和葡萄酒行业的从业人员和葡萄酒爱好者提供了许多帮助,深受读者的欢迎和喜爱。

　　本书第 1 版虽然取得一定成绩,但也存在一些错误和遗漏。另外,5 年的时间虽然不长,但随着中国葡萄酒产业的飞速发展,原来的资料难以全面反映现实,需要及时更新和补充。这次修订,原有的章节顺序没变,主要修改了部分文字错误,增加了部分新的内容,更新了部分数据,同时对书中酿酒葡萄品种按照其外文名或汉语拼音的首字母重新排序,以方便读者查阅。由于编者水平有限,仍难尽如人意,敬请读者们批评指正。

　　参加本次修订的有:中国农业大学黄卫东教授、战吉宬副教授、王秀芹副教授,北京农学院李德美副教授,山西农业大学温鹏飞教授,中国农业科学院郑州果树研究所刘崇怀研究员,中国科学院植物研究所王利军研究员等。最后由战吉宬统稿。

　　在修订过程中得到了许多老师、同学和朋友的支持和帮助,尤其是中国农业大学葡萄与葡萄酒工程专业的学生为本书的修订提供了许多建议。在此向各位老师、同学和朋友表示真挚的感谢!

编　者

2015 年 4 月

第1版前言

近二十年来,中国的葡萄酒产业得到飞速发展。为促进葡萄酒产业的健康发展,需要一大批相关技术人才。自2004年教育部设立葡萄与葡萄酒工程专业以来,已有西北农林科技大学、中国农业大学等许多高等院校先后设立了该专业,成为中国葡萄酒产业发展的人才基地。在西北农林科技大学等设立相关专业的院校和许多从事相关专业教学的老师们的努力下,编制了一系列专业教材,有力地促进了学生对专业知识的学习。其中涉及酿酒葡萄品种的主要教材有贺普超、罗国光先生主编的《葡萄学》和张振文教授主编的《葡萄品种学》。这两本教材覆盖面较广,涵盖了鲜食、酿酒、制汁、制干等生产上应用的葡萄品种。酿酒葡萄这一类别是根据葡萄的用途划分而来的,它既具有葡萄种的共性,还具有适合酿造葡萄酒的特性。葡萄酒的特点与用于酿酒的葡萄品种、产地及生产过程中的许多因素密切相关,其中酿酒葡萄品种对葡萄酒的特征和质量起着决定性的作用,对其风格和个性也有很大的影响。在以产地命名葡萄酒的国家和地区,尤其欧洲国家,每一个产地都规定只能用限定的一个或几个葡萄品种,而不能用另一些品种生产地理标志葡萄酒。而优良酿酒葡萄品种只有辅之需要的生态条件、良好的栽培技术和适合的酿造工艺,才能充分表现出品种的固有品质,从而酿造出具有地域特色的优质葡萄酒来。随着葡萄酒专业教学的进一步深入,需要一本专门讲述酿酒葡萄品种的教材,这是本书编写的初衷。

本书总体上可分为两部分,第一部分讲述葡萄种的起源和品种的分类、葡萄品种性状描述、评价方法、新品种选育的途径和方法等,作为酿酒葡萄品种学的基础,该部分内容是在已有的《葡萄学》(贺普超、罗国光主编)、《葡萄学》(贺普超主编)、《中国葡萄志》(孔庆山主编)、《葡萄品种学》(张振文主编)基础上编写而成的。由于该部分多为基础知识,所以变动不大,补充了部分资料并简化了部分内容,同时注意多以酿酒葡萄品种举例。在此特别对以上几位编著者表示感谢。第二部分则重点讲述目前国内外推广种植的优良酿酒葡萄品种、砧木品种及品种的区域化等。通过广泛查阅资料,除酿酒葡萄品种的植物学和经济学特性外,该部分对不同品种的起源、发展、主要分布区域、适合酿造的酒种及酒质做了尽可能详细的描述。该部分是本书的重点,也是不同于先前几本教材的主要方面。

本书编写过程中得到了许多老师和同学的支持和帮助。中国农业大学食品学院的硕士研究生游义琳、陈代、李乐、赵育、盛启明及葡萄与葡萄酒专业的部分学生为本书的编写整理了大量资料,罗梅同学还对本书的文字和图表做了大量校对工作。《中国葡萄酒》杂志社的满蕾做了部分编辑工作。中国农业大学王军副教授和《中外葡萄与葡萄酒》杂志社陈谦主编提供了部分照片。中国农业大学出版社的梁爱荣女士为本书的出版提供了很好的帮助。在此向各位老师、同学和朋友表示真挚的感谢。同时感谢北京市科学技术委员会"优质葡萄酒产业带关键技术开发与示范工程——葡萄酒庄及葡萄酒技术研发平台建设"项目(D07060501700703)为本书出版提供的部分资助。

　　本书除满足高等院校葡萄与葡萄酒专业的教学需要外,希望能给中国各葡萄酒产区在酿酒葡萄品种和酒种选择方面提供借鉴,因此适合作为各企业原料基地的技术人员和各产区的相关部门管理人员的参考书。该书亦适合葡萄酒爱好者参考使用。

　　由于酿酒葡萄品种本身对环境具有一定的适应性,其性状在不同地区会略有差异,因此读者借以对照某一地区的品种表现时会存在一些差异。限于编者的经验,书中可能会出现一些错误,恳请读者批评指正。如读者发现错误,希望能够直接给编者写信(zhanjicheng@cau.edu.cn),以备下次修订。

编　者
2009 年 10 月

目　　录

第1章

绪　　论

1.1　酿酒葡萄品种的概念

植物品种是人们在生产中为了满足某一方面的需要而选择和培育出的一群在形态上和经济性状上相似的植物个体。它们具有相同的遗传基础，对环境条件有一定的适应能力，因而在一定地区和一定栽培条件下，能够生产出符合人们需求的产品并获得较高的经济效益。酿酒葡萄品种是指人们为了满足酿造葡萄酒的需要而在葡萄种或品种的基础上选择和培育出的一些葡萄品种。

葡萄是起源最古老的植物之一，在数百万年前已遍布北半球，由于大陆分离和冰河时期的影响，发展成了多个葡萄种。目前栽培上所用的品种多源于欧亚种葡萄（*Vitis vinifera* L.）——起源自欧亚大陆，是经过第四纪冰川之后，唯一存活下来的葡萄种。根据品种起源和分布，起源于欧亚种葡萄的诸多品种又可分为西欧品种群、黑海品种群和东方品种群。西欧品种群起源于西欧的法国、意大利、西班牙等国，多数为酿酒品种。中国目前栽培面积较大的赤霞珠、霞多丽、贵人香、法国蓝、黑比诺等均属于该品种群。黑海品种群起源于黑海沿岸及巴尔干地区，在中国一度栽培面积较大的白羽和晚红蜜等属于该品种群。东方品种群起源于西亚地区，原产自中国的无核白、龙眼等属于该品种群。

品种选育是农业生产中提高产量和改进品质的主要途径之一。当前生产上栽培的酿酒葡萄种，多是人们从野生葡萄中经过长期栽培，不断选择优化出来的；少部分是育种工作者用现代方法选育的。借助现代科学技术，酿酒葡萄品种育种的进程有所加快，不断有新的酿酒葡萄品种选育出来，应用到生产当中。

对于某个具体的品种而言，只有当适宜的生态条件存在时，品种才能发挥其最大的生产潜力。在世界范围内，甚至在一个国家内，气候土壤条件是多种多样、千差万别的，这就需要选育适应不同地区的品种。对酿酒葡萄品种来讲，这一点尤其值得注意。

1.2　世界酿酒葡萄品种栽培概况

世界上登记的葡萄品种名称有 16 000 个左右,除去同物异名的,还有 10 000 余个。最早的葡萄品种志是由法国的皮埃尔·维亚拉(Pierre Viala)和维克多·维莫瑞尔(Victor Vermorel)主持编写的,有七卷之多,记录了 5 200 个品种,24 000 个异名。根据 2013 年由 OIV 公布的《葡萄品种的多样性》,当时全世界种植有 6 154 个葡萄品种,分布在 35 个国家,其中格鲁吉亚最多,有 524 个。目前世界葡萄总产量的 80%～90% 都用于酿造葡萄酒。杰西斯·罗宾逊(Jancis Robinson)等著的《酿酒葡萄品种》一书就介绍了 1 368 个酿酒葡萄品种。澳大利亚阿德莱德大学 2020 年发布的一项统计结果显示,截至 2016 年世界上 1 558 个酿酒葡萄品种栽培情况如下:赤霞珠(Cabernet Sauvignon)的全球栽培面积为 31.1 万 hm^2,高居第一位。其他依次为美乐(Merlot) 26.6 万 hm^2,丹魄(Tempranillo)21.8 万 hm^2,艾伦(Airen) 20.4 万 hm^2,霞多丽(Chardonnay)20.2 万 hm^2,西拉(Syrah)18.4 万 hm^2,黑歌海娜(Garnacha Tinta)15.0 万 hm^2,长相思(Sauvignon Blanc)12.5 万 hm^2,白玉霓(Trebbiano Toscano)12.0 万 hm^2,黑比诺(Pinot Noir)10.5 万 hm^2。如果按果实颜色进行划分,红色品种 252.7 万 hm^2,占全部品种的 56%;白色品种 195.6 万 hm^2(包含灰色品种 11.0 万 hm^2),占全部品种的 44%。而在 20 年前,白色品种占据主要地位。

1.3　中国酿酒葡萄栽培的历史和品种分类

考古资料显示,栽培葡萄较早的发源地可能是在黑海和地中海沿岸地区。5 000～7 000 年前,埃及、底格里斯河和幼发拉底河流域、外高加索、中亚细亚等地开始进行葡萄栽培。6 000 年前古埃及的壁画上已有葡萄棚架栽培、采收、榨汁和酿酒的描绘。黑海、里海和地中海沿岸国家被认为是世界上最古老的葡萄栽培和酿酒的中心地区。大约 3 000 年前,希腊的葡萄栽培已经相当兴盛,以后沿地中海向西传播至欧洲各地,15 世纪后陆续传入美洲一些国家、南非、澳大利亚和新西兰。在亚洲通过伊朗等传至中国、朝鲜、日本。

根据文献记载,中国欧亚种葡萄栽培始于 2 000 多年前的汉武帝时代,由张骞出使西域(从甘肃敦煌以西的阳关,到新疆乃至中亚细亚,再至伊朗等地,汉代统称为西域)期间从当时的大宛国,现在乌兹别克斯坦的费尔干纳(Fergana)引入。《史记·大宛列传》中记载"宛左右以蒲陶为酒,富人藏酒至万馀石,久者数十岁不败。俗嗜酒,马嗜苜蓿。汉使取其实来,于是天子始种苜蓿、蒲陶肥饶地。及天马多,外国使来众,则离宫别观旁尽种蒲陶、苜蓿极望"。《汉书》中载"汉使采蒲陶、目宿种归。天子以天马多,又外国使来众,益种蒲陶、目宿离宫馆旁,极望焉。"(目宿,即苜蓿)。《齐民要术》中载"汉武帝使张骞至大宛,取蒲陶实,于离宫别馆旁尽种之。"葡萄当时名"蒲陶",很可能就是从大宛语(Fergana) 的 Bu-daw 音译而来。另外,根据新疆尼雅遗址的考古发现,新疆地区栽培酿酒葡萄的时间应比张骞出使西域更早,估计在 2 300～2 500 年前。

虽然自张骞出使西域引进欧亚种葡萄之后,中国就有了葡萄酒酿造的记载,但那时使用的品种还是以鲜食为主的兼用种,如龙眼、无核白等东方品种群的品种,真正规模引进、栽培专用酿酒葡萄品种的历史距今不过百余年,即开始于 1892 年烟台张裕酿酒公司建立,此后发展缓慢。

现代中国葡萄酒产业比较重视世界优良酿酒葡萄品种的引进和推广工作,据原农业部统计,仅 1997 年从法国引进赤霞珠、美乐等品种的苗木就超过 400 万条,繁殖苗木 2 000 万株。赤霞珠、霞多丽等国际名种已占到中国酿酒葡萄品种的 80% 以上。

1.4　中国酿酒葡萄品种引种和选育的历史及现状

1.4.1　中国酿酒葡萄品种引种和选育历史

中国最早有目的地规模引入国外优良酿酒葡萄品种始于 1892 年,山东烟台张裕酿酒公司建立之时,从欧洲引入了 120 多个优良品种,其中许多仍是当今世界优良品种。

20 世纪 50 年代至 60 年代,中国从苏联、罗马尼亚、保加利亚、匈牙利等国又引入了上百个葡萄品种,酿酒葡萄品种有小粒麝香、晚红蜜、白玉霓、白羽等。

20 世纪 80 年代后,随着对外开放和葡萄酒产业的快速发展,中国再度从法国、美国、德国、意大利等国家引进一批世界优良酿酒葡萄品种及品系,如赤霞珠、品丽珠、美乐、西拉、黑比诺、神索、增芳德、霞多丽、雷司令、米勒、赛美蓉、白诗南、白玉霓、琼瑶浆、长相思等。国内的葡萄酒厂,当时的长城、华夏、王朝和华东葡萄酒公司,每次引进数万、数十万甚至百万以上的酿酒葡萄种苗或种条,直接定植或扦插建园,建立了自己的酿酒葡萄原料基地。

20 世纪 90 年代后期,为适应酿酒葡萄种植基地大面积发展的需要,天津、宁夏、陕西、河北等地再次进行了大规模的酿酒葡萄引种。这次引种主要是少数几个优质酿酒葡萄品种,如赤霞珠、品丽珠、美乐、黑比诺、霞多丽、增芳德等,其特点是引入了同一品种的多个营养系及无病毒苗木或枝条。

2000 年之后,各地酒企开始根据生产需要和自身条件,有目的地进口国外优良苗木建园。

1.4.2　中国酿酒葡萄品种引种和选育现状

对中国酿酒葡萄品种引种的研究起始于 20 世纪 50 年代,在 50—90 年代的 40 年中,先后有 40 多个单位开展酿酒葡萄品种的引种、育种和酿造试验,选出 140 多个较好的酿酒葡萄品种,其中用于葡萄酒生产的世界优良酿酒葡萄品种有 20 多个。50 年代末,轻工业部下达了选育优良酿酒葡萄品种的任务。1965 年第一次对试验结果进行了鉴定。共对 128 个酿酒葡萄品种和杂交单株进行酿酒试验,从中选出适宜在北京、兴城两地栽培的酿酒优良品种 16 个(包括 3 个重复品种)。红品种有:黑比诺、法国蓝、晚红蜜、北醇、北红、北玫、塞必尔 2002 号;白品种有:李将军、贵人香、白比诺、白羽、巴娜蒂、白雅、新玫瑰、白马拉加和底拉洼。其中黑比诺、晚红蜜、法国蓝、北醇、白羽、贵人香、白雅 7 个品种在生产中得到推广。这是中国最早进行的一次较大规模的酿酒葡萄品种选育试验。1979 年,轻工业部再次下达重点科研项目"酿酒葡萄优良种选育",自 1980 年开始从法国、德国、美国引进国际名种 23 种,1981 年从意大利获赠 10 个优良品种,1982 年又从法国引进 10 个良种。这些优良品种先后在北京通县、河北沙城、新疆鄯善三地种植了 40 余 hm²。自 1981 年又将这些优良品种的枝条移至河北昌黎进行繁殖。20 世纪 80 年代初至 90 年代末的 20 年间,随着葡萄酒产业的发展,开始将前几十年选出的优良酿酒品种用于生产。长城、华东、王朝等葡萄酒公司相继建立,并多批次、大批量地从法国、德国等欧洲国家引进世界优良酿酒葡萄品种种苗建园。

中国早期的酿酒葡萄品种的育种工作,在北方以培育红色、抗寒品种为主要目标,目的是获得能抵抗 -25 ℃ 低温、在东北和华北一带冬季无需埋土防寒且含糖量高、适合酿酒的葡萄新品种。中部地区以培育丰产、抗性强、酒质优良的品种为重点。1952～1992 年,全国有 10 多家单位开展酿酒葡萄的杂交育种工作,共育出 20 多个新品种。原山东省葡萄试验站、烟台葡萄酒厂、中国农科院郑州果树所等单位育成的梅醇、泉玉、烟 73、烟 74 等葡萄品种,亲本多为西欧品种,酒质、色泽和丰产性较好。吉林、辽宁、北京等地的科研单位则以抗寒的山葡萄为亲本,先后育出公酿一号、公酿二号、北醇、北红、北玫、北全等抗寒酿酒葡萄品种,不但可抗 -20 ℃ 的低温,而且酒质、出汁率、产量等指标都优于山葡萄,但受市场因素影响,这些葡萄品种的栽培推广有限。

1.5 酿酒葡萄品种学的研究内容和任务

酿酒葡萄品种学是专门研究酿酒葡萄品种分类、性状描述与评价方法、品种区域化、品种特性、酿酒品质评价方法等的一门专业课程。

酿酒葡萄品种学的主要研究内容和任务是:研究酿酒葡萄种质资源评价、酿酒葡萄主要性状描述与评价的方法、酿酒葡萄选育、酿酒葡萄的酿酒品质评价、酿酒葡萄品种的区域化等。

第 2 章

葡萄的起源与分类

2.1　葡萄的起源

葡萄,也称"草龙珠""蒲桃""山葫芦"等,是人类驯化栽培最早的果树植物之一。与其他果树一样,葡萄同样起源于野生种,在漫长的历史长河中,通过人类的收集、整理、驯化而成为栽培种,即人为的活动和选择使野生种逐渐成为栽培种。据考证,葡萄起源于欧亚大陆和北美洲,随着人类文化和经济的交流而逐渐扩展到欧洲乃至全世界。

考古研究发现,在距今 6 700 万年到 1.3 亿年的显生宙中生代白垩纪地质层中存在葡萄科植物。而在新生代第三纪(距今约 6 500 万年)的化石中,考古学家发现了葡萄属植物叶片和种子的化石。这表明早在新生代第三纪,葡萄属植物(如奥瑞基葡萄,*Vitis olrikii* Heer.)已经遍布欧亚大陆北部和格陵兰岛西部。据推测,当时的葡萄属植物是在日照充足的空旷地上生长的喜光矮小灌木,后来由于森林的扩张,旷地逐渐被森林覆盖,为了得到更多阳光,葡萄的花序在进化过程中突变为卷须,获得了攀缘习性,逐渐演化成攀缘植物,并具备了许多与之适应的形态特征,如超强的极性、粗大的导管与筛管、较大的根压、合轴分枝等。后期研究结果表明,葡萄芽发育成花序还是卷须明显依赖于芽内赤霉素和细胞分裂素两种内源激素的平衡(Srinivasan and Mullins, 1981; Martinez and Mantilla, 1993)。

此后,由于大陆分离,广阔的、连片的陆地被分割成几大块陆地,原始葡萄被分隔到欧亚大陆和美洲大陆。再加上冰川的侵袭,使得大部分葡萄种灭绝。冰川期之后,许多葡萄种在欧洲绝迹,如曾在法国发现的泰托尼卡葡萄(*Vitis tentonica* A. Br.)。在第三纪末期出现的森林葡萄(*Vitis vinifera* ssp. *silvestris* Gmel.)可能是冰川期之后唯一幸存的葡萄种,成为后来普遍栽培的欧亚种葡萄(*Vitis vinifera* L.)的原始祖先。

相比之下,东亚地区受冰川侵袭程度较轻,40 余种的葡萄种(贺普超等,1999)得以保留,在当地居民无意识和有意识的选择下形成了一些比较原始的栽培类型。如原产自中国东北地区、俄罗斯远东地区和朝鲜的山葡萄(*Vitis amurensis* Rupr.),能够抵抗－50 ℃低温而不产生任何冻害症状(欧亚种葡萄的抗低温极限值仅为－22～－20 ℃),是葡萄属中生长期最短、抗寒性最强的种。又如,在江西由野生刺葡萄驯化而来的'塘尾'葡萄,不仅果实品质佳、耐贮运,而且具有极强的抗病性。

北美洲受冰川侵袭也较轻,有30余种葡萄得以保留下来(贺普超等,1999)。由于葡萄长期生长在不同的环境下,形成了许多葡萄种,具备了不同的特性。如河岸葡萄和美洲葡萄抗寒性较强,而沙地葡萄和山平氏葡萄抗旱性较强。此外,由于北美洲东南部是葡萄根瘤蚜、霜霉病等病害的发源地,因而美洲葡萄种群多具有极强的抗病性。

葡萄属内各个种现今的分布范围是最后一次冰川期作用的结果,周期性的冰川进退深刻影响着葡萄属植物的进化。同时,美洲大陆和欧亚大陆山脉走向对葡萄属进化也具有重要作用(王军和段长青,2010)。

目前,关于人类最初栽培葡萄和酿造葡萄酒的年代尚无确切的文献记载及确凿的考古发现。现有证据表明,从新石器时期(公元前8500～前4000年)开始,人类就有意识地酿造葡萄酒。2004年,中美科学家对中国河南新石器时期贾湖遗址(距今7 000～9 000年)出土的陶器内壁附着物进行分析,证实了陶器内装有一种由大米、蜂蜜和葡萄混合发酵而成的饮料。在距今6 000年的埃及Phtah Hotep墓址中,浮雕清晰展现了古埃及人种植、收获葡萄和酿造葡萄酒的场景。这也同样证实,远东地区是葡萄、葡萄酒的起源地,欧洲则是后起源中心,即栽培葡萄的后驯化与传播中心(王华等,2016)。

综上所述,葡萄的起源地为北半球的温带和亚热带地区,即北美、欧洲中南部和亚洲北部。全世界所有葡萄种都来源于同一祖先,但由于大陆分离、冰川及山脉走向的影响,将其分隔在不同的地区,进而经过长期的适应,再加上人类有意识或无意识地选择和交流,使现今葡萄各种之间产生了明显的区别。

2.1.1 欧亚种葡萄在欧洲和东亚的传播

欧亚种葡萄是人类栽培驯化最早的果树之一,可以追溯到公元前4000年或更早。据康多尔和瓦维洛夫考察,南高加索地区与中亚细亚的南部及阿富汗、伊朗、小亚细亚半岛邻近地区是栽培葡萄的原产地。在新石器时代,虽然野生葡萄分布于欧洲许多地方,但考古学资料表明,葡萄的驯化首先发生在地中海东部沿岸地区。考古学家发现,远在7 000～7 400年前,伊朗扎格罗斯山脉北部就开始栽培葡萄和酿酒。在土耳其,也发现了驯化的葡萄种子。这表明,在5 000～7 000年前,葡萄就广泛栽培在南高加索、中亚细亚、叙利亚、土耳其等地。

随着贸易交流,在5 000～5 500年前,葡萄传至埃及和美索不达米亚地区,进一步扩散到地中海地区(Mediterranean),如希腊、埃及。考古发现,在希腊一座古墓的墓壁上有一幅公元前2世纪的浮雕,向世人清楚地展示着阿波罗和胜利女神共同向造物主敬献葡萄的景观。因而,公元前2000年,希腊的葡萄栽培业已极为兴盛。虽然古代希腊人确信底比斯(Thebes)是人类第一株葡萄栽培的故乡,但葡萄驯化栽培并非起源于希腊,只不过希腊以其所处的特殊地区,在欧亚种葡萄的驯化和传播中发挥了重要作用。巴尔干半岛土壤贫瘠,不适于种植谷物,而地中海气候却为希腊人创造了得天独厚的葡萄种植条件。曲折绵长的海岸线提供了天然良港,海上发达的交通促进了希腊早期的海外殖民和贸易,使大多数城邦都进行以输出葡萄酒为主的商品贸易,毫无疑问,这都为葡萄的栽培和传播奠定了基础。正如威尔·杜兰所说:"如此贫瘠的土地上竟出现如此多的城镇,真是令人吃惊!……仅有充满冒险性的贸易业及对橄榄与葡萄的耐心种植培育,才促成了阿提卡之文明"(贾长宝,2013)。

公元前1500年,欧亚种葡萄由希腊经西西里岛(Sicily)传入意大利;公元前6世纪,葡萄栽培和葡萄酒酿造技术通过马赛港(Marseille)传入高卢(即现在的法国)。继而,罗马人把葡萄园从高卢南部扩大到北部,从东部扩展到西部,直到其全部。葡萄园从罗纳河谷开始,相继经过勃艮第、波尔多、达卢瓦尔山谷、洛林地区等,直至最北部罗马边界。在这一传播过程中,基督教徒成为葡萄和葡萄酒忠实的推广者,大大促进了当地经济发展和葡萄文化的形成。

此后,随着罗马帝国的扩张,葡萄栽培和葡萄酒酿造技术迅速传遍法国、西班牙、北非及德国莱茵河两岸,并在欧洲快速发展,以至于欧洲人视葡萄酒为"生命之水"。此后,罗马帝国的衰败和欧洲中世纪的"黑暗时代"禁锢了葡萄和葡萄酒的传播,导致葡萄和葡萄酒发展停滞不前近1000年。

公元15~16世纪,跟随冒险家们的步伐,葡萄和葡萄酒传播速度加快。据记载,1530年葡萄种植技术传播到墨西哥和日本。此后,秘鲁也开始种植葡萄。1655年,南非开始种植葡萄。16世纪文艺复兴后,传教士将欧亚种葡萄种子和插条由法国、德国、西班牙、意大利、东欧等地带入美国。到17世纪末、18世纪初叶,葡萄栽培和酿酒业在欧洲非常发达,许多欧洲国家,如法国、西班牙、葡萄牙、意大利、匈牙利等都是葡萄酒贸易的垄断国家。

与此同时,欧亚种葡萄向东传到中国西部,并继续向东传到西北、华北一带。19世纪,欧亚种葡萄传入南非、澳大利亚、新西兰、日本等国。到目前为止,欧亚种葡萄几乎遍布全世界。

2.1.2 欧亚种葡萄在中国的传播

中国的葡萄栽培历史悠久,如《诗经·王风·葛藟》记载道:"绵绵葛藟,在河之浒。终远兄弟,谓他人父。谓他人父,亦莫我顾。"《诗经·豳风·七月》记载道:"六月食郁及薁,七月亨葵及菽。八月剥枣,十月获稻,为此春酒,以介眉寿。"这表明:早在殷商时代,中国劳动人民已知道采集并食用各种野葡萄了,并认为葡萄是延年益寿的珍品。这也从侧面反映,早在殷商时代中国已存在野生葡萄。约3000年以前的周朝,中国就存在了人工栽培的葡萄园。《周礼·地官司徒》中记载:"场人,掌国人之场圃,而树之果、珍异之物,以时敛而藏之。"不过,那时葡萄的栽培还未普及,仅作为皇家果园的珍稀果品。

欧亚种葡萄主要通过丝绸之路由西域引进中国。目前,一般认为中国最早种植欧亚种葡萄、酿造葡萄酒的地区是新疆。而在中国古代史籍中,新疆属于"西域",狭义是指葱岭以东的广大地区,即昆仑山以北、敦煌以西、帕米尔高原以东的今新疆天山南北地区,而广义则泛指玉门关以西,通过狭义西域所能达到的地区,其核心部分则是包括中国新疆在内的中亚地区(陈习刚,2009)。近年来在新疆苏贝希墓考古中发现了战国时期的葡萄籽。因而,新疆早在公元前5世纪已有葡萄种植的历史,但新疆何时开始种植葡萄的,史籍记载不详。陈习刚认为,公元前5世纪西域用来酿造葡萄酒的葡萄可能是欧洲葡萄种群,大约在波斯帝国时期经小亚细亚地区、南高加索地区、伊朗高原及中亚细亚与锡尔河地区向东传入新疆。

西汉时期,张骞奉汉武帝之命出使西域,看到"宛左右以蒲陶为酒,富人藏酒至万馀石,久者数十岁不败……"(《史记·大宛列传》)。因而,张骞出使西域不仅将中国的丝绸带入西方,使其成为贵族身份的象征,而且也将西域的葡萄栽培及葡萄酒酿造技术引进中原,极大地促进中原地区葡萄栽培与酿造业的发展。因而,欧亚种葡萄引入的路线大概是从中亚细亚进入新疆,到达兰州,最后到达汉朝京城长安。当时,葡萄酒十分珍贵。据《太平御览》(卷972)中引《续汉书》"扶风孟他以葡萄酒一斛遗张让,即以为凉州刺史"。后苏轼对此事感慨道:"将军百战竟不侯,伯郎一斗得凉州。"

三国时期(公元220—280年),民间葡萄种植业得到了长足发展,黄河流域已经种植有品质优良的葡萄品种。唐朝是中国葡萄种植和葡萄酒酿造的辉煌时期,葡萄和葡萄酒走出官府,走入民间。李白诗中"葡萄酒,金叵罗,吴姬十五细马驮……"不仅反映了葡萄酒在唐代已经普及到民间,而且也表明葡萄价值不菲,可与金叵罗一样,作为少女出嫁的嫁妆。此外,唐代还有许多有关葡萄和葡萄酒的著名诗句,如王翰的"葡萄美酒夜光杯,欲饮琵琶马上催";刘禹锡的"珍果出西域,移根到北方";韩愈的"柿红蒲萄紫,看果相扶擘";白居易的"常撷紫葡萄,绮花红石竹"等。这都表明,葡萄种植和葡萄酒酿造在唐朝广泛流传至民间。唐宋八大家之一的苏轼,被贬后在《谢张太守送蒲桃》中写道:"冷官门户日萧条,亲旧音书半寂寥。惟有太原张县令,年年专遣送蒲桃。"此外,公元6世纪贾思勰所著《齐民要术》记述了北方地区劳动人民创造的葡萄埋土防寒越冬法"十月中,去根一步许,掘作坑,收卷葡萄,悉埋之"和葡萄果实的贮藏保鲜方法"极熟时,全房折取。于屋下作荫坑,坑内近地凿壁为孔,插枝于孔中,还筑孔使坚。置土覆之,经冬不异也。"

元代是中国古代葡萄酒的兴盛时期,葡萄种植面积之大,地域之广,酿酒数量之巨,都是前所未有的。《马可·波罗游记》中记载了公元13世纪元代河北、山东、山西等地种植葡萄的情况:"……出太原府,过桥三十里(公里)有大片葡萄园,还有很多酒……"

明朝徐光启的《农政全书》(卷30)曾记载了中国栽培的葡萄品种"水晶葡萄晕色带白;紫葡萄,黑色,有大小两种,酸甜两味;绿葡萄,出蜀中……"中国医学巨著《本草纲目》中记载"葡萄,《汉书》作蒲桃,可以造酒,饮人则陶然而醉,故有是名。其圆者名草龙珠,长者名马乳葡萄,白者名水晶葡萄,黑者名紫葡萄。《汉书》言张骞使西域还,始得此种。"

从张骞出使西域至清代,所引入的葡萄种子(或苗木)经过多年的人工选育和风土驯化,最终形成了所谓欧亚种葡萄中的一个相对独立的品种群"中国品种群"(中国东方品种群)。现在,中国西北、华北各地的一些古老品种,如龙眼、牛奶、红鸡心、白鸡心、黑鸡心、无核白、红木纳格、和田红、哈什哈尔等都属于这个生态品种群。

2.1.3 葡萄栽培品种的形成与发展

与其他农作物品种一样,葡萄的品种选育工作与人类从事农业生产的历史密不可分。从游牧改为定居后,人类随手将采集回来、吃剩的野果(包括葡萄在内)种子丢弃在住所周围,发现这些树苗能够生产可食用的野果,从而开始有意识的栽培。在此后漫长的岁月里,自然变异加上人类选择,逐渐形成了一些葡萄品种,如Galet在《法国的葡萄及其品种》中详细描述了229个酿酒品种和175个鲜食品种。

19世纪中叶,由于贸易和种质资源交流,北美洲的真菌病害和根瘤蚜陆续传入欧洲,使欧洲的葡萄业遭受了毁灭性打击。此后,美洲种砧木的使用,才使欧洲葡萄业逐渐发展起来。由于美洲葡萄种间易于杂交,对根瘤蚜和真菌病害具有很强的抗性,适应性广,因而被用于培育抗性砧木和品种,它在世界葡萄栽培中发挥了巨大作用。在18世纪末至19世纪初,随着人类对植物遗传和变异的了解,特别是认识到杂交是引起变异的重要原因后,有计划的杂交育种工作开始了。瑞士米勒·图尔高(Muller Thurgau)于1891年采用杂交的方法,用雷司令和西万尼(也有不同说法)作亲本,育成了酿酒品种"米勒";德国欧柏林(Oberlin)育成了一系列雷司令型酿造品种;意大利皮罗瓦纳(Pirovana)也育成了53个鲜食葡萄品种。1951年,吉林省果树研究所率先开展葡萄抗寒育种,采用杂交方法已成功育出了公酿一号、公酿二号2个新品种。1954年,中国科学院植物研究所北京植物园以山葡萄和欧亚种葡萄玫瑰香为亲本,采用杂交方法育成了北醇、北红、北玫、北玺和北馨。至今,杂交育种仍是葡萄育种的主要手段。

第三纪保留下来的东亚种群葡萄野生种,有些在当地居民的无意识和有意识选择下形成了一些比较原始的栽培类型,如由刺葡萄驯化而成的'塘尾',又如分布于中国东北、俄罗斯西伯利亚及朝鲜北部等地区的山葡萄,能耐−50～−40 ℃的低温,被广泛用作选育抗寒品种的亲本。

近年来,随着细胞遗传学、生物化学、分子遗传学、分子生物学等学科的发展,以及组织培养、基因工程在内的生物技术的发展,为葡萄的育种工作提供了有力的手段,也为葡萄的育种工作开辟了新途径和新方法。

2.2 葡萄的系统分类

2.2.1 葡萄科植物分类

在植物分类学中,葡萄科(Vitaceae)属于被子植物门(Angiospermae)双子叶植物纲(Dicotyledoneae)鼠李目(Rhamnales)。按照托帕勒分类方法,葡萄科共有14个属,968种。1990年,李朝銮又将俞藤属(*Yua* C. L. Li)加入葡萄科。因而,葡萄科现有15个属,共970种,葡萄科各属学名、染色体数及所含种数如表2.1所示。

表 2.1 葡萄科各属学名、染色体数及所含种数

序号	属名	染色体数	所含种数
1	*Cyphostemma* (Planch.) Alst.	$2n=20,22,44,66$	230
2	*Cissus* L. 白粉藤属	$2n=24,26,28,36,40,48,50,96$	319
3	*Cayratia* Juss. 乌蔹莓属	$2n=30,40,60,80$	61
4	*Tetrastigma* Miq. 崖爬藤属	$2n=22,44,52$	120
5	*Acareosoperm* Gagnep.	$2n=?$	1
6	*Clematicissus* Planch.	$2n=40$	1
7	*Rhoicissus* Planch.	$2n=40$	12
8	*Pterisanthes* Blume.	$2n=?$	20
9	*Ampelocissus* Planch.	$2n=40,80$	90
10	*Vitis* (Tournef.) L. 葡萄属	$2n=38,40$	70
11	*Pterocissus* Urb. Et Ek.	$2n=?$	1
12	*Parthenocissus* Planch. 爬山虎属	$2n=40$	19
13	*Landukia* Planch.	$2n=40$	1
14	*Ampelopsis* Michx. 蛇葡萄属	$2n=40$	23
15	*Yua* C. L. Li 俞藤属	$2n=?$	2

引自:贺普超,1999。

葡萄科植物多数为藤本或匍匐灌木,少数为直立性灌木、小乔木和草本植物,常借卷须攀缘。广泛分布于温带、亚热带和热带地区。单叶或复叶。花为两性或单性异株,或为杂性,整齐,成聚伞花序或圆锥花序,常与叶对生。花萼4~5裂,细小;花瓣4~5片,镊合状排列,分离或顶部黏合成帽状;雄蕊4~5个,着生在下位花盘基部,与花瓣对生;花盘环形,子房上位,通常由2心皮组成,2室,每室常有2个胚珠。花程式为: $*K_{5-4}C_{5-4}A_{5-4}\underline{G}_{(2)}$。果为浆果,种子有胚乳。

葡萄科中,各属之间性状差异很大。其中,葡萄属是葡萄科中最重要的一个属。果实可食用的仅限于葡萄属,而蛇葡萄属和爬山虎属对多种病害和逆境有很强的抗性。对于葡萄属而言,除其果实均可食用外,还有许多性状有别于其他属,如葡萄属植物开花时花瓣从基部开放,呈"脱帽状开花",而不是一般植物从顶部开放,呈"星状开放"。

2.2.2 葡萄属植物分类

根据植物的性状,葡萄属又可分为两个亚属:圆叶葡萄亚属(*Muscadinia* Planch.)和真葡萄亚属(*Euvitis* Planch.)。两亚属性状之间有一定的差异(表2.2)。

表 2.2 葡萄属两个亚属之间性状对比

性状	圆叶葡萄亚属	真葡萄亚属
染色体数目	40	38
枝条表皮	块状,不剥离,有皮孔	条状剥落,无皮孔
枝蔓节部	无横隔	有横隔
卷须	不分叉	分叉
每穗果粒数	2~12粒	15粒以上
种子形状	卵圆形	梨形

引自:贺普超,1990。

2.2.2.1 圆叶葡萄亚属(*Muscadinia* Planch.)

圆叶葡萄亚属(也叫麝香葡萄亚属)的品种较少,仅包括圆叶葡萄(*V. rotundifolia* Michaus)和鸟葡萄(*V. munsoniana* Simpson)两个种。此外,还有一个种,即墨西哥葡萄(*V. popenoei* Fennel),但是否应归于该属仍存在争议。圆叶葡萄亚属植物多生长于北美洲热带和亚热带森林中,生长势强,对根瘤蚜及多种病害具有高度抗性。

圆叶葡萄是圆叶葡萄亚属中的常见种,已有栽培品种被选育出来,如'斯卡佩隆',它广泛栽培于美国南部。

2.2.2.2 真葡萄亚属(*Euvitis* Planch.)

真葡萄亚属内植物种较多,一般认为数量为70余种。按物种的原产地划分,可将真葡萄亚属内物种分为3个种群,即欧亚种群、东亚种群和北美种群。

(1)欧亚种群 原产欧洲、亚洲北部和北非,经过冰川的侵袭,现仅残留1个种,即欧亚种葡萄(*V. vinifera* L.)。欧亚种葡萄有2个亚种,即野生型葡萄(*V. vinifera* ssp. *silvestris/ sylvestris* Gmel.)和栽培型葡萄(*V. vinifera* ssp. *Sativa/vinifera* D. C.)。欧亚种葡萄是栽培价值极高的1个种,目前已拥有5 000余个优良栽培品种,广泛栽培于全世界。

（2）东亚种群 原产中国、朝鲜、日本及苏联等地,生长强劲。东亚种群包括 39 种以上,在中国约有 30 种,如广泛分布于中国东北的山葡萄。东亚种群变种较多,类型丰富,宜作为育种的原始材料。

东亚种群中,比较重要的种有:山葡萄[*V. amurensis*（Maxim.）Rupr.]、网脉葡萄（*V. wilsonae* Veitch Pamp.）、毛葡萄（*V. quinquangularis* Rehd.）、毛叶葡萄（*V. lanata* Roxb.）、刺葡萄（*V. davidii* Foex）等。

（3）北美种群 原产美洲,包括 28 种,多生长于北美东部森林、河谷中,具有明显的抗根瘤蚜特性。目前,通过长期的育种,已产生了一批抗根瘤蚜的砧木品种和欧美杂交种。

北美种群中,比较重要的种有:美洲葡萄（*V. labrusca* L.）、心叶葡萄（*V. cordifolia* Michx.）、河岸葡萄（*V. riparia* Michx.）、沙地葡萄（*V. rupestris* Scheele）、夏葡萄（*V. aestivalis* Michx.）等。

2.2.3 葡萄属中各主要葡萄种

葡萄属中各主要葡萄种见表 2.3。

表 2.3 葡萄属分种检索表

1.树皮纵裂纤维状,无皮孔;节部横隔较发达,卷须分枝;种子梨形 …………… 真葡萄亚属（Euvitis）
  2.小枝光滑或有毛,但不具刺;单叶
    3.叶背绿色,无毛或具茸毛,毛稀,幼叶具少数茸毛
      4.叶片基部叶柄洼狭窄
        5.叶近圆形,常 3～5 裂,叶背具茸毛或短柔毛 ………… 欧亚种葡萄（*V. vinifera*）
        5.叶卵形,不分裂或浅 3 裂,叶背无毛或仅叶脉上具毛 ………… 心叶葡萄（*V. cordifolia*）
      4.叶片基部叶柄洼宽广
        6.卷须发达;叶卵形至圆卵形
          7.幼枝及叶柄带红色,节间隔膜厚
            8.幼枝和叶背叶脉具短柔毛;叶片长 12～25 cm,先端渐尖 ………… 山葡萄（*V. amurensis*）
            8.幼枝和叶背无毛;叶片长 8～12 cm,先端长,渐尖 ………… 掌叶葡萄（*V. palmate*）
          7.幼枝绿色,节间隔膜薄
            9.叶片长 8～20 cm,叶缘具三角状粗锯齿
              10.小枝无毛;叶卵形,3 裂 ………… 河岸葡萄（*V. riparia*）
              10.小枝具毛;叶片肾形,几不分裂 ………… 甜山葡萄（*V. monticola*）
            9.叶长 5～8 cm,不裂,叶边具短宽粗锯齿,叶脉具短柔毛 ………… 葛藟葡萄（*V. ftexuosa*）
        6.卷须短小或缺如,叶片肾形至圆卵形 ………… 沙地葡萄（*V. rupestris*）
    3.叶片下面密被茸毛(至少在幼嫩时)或有蜡粉
            11.叶片下面茸毛老时脱落近于无毛,绿色
              12.小枝圆柱形无棱,叶无明显 3 裂
                13.叶卵形或广卵形
                  14.叶缘有短、广、尖锯齿或钝齿
                    15.叶背密被网状茸毛,叶缘有疏锯齿,下侧裂洼与中脉成直角或钝角
                      ………… 网脉葡萄（*V. wilsonae*）
                    15.叶背不呈网状,叶缘有宽广锯齿,下侧洼与中脉成锐角,枝有棱
                      ………… 甜冬葡萄（*V. cinerea*）

14.叶缘有三角形粗锯齿,下侧裂注圆形 ·············· 峡谷葡萄(*V. arizonica*)

13.叶圆卵形至肾形,叶缘有粗锯齿 ········ 加利福尼亚州葡萄(*V. californica*)

12.小枝具棱有毛,叶 3 裂明显 ·············· 贝氏葡萄(*V. baileyana*)

11.叶背有永久性茸毛或具白霜,枝无棱

16.叶背有毛

17.叶老熟时背面有茸毛

18.叶不裂或稍裂

19.叶背茸毛褐色··········· 紫葛葡萄(*V. coignetiae*)

19.叶背茸毛灰色 ··········· 甜冬葡萄(*V. cinerea*)

18.叶常深裂,叶背有锈色茸毛 ········· 夏葡萄(*V. aestivalis*)

17.叶背有永久性茸毛

20.卷须间歇生,每隔两节有一节无卷须

21.叶深裂

22.幼枝有棱,叶背茸毛灰色····· 蘡薁葡萄(*V. thunbergii*)

22.幼枝无棱,叶背茸毛白色····· 腊白葡萄(*V. candicans*)

21.叶浅裂或不裂 ··········· 毛葡萄(*V. quinquangularis*)

20.卷须连续着生,叶背茸毛锈色 ··· 美洲葡萄(*V. labrusca*)

16.叶背有白霜,无毛或近无毛··········· 蓝葡萄(*V. argentifolia*)

2.小枝具皮刺或腺毛

23.单叶浅裂或不裂

24.小枝有腺毛,叶背有刺毛及腺毛

·············· 秋葡萄(*V. romanetii*)

24.枝具皮刺,叶背近无毛或有白霜

·············· 刺葡萄(*V. davidii*)

23.叶部分为复叶,叶背有茸毛或近光滑

·············· 复叶葡萄(*V. piasezkii*)

1.树皮紧密,不剥离,有皮孔,枝蔓节部纵剖无横隔膜;卷须不分叉;果穗小,种子卵圆形

·············· 圆叶葡萄亚属(*Muscadinia*)

25.落叶性,果粒大····· 圆叶葡萄(*V. rotundifolia*)

25.常绿性,果粒小 ··· 鸟葡萄(*V. munsoniana* Simpson)

引自:贺普超,1999,稍作修改。

2.2.4 栽培葡萄品种分类

葡萄品种繁多,全世界栽培品种在 10 000 个以上,实际用于生产的达 3 000 多个。葡萄品种的分类方法有多种,可以根据品种起源特性进行分类,也可根据品种起源、酿造用途、成熟期进行分类。

2.2.4.1 按品种起源分类

(1)欧亚种葡萄品种群 如前所述,欧亚种葡萄(*V. vinifera* L.)是葡萄属中具有极高经济价值的种,目前全世界各国栽培的葡萄品种绝大部分属于本种。根据苏联涅格鲁里分类方法,该品种群可分为东方品种群、黑海品种群和西欧品种群 3 个。

①东方品种群(Proles Orientalis Negr.)。东方品种群是在沙漠、半沙漠地区形成的品种

群,一般叶片光滑,背面无毛或仅沿叶脉上生有刺毛,果穗大,常有分枝,果粒呈椭圆、卵圆、倒卵或长圆形,果肉肉质或脆质,一般无香气,种子大,喙长,生长期长,抗寒性差,宜在雨量少、气候干燥、日照充足地区栽培。

东方品种群在栽培过程中,逐渐形成了里海亚群(Subprol. Caspica Negr.)和南亚亚群(Subprol. Antasiatica Negr.)2个亚群,前者起源于较早的酿酒葡萄类型,如马特拉沙、苏雅基等;后者起源于较晚的鲜食葡萄类型,如龙眼、牛奶、无核白等。

东方品种群多为鲜食和制干品种,如无核白、牛奶、粉红太妃等,是选育大粒、鲜食、无核品种的重要原始材料。有些品种也可酿酒,如龙眼。

②黑海品种群(Proles Pontica Negr.)。黑海品种群主要分布于黑海沿岸各国,一般叶背面有茸毛或刺毛,果穗中等大,果粒圆形,果肉多汁,生长期较短,抗旱性弱,抗寒性强。根据地理分布,本群可分为格鲁吉亚亚群(Subprol. Georgica Negr.)、东高加索亚群(Subprol. Osteacaucasica Negr.)和巴尔干亚群(Subprol. Balcanica Negr.)3个亚群。

黑海品种群中绝大多数品种适于酿酒,如晚红蜜、白羽等,也有少数品种适于鲜食,如保加尔。

③西欧品种群(Proles Occidentalis Negr.)。西欧品种群主要分布于西欧诸国,如法国、意大利、德国、葡萄牙等。一般叶背有茸毛,果穗小,果粒小或中等,圆形,果肉多汁,种子小,喙短,生长期较短,抗寒性较弱。

西欧品种群中绝大多数是酿酒品种,如赤霞珠、雷司令、黑比诺、法国蓝、佳利酿等;少数品种适于鲜食,如瑞必尔等。

(2)北美品种群 起源于美洲,一般卷须连续着生,叶背常有白色或棕色茸毛,具有特殊的狐臭或草莓香味,如康可、香槟等。

(3)欧美杂种品种群 是指以欧洲种群与北美种群经过杂交选育出来的品种,如黑赛必尔、玫瑰露等。

(4)欧亚杂种品种群 是指以东亚种群与欧洲种群杂交选育出的品种。一般东亚种群多选择抗寒性强的山葡萄或蘡薁葡萄,如中国科学院植物研究所北京植物园育成的北玫、北醇、北红,吉林果树研究所育成的公酿一号、公酿二号。

(5)圆叶葡萄品种群 此外,在美国一些地方栽培的圆叶葡萄品种群,如斯卡佩隆、托马斯等,其果实具有特别的风味,酿造而成的葡萄酒风味也很独特。

(6)东亚品种群 从东亚种群野生葡萄中选育出来的一些两性花品种,以其为父母本杂交出来的一些品种,如山葡萄品种中的双庆、双红、双丰、双优等。

2.2.4.2 按酿造用途分类

所有的葡萄品种可以根据用途分为鲜食品种、酿酒品种、制汁品种、制干品种、制罐品种五类。其中用于酿酒的葡萄品种又可根据酿造葡萄酒的种类不同分为以下五类。

(1)酿造红葡萄酒品种 主要用于酿造红葡萄酒或桃红葡萄酒,一般果实色泽较深,含糖量高,含酸量中等,单宁丰富。常见品种有:赤霞珠、品丽珠、蛇龙珠、美乐、小味尔多、佳利酿、佳美、西拉、丹魄、神索等。其中,赤霞珠、品丽珠和蛇龙珠合成"三珠"。

红葡萄酒品种种类繁多,各品种对气候的要求有所不同,因而世界各国的主栽品种有所不同。如西班牙主栽红葡萄品种为丹魄,澳大利亚主栽红葡萄品种为西拉。

(2)酿造白葡萄酒品种 主要用于酿造干白葡萄酒,一般果实色泽较浅,含糖量高,含酸量中等偏高,具有典型性香气。常见品种有:霞多丽、贵人香、雷司令、长相思、赛美蓉、白羽、白诗南、白比诺、琼瑶浆等。

(3)酿造强化葡萄酒品种　主要用于酿造酒精度较高[14%～16%(体积分数)]、甜型或干型开胃酒的品种,一般糖酸含量较高,富有典型品种香气。酿造加强酒品种多为白色葡萄品种,少见红色葡萄品种。常见品种有:小白玫瑰、福明特等。

(4)酿造白兰地品种　主要用于酿造葡萄白兰地,一般含酸量高,无特殊香气,产量较高。常见品种有:白玉霓、鸽笼白、白福尔、白羽、龙眼、佳利酿、艾伦等。

(5)染色品种　主要用于对其他品种酒进行调色。常见品种有:紫北塞、烟73、烟74等。

以上这种区分不是绝对的,一个品种可用于酿造多种类型的产品,主要取决于该品种的质量性能,但一般根据品种特性都有一个较主要的加工目标,如赤霞珠、美乐适于酿造干红葡萄酒,小白玫瑰适于酿造甜型酒,白玉霓适于酿造白兰地,黑比诺既可酿造干红葡萄酒也可去皮发酵生产起泡酒,同样,霞多丽既可酿造干白,又可酿造起泡酒。

酿酒葡萄品种有较强的专用性,且种类众多。不同品种栽培特性不同,适合一个国家或地区栽培的酿酒葡萄品种也就几个或十几个。面对如此多的品种,如何从中选择几个或十几个用于所要生产的葡萄酒种,确实值得仔细研究。

2.2.4.3　按成熟期分类

从成熟期上则分为早熟、中熟、晚熟3大类。欧美国家习惯以莎斯拉为标准早熟品种,每2周为1期,确定其他品种的成熟类型。如莎斯拉在法国南部(连续38年统计数据)的发芽期为3月21日,成熟期为8月14日,霞多丽比莎斯拉早发芽1 d,晚成熟1周半,属于发芽早、第1期成熟的早熟品种;赛美蓉比莎斯拉晚发芽5 d,晚成熟2周半,属于发芽晚、第2期成熟的中熟品种;而赤霞珠比莎斯拉晚发芽13 d,晚成熟3周至3周半,属发芽极晚、第2期成熟的中晚熟品种;佳丽酿比莎斯拉晚成熟4周半,属第3期晚熟品种。从标准看,酿酒品种定义的早熟品种比鲜食品种的标准在时间上相对延后,这与酿酒品种葡萄要求较长的品质发育时间有关。

第 3 章

酿酒葡萄品种选育

3.1 酿酒葡萄品种选育概述

酿酒葡萄特殊的使用目的决定了其育种目标的特殊性。世界葡萄酒产业发展的经验证明，只有品质优良的葡萄才能酿造出优质的葡萄酒。在自然条件及栽培技术一定的情况下，葡萄的品质主要决定于葡萄品种。因此，在特定的地区，和工艺、设备一定的条件下，葡萄酒的质量也主要取决于葡萄品种。

中国酿酒葡萄品种有目的地规模化引种始于 1892 年，即张裕酿酒公司在建厂时从国外引进 120 多个优良品种；20 世纪五六十年代，中国从苏联、罗马尼亚、保加利亚、匈牙利等国又引入了一大批酿酒葡萄品种，包括小白玫瑰、晚红蜜、白玉霓、白羽等上百个品种；八十年代后期，再度从法国、美国、原西德、意大利等国家引进经过优选的优良酿酒葡萄品种及品系。但多数因在我国产量低、适应性差或市场等原因未获得大面积推广栽培。

中国研究人员从 20 世纪 50 年代开始有目的地进行葡萄育种，酿酒葡萄育种主要集中在几个时期：1950—1959 年，育种目标以培育抗逆性强的酿酒品种为主，将欧亚种与中国野生山葡萄、蘡薁葡萄选做亲本进行杂交育种，培育出了'北醇''北红''北玫'等品种；1960—1969 年，培育早熟优质品种和染色品种是育种的主要目标，其间培育出了'着色香'和'烟 73'等品种；1970—1979 年，酿酒葡萄育种以利用中国选育出的优质野生山葡萄资源为主，培育出了抗寒抗病的'双红'等系列品种；1980—1989 年，中国开始重视对砧木的培育，培育出'华佳 8 号'等品种。另外，西北农林科技大学以多亲杂交的方式培育出'媚丽'等酿酒品种；1990—1999 年，由于根瘤蚜和根结线虫开始在中国蔓延，砧木品种的育种愈加得到重视，培育出高抗病虫性的'抗砧 3 号''抗砧 5 号'等品种，同期育种目的也以抗寒为主，选育出'北冰红'等品种。2000 年以后，中国新品种审定速度加快，葡萄育种科研力量多样化，涉及研究所、涉农高校、涉农企业或合作社、农户等，葡萄新品种推出的速度不断加快，酿酒葡萄的育种目标也逐渐多样化，主要还是培育品质优良和具有多抗性状的品种。此期间,我国优质野生葡萄、毛葡萄、刺葡萄、山葡萄等得到重视,被选作亲本进行育种,同时也利用优质酿酒品种间杂交选育综合品质性状更优的新品种。采用中国本土葡萄育种,一方面强调了因地制宜的自然科学观,另一方面发挥了中国原生葡萄资源的价值,同时也体现了葡萄学领域的文化自信。

中国从 20 世纪 60 年代开始实行品种审定、鉴定制度。截至 2012 年,中国育种者已先后培育出葡萄品种(系)200 余个,而符合审定、鉴定制度的优良品种有 108 个,其中酿酒葡萄品种有20 个(表 3.1),酿酒葡萄砧木品种 3 个(表 3.2)。

表 3.1　中国选育的酿酒葡萄品种

育成年份	鉴定年份	品种名称	育种方法	亲本	种类	选育单位
1954	1965	北醇	杂交	玫瑰香×山葡萄	欧山杂种	中国科学院植物研究所
1954	2008	北红	杂交	玫瑰香×山葡萄	欧山杂种	中国科学院植物研究所
1954	2008	北玫	杂交	玫瑰香×山葡萄	欧山杂种	中国科学院植物研究所
1954	2013	北玺	杂交	玫瑰香×山葡萄	欧山杂种	中国科学院植物研究所
1954	2013	北馨	杂交	玫瑰香×山葡萄	欧山杂种	中国科学院植物研究所
1954	2013	新北醇	芽变	北醇	欧山杂种	中国科学院植物研究所
1956	1982	泽香	杂交	玫瑰香×龙眼	欧亚种	山东省平度市洪山园艺场
1961	2009	着色香	杂交	玫瑰露×罗也尔玫瑰	欧美杂种	辽宁省盐碱地利用研究所
1966	1981	烟 73	杂交	玫瑰香×紫北塞	欧亚种	山东烟台张裕酿酒公司
1975	1995	双丰	杂交	通化一号×双庆	山葡萄	中国农业科学院特产研究所
1977	1985	北全	杂交	北醇×大可满	欧山杂种	中国科学院植物研究所
1977	1998	双红	杂交	通化三号×双庆	山葡萄	中国农业科学院特产研究所、通化葡萄酒公司
1983	1998	爱格丽	杂交	[白诗南×(霞多丽×雷司令)]×(霞多丽+雷司令+白诗南混合花粉)	欧亚种	西北农林科技大学
1984	1998	左红一	杂交	79-26-58(左山二×小红玫瑰)×74-6-83(山葡萄73121×双庆)	山欧杂种	中国农业科学院特产研究所
1987	2005	左优红	杂交	79-26-18×74-1-326(山葡萄73134×双庆)	山葡萄	中国农业科学院特产研究所
1994	2000	户太 9 号	芽变	户太 8 号	欧美杂种	陕西葡萄研究所
1994	2004	户太 10 号	芽变	户太 8 号	欧美杂种	陕西葡萄研究所
1995	2008	北冰红	杂交	左优红×84-26-53(山-欧 F_2 葡萄品系)	山欧杂种	中国农业科学院特产研究所
1995	2010	牡山 1 号	实生	山葡萄	山葡萄	黑龙江省牡丹江市果树研究所
不详	2005	凌丰	杂交	毛葡萄×粉红玫瑰	种间杂种	广西农业科学院、西北农林科技大学

表 3.2　中国选育的酿酒葡萄砧木品种

育成年份	鉴定年份	品种名称	育种方法	亲本	种类	选育单位
1984	2003	华佳 8 号	杂交	华东葡萄 × 佳利酿	种间杂种	上海市农业科学院
1998	2009	抗砧 3 号	杂交	河岸 580 × SO4	种间杂种	中国农业科学院郑州果树研究所
1998	2009	抗砧 5 号	杂交	贝达 × 420A	种间杂种	中国农业科学院郑州果树研究所

3.1.1 酿酒葡萄品种选育的主要方向

3.1.1.1 砧木育种

酿酒葡萄种植规模往往较大,砧木的利用优势非常明显。起初利用砧木的主要目的是防治根瘤蚜,研究者发现:一些美洲野生葡萄种对根瘤蚜具有较强抗性,甚至能够较好地生长于被根瘤蚜侵染的地块。但是原产于美洲的葡萄砧木,在法国干邑等地区高钙土壤上生长不良。因此,育种家们开始寻找既抗根瘤蚜又耐钙质土的品种。试验结果发现,冬葡萄(V. berlandieri Planch.)具备这两个条件,但其扦插菌很难生根,与欧亚种葡萄嫁接时的亲和力也不强,于是研究人员开始了葡萄砧木育种历程。在遭受根瘤蚜危害之后的半个多世纪里,许多研究人员在葡萄砧木选育方面做出了大量卓有成效的工作,现在葡萄砧木除了可以用于抵抗根瘤蚜危害外,还可以在适应土壤、气候、调整接穗长势、提高葡萄品质、抗土壤传播病虫害、抗旱、抗寒、抗涝等方面发挥作用。

在中国冬季寒冷地区(包括黑龙江、吉林、辽宁、内蒙古、甘肃、宁夏、新疆等)适宜选育易扦插繁殖、与栽培品种嫁接亲和力强的抗寒砧木品种,如与山葡萄(V. amurensis Rupr.)具有亲缘关系的砧木。在干旱地区适宜选择抗旱性比较高的砧木品种,如 110R,140R。在积温偏低、葡萄不易达到理想成熟度的地区,可以选用早熟的砧木品种,如 RGM,以获得较好成熟度的葡萄果实。而在那些生长期较长、积温高、昼夜温差大的地区,可以选择能够延缓成熟的砧木品种,如 110R。因此,在中国开展葡萄砧木研究是一项非常具有现实意义的工作。

3.1.1.2 抗病育种

中国大部分地区为大陆性季风气候,在葡萄生长期间,大部分酿酒葡萄产区(多在北方)湿、热同季,浆果成熟期(7—9 月)降雨量集中,致使多种葡萄病害普遍发生,果实质量下降。因此,选育抗病性优良的酿酒品种在当前中国酿酒葡萄育种工作中显得尤为重要。酿酒葡萄抗病育种主要集中在抗霜霉病育种、抗白粉病育种、抗黑痘病育种等。

3.1.1.3 抗寒、抗旱育种

中国酿酒葡萄种植主要集中于华东地区北部、东北地区西南部、华北以及西北大部分地区,在这些地区冬季绝对最低温度通常为 −28～−17 ℃,除了山东半岛以及西南地区外,都需要将葡萄埋土越冬,这是一项费工、费时的田间操作,葡萄下架、埋土、出土、上架等田间操作可占到种植总成本的 1/3 以上。同时在埋土、出土过程中容易对葡萄幼芽、枝条造成伤害,埋土防寒还降低了葡萄树多年生老蔓的比例,影响到树体整形和营养的积累。因此,选育优质、抗寒、冬季无需埋土或适度埋土的酿酒葡萄品种具有重要意义。这不仅可以降低人力、物力成本,有利于机械操作,而且可以提高果实品质。

虽然酿酒葡萄具有很好的抗旱性,但是抗旱育种仍然是酿酒葡萄育种的重要目标之一。因为酿酒葡萄多种植于干旱、半干旱地区,当地水资源匮乏,如何在农业种植中降低植物对水的需求,提高水资源利用率成为育种目标。另外,进行抗旱育种也是应对全球气候变暖的措施。

3.1.1.4 成熟期、果穗与果粒性状育种

葡萄的成熟期、果穗与果粒的性状和果实中的糖酸比、多酚含量有重要关系,因而对酿酒葡萄品质的形成至关重要。

中国酿酒葡萄种植区普遍具有积温高而无霜期相对短的特点,一些地区从无霜期的角度考虑需要选择早熟品种,但是当地积温对于早熟品种需求又偏高,使得果实成熟过快;而从积温需求的角度应当选择晚熟品种,但是当地无霜期又相对偏短,果实难以很好成熟。因此,选育成熟期适宜的品种对于中国大部分酿酒葡萄产区都是一项重要的任务。

酿酒葡萄理想采收期在其生理成熟期之后,但是果实在进入成熟后期时更容易感染果部病害。因此,除通过栽培技术手段预防控制果部病害外,选育果穗疏松、果粒小而果皮厚的品种,也成为酿酒葡萄育种目标之一。

3.1.2 酿酒葡萄品种选育的途径及特点

3.1.2.1 葡萄品种选育的途径

目前,中国的葡萄品种选育主要通过以下 4 种途径。

(1)资源调查和野生资源利用 中国是葡萄属(*Vitis*)野生种重要的起源地之一,其中有很多有价值的种和类型,对当地的自然条件具有很强的适应性和抗逆性,充分挖掘这些葡萄种和类型的利用价值,对于选育具有中国自主知识产权的酿酒葡萄新品种,酿造具有中国特色的葡萄酒意义重大。

(2)引种 是指把国内外其他地区的优良品种引进本地进行试栽,选其表现优良者进行繁殖、推广或作为育种材料扩大本地品种的方法。这种方法具有耗时短、收效快的特点,所以从古至今,世界各葡萄种植区之间都在广泛进行品种交流。引种也是中国目前酿酒葡萄品种的主要选育途径。从国外引进的许多酿酒葡萄品种,如赤霞珠、霞多丽、美乐、马瑟兰等,已在中国得到广泛应用。

(3)选种 种子繁殖或无性繁殖(嫁接、扦插或压条繁殖)的葡萄,在栽培过程中由于各种原因,都可能发生变异。通过对这些自然变异的单株、枝条的选择和繁殖,也可获得优良品种,这种育种途径称为选种。凡是以自由授粉种子生长的实生苗为选种材料的选种方法,叫作“实生选种”;凡是以无性繁殖群体为选种材料的选种方法,叫作“营养系选种”,其中包括“芽变选种”。营养系选种是现代酿酒葡萄品种选育的重要方式。

(4)育种 是指利用各种人工的方法产生变异以获得新品种的方法。育种的方法包括通过有性杂交进行基因型重组、利用物理化学方法诱导染色体和基因突变,以及近年来正在研究的通过体细胞杂交和基因转移等手段培育新品种。

资源调查和野生资源利用、引种和选种都是对现有资源和自然变异的选择和利用,而育种能够人工创造出新的品种和类型。在葡萄品种选育的工作中,育种人员应结合育种目标,根据需要和条件,采用相应的途径和方法。

人工培育的酿酒葡萄(*vinifera*)和野生型酿酒葡萄(*silvestris*)的差异见图 3.1。

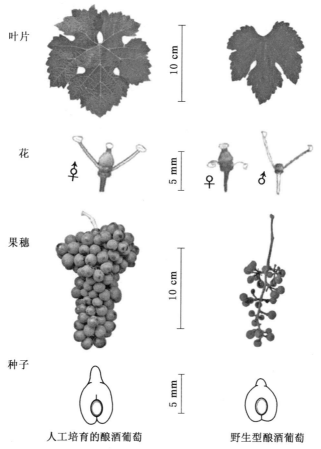

图 3.1　人工培育的酿酒葡萄(*vinifera*)和野生型酿酒葡萄(*silvestris*)的差异

(引自:Partice T.等,2006)

3.1.2.2　酿酒葡萄品种选育的特点

　　酿酒葡萄是多年生植物,在品种选育方面与一二年生农作物和蔬菜作物相比有许多不同的特点,而且酿酒葡萄具有使用目的的特殊性,使得酿酒葡萄品种的选育更有难度。

　　(1)有利方面　因为绝大多数葡萄品种的花为两性花,所以它们既可以自花授粉结实,也可进行异品种授粉。由于栽培葡萄品种的遗传基础(基因型)是杂合的,任何杂交世代都会出现广泛的性状分离,所以从其任何一代都可进行优株选择。

　　葡萄主要是用扦插和嫁接繁殖的,选出的优良单株,不论其遗传型如何,只要表现型符合要求,就可以通过无性繁殖而保持其优良性状,并作为新品种在生产中推广,从而简化育种程序。

　　无性繁殖的葡萄,体细胞突变现象较普遍,频率也较高,这就为营养系选种(包括芽变选种)提供了条件。

　　由于国外对酿酒葡萄品种(如赤霞珠、美乐、品丽珠、霞多丽、雷司令、白玉霓等欧洲酿酒葡萄品种)的生长特性和酿酒特性已经有了广泛深入的研究,因此这些酿酒葡萄品种在引进过程中可以根据其生长特性选择适宜的种植地点,进而使其具有理想的酿酒特性。

（2）不利方面　葡萄杂种实生苗的童期较长,由播种至第一次开花结果一般需要 3~5 年,育成一个新品种需要 20 多年的漫长时间。

葡萄的遗传基础为异质杂合,杂交后代分离广泛,进行选择时需要一个较大的理论后代群体,但是由于葡萄树体生长需求空间较大,同一杂交组合不可能大量种植,这是一个矛盾。

另外,由于酿酒葡萄育种的根本目的是酿造优质的葡萄酒,对于新品种的酿酒特性的探索也需要较长的时间。因此,酿酒葡萄从育种到应用需要比鲜食葡萄更长的时间。

3.1.3　酿酒葡萄品种选育的程序

酿酒葡萄品种选育的过程中,需要一套科学的育种程序。这不仅能使品种选育工作循序渐进,有条不紊,而且有利于加速育种过程,提高育种效率。

3.1.3.1　酿酒葡萄品种选育的一般程序

酿酒葡萄品种选育包括三个基本阶段:选育阶段、试验阶段和繁殖推广阶段。

（1）选育阶段　种质资源是选育新品种的物质基础。针对育种目标调查、收集、研究和利用种质资源,通过杂交等手段从中选出优良供选群体并栽入选育圃。在葡萄开始结果后,根据育种目标连续鉴定 3~5 年,选出有价值的优选类型,进入品种试验阶段。或者在现有的葡萄园中根据选育目标进行选择,将选出的优良单系定植于选种圃进行比较鉴定,选出比较优异的单系参加品种比较试验。

（2）试验阶段　品种试验阶段是育种过程中评选品种优劣的决定性阶段,它能弥补在选育圃里观察鉴定结果的局限性,从而可对新品种进行比较全面客观的评价。品种试验主要包括品种比较试验和适应性试验以及酿酒试验三个部分,由各省(自治区、直辖市)组织进行。

①品种比较试验。进行品种比较试验时应设置标准品种(对照),根据系统的记载资料进行数据的整理和统计分析,并会同有关单位做出全面的鉴定,提出有推广价值的新品种。最后,由省(自治区、直辖市)农作物(或林木)品种审定委员会审定,并颁发品种证书。证书包括:品种名称、来源、代号、选育单位、始果年份、初选年份、当选年份、定名年份、鉴定意见、品种注册日期、颁发证书单位、签证人、签证期。

②适应性试验。适应性试验是在不同生态地区进行的品种比较试验,借以观察研究供试材料的适应范围,其目的是确定供试材料今后的适宜推广地区。适应性试验一般在几个未来可能推广的有代表性的不同生态地区进行。新品种推广时,选育单位应在附设的圃地进行栽培试验,针对当地的栽培条件特点,对栽培管理中的重点技术环节如整形修剪、水肥管理、病虫害防控等进行记录,积累资料,为未来良种推广做好技术准备。

③酿酒试验。酿酒试验是酿酒葡萄品种选育的关键环节,酿酒葡萄决定了它所酿造酒的特点。确定新品种的酿酒特性,尤其是该品种的各种酿酒特点,如含糖量、含酸量、多酚含量等以及适合酿造的类型,对于酿酒试验来说都是至关重要的。

（3）繁殖推广阶段　良种繁育机构根据品种比较试验结果获得新品种证书,建立良种母本园,承担良种的繁育任务,使新品种尽快转化为生产力,并产生较大的经济效益。为了扩大供应繁育材料和保存原种,在新品种的繁育推广过程中,繁育人员必须遵循良种繁育制度,并采取有效措施,快速繁育优质苗木,并根据该品种的特点对种植地区给予技术指导。

3.1.3.2　酿酒葡萄品种不同选育途径的程序

虽然各选育途径大都经历共同的阶段,但不同途径又有各自的特点。

（1）资源调查和野生资源利用　通过资源调查发现的优良品种和类型,能够很好地适应当地的环境条件,所以一般不必经过试验阶段就可以直接推广利用,但是对于酿酒特性的研究是必要的。其程序是:

$$地方品种或种类 \xrightarrow{调查研究} 酿酒特性研究 \longrightarrow 繁殖推广$$

（2）引种　对引入品种,应以当地的优良品种为对照进行比较观察,然后筛选出适应当地条件的优良品种繁殖推广。其程序是:

$$外地良种 \longrightarrow 引种圃 \xrightarrow{比较鉴定} 酿酒特性研究 \longrightarrow 繁殖推广$$

如当地已经形成主栽的同类型酿酒葡萄品种,必要时,在比较鉴定以后,尚需经过品种比较试验才能繁殖推广。

（3）选种　从芽变中选出的优良无性系变异和从偶然实生苗中选出的优良实生单株,通常都要进入选种圃进行比较鉴定。芽变单系品种除了需要与当地表现良好的标准品种比较外,还要设置原品种做对照。选出的优良单系种进行品种比较试验和适应性试验,最后选出优良的新品种或新品系,并进行单品种酿酒试验,再繁殖推广。其程序是:

$$供选群体 \xrightarrow{初选} 选种圃 \xrightarrow{复选} 品种试验 \xrightarrow{决选} 新品种或新品系 \longrightarrow 酿酒特性研究 \longrightarrow 繁殖推广$$

对某些生产性品种的芽变,如果变异稳定、显著,而且变异性状十分优良,不经选种圃比较也能一目了然,那么可以不通过选种圃而进行酿酒试验并在当地直接繁殖推广。

（4）育种　通过有性杂交或人工诱变获得的变异材料进行育苗繁殖,并经过选择与淘汰,将选留的植株定植于选种圃,树体达到结果状态后经过比较鉴定,选出优良类型参加品种比较试验和适应性试验,最后选出优良的新品种经过酿酒试验后繁殖推广。其程序是:

$$育种资源 \xrightarrow{杂交} 育种苗圃 \xrightarrow{预选} 育种果园 \xrightarrow{预选} 品种试验 \xrightarrow{复选} 新品种 \longrightarrow 酿酒特性研究 \longrightarrow 繁殖推广$$

3.1.3.3　加速品种选育过程的途径

（1）明确育种目标和充分利用种质资源　选育品种必须有明确而具体的目标,在目标确定之后,要大量收集并充分利用现有的种质资源。如中国科学院植物研究所在进行抗寒育种时,充分利用了抗寒性极强的山葡萄,从而在较短的时间内获得了一批较好的抗寒品种,在北京地区可以露地越冬。

（2）掌握育种性状的遗传规律　掌握性状的遗传规律对亲本的选择选配以及确定杂交数量都有指导意义。如在抗病育种中,若已了解抗病性属于单基因显性遗传,后代中出现抗病植株的概率较大且明显,则在其他条件相同的情况下适当减少杂交数量;相反,若抗病性属于多基因遗传,则要增加杂交数量。

（3）提高早期鉴定的效果　在育种过程中进行早期鉴定,淘汰不符合育种目标的劣株,能够有效地提高育种效率,加快育种进程。如在综合抗病育种中,可根据霜霉病、白粉病等在幼苗期和成龄期反应一致的特点,提早对这两种病害进行鉴定,淘汰易感病的植株。

（4）促进杂种苗提早结果　葡萄杂种苗从播种到第一次开花结果通常需要 $3\sim5$ 年,而只有在苗木开花结果后才能进行全面鉴定。所以,缩短童期、提早结果是加速育种进程的一个行之有效的方法。

3.2 酿酒葡萄品种选育的种质资源

3.2.1 种质资源的意义

种质是指细胞核内能将亲代性状传递给子代的遗传物质（基因），遗传物质不仅存在于细胞核内，也存在于细胞质中。葡萄种质资源包括葡萄属内全部种、变种、类型和栽培品种所具有的遗传基因的总和，集中保存种质资源的地方叫"种质库"或"基因库"。枝条、种子和花粉都是葡萄种质主要"携带者"。葡萄属植物的分类清楚地揭示了不同种间及栽培种内的不同品种间在解剖形态、经济性状和抗逆性等方面有着极其丰富的变异，这是葡萄赖以生存和繁殖的基础，也是以后改造葡萄使之适应人类需要的潜力所在。

葡萄属植物种质资源极其丰富，野生资源遍布欧亚和北美的温带以及亚热带地区。根据瓦维洛夫提出的基因中心学说，葡萄属植物显然存在欧亚、东亚和北美 3 个基因中心，其中东亚基因中心包括中国、日本、朝鲜、印度等地，以中国原产的种类最多。在同一基因中心范围内，由于不同生态环境的选择，使特定基因得到积累，形成若干个所谓的"微中心"。根据阿尔维特（Alleweldt G 等，2006）统计，葡萄野生种已经确定原产地的有 65 个，其中起源于中国的有 29 个，另外在 44 个争议种中，公认起源于中国的有 8 个。实际上，起源于中国的葡萄属植物远不止这些，还需要我们经过更加系统地整理、鉴定，以便于开发研究。由于人类的活动和生态环境的恶化，自然界种类繁多的植物资源，在近半个世纪以来受到严重破坏。

全世界栽培品种为 10 000 多个，当前各国用于葡萄生产的有 3 000 多个，常见的仅 100～200 个，即使在资源保存工作处于世界领先地位的法国农科院，保存的葡萄资源也只有 5 500 份。由此可见，曾经存在的葡萄品种资源中的约半数没有收集到或者已经不复存在，其中包括相当多的在育种中具有重要意义的原始品种和地方品种。如果不及时采取有效的收集、保存措施，随着新品种的推广，将会有越来越多的种质资源面临灭绝。

中国政府自 20 世纪 50 年代，特别是自 80 年代以来，对原产于中国的果树种质资源的调查给予了很大的重视，发现了一批新种和极有直接利用价值的野生果树。在葡萄种质资源保存方面，目前我国已建立 3 个国家级葡萄种质资源圃，即中国农业科学院郑州果树研究所国家果树种质郑州葡萄圃、山西省农业科学院果树研究所国家果树种质太谷葡萄圃、中国农业科学院特产研究所吉林左家山葡萄圃，它们保存了包括地方品种在内的 1000 多份葡萄种质资源（任国慧等，2012；左倩倩等，2019）。此外，西北农林科技大学贺普超教授等自 1978 年起，对原产于中国的葡萄属野生种质资源进行了大量的调查、征集、保存和研究工作，初步建立了中国规模最大的野生葡萄种质资源圃。另外，中国科学院植物研究所、北京农林科学院林业果树研究所等单位也都建立了葡萄种质资源圃。这些葡萄种质资源圃的建立，为我国葡萄种质资源的保存、开发和利用奠定了基础，具有深远的意义。

3.2.2 葡萄种质资源的分类

分类是认识和区别种质资源的一种基本方法。正确的分类可以反映资源的历史渊源和系谱关系，反映不同资源彼此间的联系和区别，为种质资源调查、保存、研究提供依据。葡萄种质资源主要根据来源(综合)和植物学进行分类。

3.2.2.1　按来源分类(综合分类)

(1)本地的种质资源　是指在当地的自然条件和栽培条件下,经过长期的培育和选择得到的葡萄品种和类型。它的主要特点是:

①在当地自然条件和栽培条件下,通过自然选择和人工选择,对本地自然条件具有较强的适应性和抗逆性,在品质等经济性状符合生产要求的情况下,可直接用于酿酒特性研究。

②往往是一个复杂的群体,有多种多样的变异类型,只要采用简单的品种整理和选择,就能迅速有效地从中选出优良类型。

因此,本地种质资源既可直接利用,也可通过改良加以利用,或作为育种的重要种质资源。

(2)外地的种质资源　是指从国内外其他种植地区引入的葡萄品种和类型。外地种质资源因生长在不同的生态条件下,具有多样性,因而是创造新品种和丰富本地资源的重要源泉,但是需要认真进行适应性试验研究。

(3)野生的种质资源　是指自然野生的葡萄种和类型,是在一定地区自然条件下经过长期自然选择形成的,具有高度的适应性和抗逆性,有的还具有特殊的医疗和营养价值,是抗性育种和砧木育种的重要资源。但一般果实食用和加工品质差,经济效益低。中国有丰富的葡萄野生种质资源,分布于全国20多个省(自治区、直辖市)。

(4)人工创造的种质资源　是指应用杂交、诱变等方法获得的杂种苗和突变体,能够得到自然资源中不易见到的基因重组和基因突变所产生的优良生物学特性和经济性状,既可以满足社会的复杂需要,又可提供新的种质资源。

3.2.2.2　植物学分类

葡萄科(Vitaceae Juss. 或 Ampelidease Kunth.)有 15 属,970 余种。最重要的葡萄属(*Vitis* L.)又分为圆叶葡萄亚属(*Muscadinia* Planch.)和真葡萄亚属(*Euvitis* Planch.),共 70 余种(参见第 2 章 2.2 葡萄的系统分类)。

3.2.3　葡萄种质资源的收集

通过调查发现中国许多地区都有着丰富的野生葡萄种质资源,这些资源是非常宝贵的育种材料,有些种质资源具有的商品特点,可直接利用或稍加改良成为具有发展前途的品种。如东北地区野生的山葡萄可以直接用于栽培或作为杂交育种的亲本,陕西秦岭山区的野生葡萄浆果可直接酿造"野生葡萄利口酒"。

种质资源收集后,保存于种质资源库或者种质资源圃。一个国家或地区的葡萄种质库与育种单位的葡萄品种园、杂种圃或引种试验圃的任务是不同的。前者的主要任务是尽可能多地收集世界各地优良的栽培品种和具有一定优点的品系、类型以及近缘的野生种,集中保存、鉴定和评价,为育种人员提供可以利用的信息,而后者则是直接为某个单位的品种选育工作服务的。

葡萄种质资源的收集是一项科学性、专业性较强的工作。收集前,要预测未来对葡萄种质的需要,了解主要葡萄栽培国家的收集和研究情况,根据葡萄起源中心(原始的和次生的)遗传多样性的特点,制定出收集规划。

3.2.3.1 收集的方式和对象

收集的方式可以是派出专业人员前往现场进行直接调查、收集,也可以通过交换征集方式进行收集。收集的对象包括现代栽培品种、原始的当地栽培品种、地方品种、砧木品种、遗传上独特的类型、育种人员选出的优良品系和近缘种的野生类型。特别是要重点收集面临灭绝的地方品种和野生种,还要注意收集那些目前经济上不重要,但对未来的发展具有潜力的种质。在收集野生种时,分布在不同地理生态地区的同一个种的株系,也应予以重视,这将有可能收集到本种内抗病的和经济性状好的种质。

葡萄是无性繁殖的果树,因此收集的材料主要是休眠枝条和植株,如有条件时,也可以是新梢、幼芽。另外,也要收集野生种部分种子。

3.2.3.2 收集的时间与记载内容

收集时间以果实成熟季节为主,因为在这个时期,所有品种、类型和株系的经济生物学性状表现明显,便于记载、鉴定与单株选择,也可采收种子。葡萄的花形较复杂,故开花期也是有利的收集时期,特别是对于野生种质,这个时期能有效地收集到同种、同类型的雌能花和雄花植株,也有可能发现罕见的两性花株系。对于选定的单株要进行登记、编号、挂牌、照相、制作腊叶标本,以便休眠期间采取枝条,并为进一步整理材料提供必要的信息。一般包括如下六方面的内容。

①一般概况:名称、俗名、来源、栽培历史、群众反映、用途等。

②立地条件:温度、地势、海拔高度、降雨量及分布、土壤等。

③生物学特性:生长势、物候期(萌芽、开花、果实成熟)、抗病性、抗寒性等。

④形态特征

叶:大小、形状、裂刻程度、裂片数、背面茸毛、叶柄洼等。

新梢:节间长短、颜色、毛(茸毛、腺毛、皮刺)等。

花器类型:雌能花、雄花、两性花。

果穗:大小、形状、松紧度等。

果粒:大小、形状、颜色、整齐度等。

种子:形状、数量等。

⑤经济性状

产量因素:果枝率、果枝平均穗数(最多、最少)、果穗平均质量(g)、果粒平均质量(g)等。

品质:果实可溶性固形物含量(%)、香味(玫瑰香味等)、口感、果汁颜色等。

⑥其他:收集的时间(年、月、日)、地点(县、乡、村)、收集人姓名等。

3.2.4 葡萄种质资源的保存与利用

3.2.4.1 种质资源的保存

从国内外收集的种质材料,首先必须进行检疫和脱毒处理,然后把无病源、无虫害和无病毒的种质材料分送到种质库或其他葡萄育种单位进行保存和研究。保存葡萄种质材料的方法有多种,简述如下。

(1)田间种质保存 田间种质保存葡萄种质材料的地方叫种质资源圃,中国习惯上称为葡萄原始材料圃,葡萄原始材料圃分为国家级和地方级两种。国家葡萄中心原始材料圃设于中国农科院郑州果树研究所和山西省农科院果树研究所。各省(自治区、直辖市)可根据需要建立具有地方特点的原始材料圃,如新疆维吾尔自治区葡萄瓜果开发研究中心在鄯善县建立以新疆品种和东方品种群为主的葡萄原始材料圃。田间种植保存种质材料是最普遍、最常用的方法。

作为原始材料圃的地点,气候、土壤条件应最适宜葡萄的生长和发育,冬季不埋土防寒(国家级),而且有良好的栽培基础或将来有广阔的发展前景。并且,该地没有葡萄根瘤蚜及其他检疫性病虫害的发生。另外,它们还应靠近或直属于省级以上葡萄科研单位或设有葡萄或果树专业的高等农业院校,以便进行系统研究。

经过检疫的种质材料每个品种、类型栽植5~10株,株行距一般稍小于或相同于生产园。如栽植的材料为嫁接苗,砧木应是当地最好的一种。种质材料既可以按照鲜食、酿酒的不同用途在圃内栽植和排列,也可以按照野生种、栽培种、不同生态群品种相对集中栽植在一起,以便研究比较。土壤耕作、施肥、灌水、整形修剪、病虫害防治等管理措施,应力求一致。

(2)盆栽保存 葡萄病毒对葡萄产量和品质的影响很大,可使产量减少20%~30%。据余旦华(1986)报道,不仅中国引自外国的葡萄品种普遍会感染多种病毒病,而且中国的古老品种龙眼、红鸡心、牛奶等也会受到卷叶病毒、扇叶病毒的危害,葡萄病毒病主要通过带病的枝条、砧木和标准剑线虫(*Xiphenema index*)传播。当获得不带病毒病的优良葡萄品种时,可栽培在无线虫土壤的瓷、瓦、塑料盆内。

(3)就地保存(自然保存) 中国的许多自然保护区都有野生种葡萄的分布,利用自然保护区进行就地保护是因地制宜保存这些种质的安全、耗资少的有效方法。

(4)花粉贮藏保存 可以在较小范围内保存较多的种质资源。葡萄品种的开花期不完全相同,在杂交育种时,只要把成熟的早开花品种的花粉存放在干燥、黑暗的室温条件下,便可以使其寿命延长一两个月,达到与晚开花品种进行授粉的目的。为了更长时期地贮存花粉,有人采用干燥冷冻法,将欧亚种葡萄花粉放置在-12℃,相对湿度为28%的条件下,可延长寿命到4年。近年有人试验用液氮贮藏花粉,获得了更佳的效果。

(5)组织培养保存 随着组织培养技术的发展,近年来已研究利用植物组织来保存种质。它的繁殖速度快、系数高、繁殖苗的基因型稳定且占用地方小、费用少,是一种充满潜力的保存种质的方法。如Galzy(1969)用葡萄茎尖培养,在1 m²的地方保存了800个品种的6个重复,每年转移一次,这些品种如在田间种植保存,就需要1 hm²土地。

(6)种子保存 是保存果树种质,特别是野生资源的一种方法。保存之前,要将种子进行干燥处理。一般农作物种子保存的条件是低温、干燥,在-1℃时可保存150年以上,在-10℃时可保存700年。

3.2.4.2 种质资源的利用

对收集种植于原始材料圃的所有种质材料都要进行研究。从品种学的角度,该研究的主要内容侧重于经济性状和生物学特性,如产量、品质、物候期、抗病虫能力、抗逆性、酿酒品种的工艺性状及特殊的营养、医疗价值等。通过对种质资源的研究和分析,既可以直接选出新的类型或稍加改造成为新品种,进行推广应用,又可以作为新品种选育的材料,特别是要利用野生种质资源的抗病基因和抗逆性基因,以弥补现存品种的不足。

3.3 酿酒葡萄品种选育途径和方法

3.3.1 引种

3.3.1.1 引种的意义

（1）引种的概念 葡萄属的所有种和栽培品种都有其原产地和一定的自然分布区域。把葡萄种和品种由原产地或自然分布区引入新地区栽培试种的过程称为引种。

葡萄从原产地引入新的地区栽培时,可能会出现两种反应:第一种是完全适应或基本适应,第二种是基本不适应或完全不适应。

完全适应或基本适应的可能原因是原产地或自然分布区的气候土壤条件与新地区相似、差异不大,或两地生态条件虽有一定的、甚至明显的差异,但品种的适应性强,这样就不需要改变品种的遗传基础,在自然条件或人工稍加保护的情况下(如冬季埋土防寒)就能够正常地生长发育、开花结果,并获得具有一定经济效益的果实。人们把这种引种称作简单引种,属于"自然归化"或"自然驯化"的范畴。

基本不适应或完全不适应的原因是品种的原产地或自然分布区与新地区的气候土壤条件差异过大,或品种的适应性较窄。在这种情况下,就不能采用简单的方法把某些品种从原产地引到新地区栽培,需要改变其遗传基础,才有可能适应新的环境条件,正常的生长发育、开花结果,获得满意的产量和较高的效益,这种引种称作"驯化引种",属于"气候驯化"的范畴。

（2）引种的重要性 由于葡萄种类和品种在地理分布上的不均衡和人们对于葡萄果实及其产品多样化的要求,长期以来不同的国家和地区之间通过各种方式都在进行品种的交换与扩散。

葡萄引种需时较短,投入人力、物力少而见效较快,所以引种是实现葡萄良种化的一个重要手段,受到了高度重视。对国内外葡萄种类和品种进行广泛引进和科学利用是葡萄育种工作兴旺发达的重要标志之一。对于中国葡萄酒产业,引进国外酿酒葡萄品种有助于加快国内葡萄酒产业的发展。

3.3.1.2 影响酿酒葡萄品种引种的生态因素

科学的葡萄引种工作是以当地生态条件和不同品种对这些条件的反应为根据的。在生态因素中,与葡萄引种关系密切的有温度、降水量、日照和土壤等因素。

欧亚种葡萄的枝条有些在 $-20 \sim -15$ ℃时受冻,因此,冬季绝对最低温度在 -15 ℃以下时葡萄需要埋土越冬。在寒冷地区,为了冬季不埋土或减少埋土程度,在引种时考虑品种的抗寒性是非常必要的。春季当气温上升至 10 ℃左右时,欧亚种葡萄即开始萌芽,所以把 10 ℃称为葡萄植物的生物学零度。所谓活动积温是指日平均气温等于或大于 10 ℃的温度总和。葡萄果实的成熟期根据萌芽至果实完全成熟(生理成熟)需要的活动积温,可以分为极早熟、早熟、中熟、晚熟和极晚熟 5 个类型。根据当地的活动积温,就可确定应当引种哪些类型的葡萄品种。在活动积温充足的条件下,全年降水量,特别是葡萄采收前 1 个月的降水量和最热月的日平均温度,对葡萄的生产方向和产品品质起着决定性的影响。葡萄引种也可参照水热系数

$[K = (P \times 10)/\sum t]$ 进行,P 为一定时期的降水量,$\sum t$ 是同一时期等于或大于 10 ℃ 的活动积温。达维塔亚分析了苏联、法国等著名葡萄酒产区的多年资料后指出,采收前 2 个月的水热系数 $K < 1$ 时,其浆果生产的葡萄酒最优,$K < 1.5$ 时酒质优良。

日照的强度和时间对葡萄果实的色泽、香味、糖度、酸度等指标和葡萄酒品质都有明显的影响。在温暖、日照充足的地方以引种红葡萄为主;反之,在冷凉、日照不充足的地方以引种白葡萄为主。法国波尔多濒临大西洋,6—8 月降水量少、温暖、日照时数长,故以生产红葡萄酒著称于世。德国因地处高纬度,葡萄成熟时期气温凉爽,日照强度不足,故以生产白葡萄酒为主,白葡萄酒占 80% 以上。

土壤酸碱度(pH)和盐类物质含量对葡萄引种的成败有重要影响,葡萄适宜在微酸、中性或弱碱性土壤中生长,当 pH 在 4 以下和 8.5 以上时,葡萄根系就会受到伤害。土壤的总含盐量不能超过 0.32%,其中氯化钠和硫酸钠分别超过 0.2% 和 0.3% 时,葡萄就不能正常生长。

3.3.1.3 酿酒葡萄引种的原则

(1)明确引种的目的性 引种与种质资源的收集是有区别的。引种的主要目的是借用外地、外国的优良品种,通过试验直接解决本地的生产问题。全世界的葡萄品种,有 10 000 多种,可用于鲜食、酿酒、制干、制汁和制作罐头等。用途不同,品种自然各异。对于酿酒葡萄,还需要考虑当地市场所需求的葡萄酒类型。因此,在引种之前必须明确引种的目的性,减少盲目性,集中较少品种,提高引种效益。

(2)从生态条件相似的地区引种 日本菊池秋雄等(1953)根据综合生态因子,把世界果树主要产区分为夏干带、夏温带和中间带 3 个类型 11 个地区。同一个地区内由于生态条件相似,相互引种容易成功。

(3)选择适应性强的品种 欧亚种葡萄品质虽好,但抗寒、抗湿热和抗病能力弱;与此相反,种间杂种,包括欧美杂种及欧山杂种抗逆性虽强,但酿酒品质尚未得到广大消费者的认可。某品种在世界不同国家、不同地区分布的广泛程度是其适应性强弱的重要标志。欧亚酿酒葡萄品种在世界各主要生产国普遍栽培的有:法国品种赤霞珠、美乐、西拉、黑比诺、霞多丽、长相思等,德国品种雷司令,西班牙品种歌海娜等。

(4)必须严格检疫 葡萄病虫害种类多,危害严重,在引种中应避免从具有检疫性病虫害发生的地区引入品种。引入的枝条种苗均应经过消毒后下地,以防多种病虫害的发生。如果怀疑引入的材料可能带有检疫性病虫害,应在沙质土壤区建立隔离检疫圃,种植若干年后若未发现危害,再在生产条件下进行其他引种程序。

(5)采取相应的栽培措施 在高温多雨地区要加强病害防治;在寒冷地区要冬季埋土防寒或用抗寒砧木嫁接繁殖;在干旱、半干旱地区要适时灌水;在有葡萄根瘤蚜曾经发生的地区或盐碱土壤地区,要将种苗嫁接在抗根瘤蚜或抗盐碱的砧木上栽培。

另外,为了防止品种混乱,必须建立健全登记制度,即收到引入的种类、品种后立即进行登记编号。登记的项目应该包括种类、品种名称(学名、原名、通用名、别名等)、繁殖材料种类(接穗、插条、苗木,如系嫁接苗必须注明砧木名称)、材料来源(原产地、引种地、品种来历等)和数量、收到日期以及收到后采取的处理措施(苗圃地或定植地块的名称编号)、引种材料编号等。每种材料只要来源不同和收到的时间不同都要分别编号。每一种类或品种分别设立一个档案袋,其编号为该引种材料的编号,把引入时有关种类、品种的植物学性状、经济性状、原产地生态条件等记载说明资料一并装入档案袋备查。

3.3.1.4 酿酒葡萄品种引种的方法

引种方法包括简单引种和驯化引种,酿酒葡萄引种主要使用的是简单引种,驯化引种很少使用。

(1)简单引种的方法 简单引种的流程包括:

①少量引种。引入适当数量的新品种,栽植于种质资源圃或生产单位的品种圃。在土壤及小气候比较复杂的山区,可根据实际情况安排在几个有代表性的地段进行少量引种试栽。

②中间繁殖。在引入品种进入结果期以后,可以选择其中适应性及经济性状表现较好、有希望的品种类型,进行控制数量的生产性中间繁殖,并在这一过程中对其适应性做进一步的考察研究。同时可以进行酿酒试验。

③大规模推广。当中间繁殖的树体进入结果期,少量试引种树体已进入结果旺盛期,大体上经历了周期性严寒的考验,这时即可对少量酿酒特性表现优异的外地品种类型进行大量繁殖推广。

一般从少量试引到大量繁殖推广,大致要历经10年甚至更长时间。尤其是酿酒葡萄,该品种的酿酒特性体现还需要数年时间来观察,因此酿酒葡萄的引种时间长于鲜食葡萄。

(2)驯化引种的方法 从欧亚种葡萄中选择适应性强、品质好的天然授粉种子或杂交种子作为引种驯化的材料。欧亚种葡萄的种子如引种到长江流域,要选择在高海拔向阳的立地条件和排水良好的微酸性、中性土壤中播种,对幼苗要加强真菌病害的防治。如引种到北方寒冷地方时,要提早育苗,适时带土移栽定植,延长生长期,促使幼苗发育充实,提高越冬能力。如果引种地区与品种分布地区的地理距离太远,气候条件相差过于悬殊,当一次直接实生播种有特殊困难时,可采取逐渐迁移播种法,分数段进行。当两地生态条件相差太大,播种一代往往达不到驯化目的时,可在新地区连续播种若干代,直到基本适应当地气候条件时为止。

3.3.2 选种

3.3.2.1 实生选种

(1)实生选种的意义 用天然授粉种子繁殖的果树叫实生果树,以实生果树群体为对象的选种称为实生选种。果树品种的选育史是从实生选种开始的,在数千年的漫长岁月里,人类无意识或有意识地运用实生选种法,对果树进化做出了极其重要的贡献。

当前,世界各国栽培的一些葡萄品种是很久以前用播种的方法选育的。只是到了19世纪后期,特别是20世纪初以来,果树育种家才广泛采用人工控制下的杂交育种法进行选种。从此以后,实生选种在果树品种改良中所居的主导地位才被无性杂交育种代替。

(2)酿酒葡萄实生选种的方法

①根据育种目标,正确选择母本。母本应当是当地优良的栽培品种,在综合性状上应具有较多的优点和较少的缺点,特别是选种目标所要求的主要性状要突出。为了选出优质的酿酒葡萄新品种,就应当按照育种目标,选择符合要求的酿酒葡萄品种的自由授粉种子播种。

②配置适当的授粉品种。为保证授粉质量,母株周围不应有近缘的野生种或不符合选种目的的栽培品种。

③适时采收种子。留种的果穗要发育正常,果粒大小、着色要符合品种要求,种子要饱满、

充分成熟。

④种子的处理、播种、培育及选择。种子的层积处理、催芽播种、幼苗管理、性状鉴定和选种程序与杂交种子相同。

3.3.2.2 营养系选种

(1)营养系选种的意义　无性繁殖的果树,一个品种的每一个单株就是该品种的一个无性系或营养系。从广义上讲,在无性繁殖的果树群体中选择优良营养系的工作都叫作营养系选种。

葡萄植物的性状受微效多基因控制,个别或少数基因的突变,只能起到微效加性的作用,表现为不明显的差异。根据无性繁殖果树植株间的微小差异,进行连续多年选择,以提高品种的产量和品质的工作,叫作营养系选种或无性系选种。其实,果树的芽变选种和营养系选种,二者没有实质性的区别,均属于营养系选种范畴,只是由于各自具有某些不同的特点而采用了不同的名称。

葡萄营养系选种由来已久,德国从 1876 年起,采用单株选择,使主栽品种的产量提高5 倍,雷司令产量提高 1.36 倍。自 21 世纪以来,营养系选种在葡萄栽培发达的国家日益受到广泛重视。1971 年在意大利召开了第一届国际葡萄营养系选种讨论会,以后还多次召开了同样的讨论会。另外,在各届国际葡萄育种讨论会上均有相当数量的有关营养系选种的论文报告。营养系选种不仅能提高原品种的产量和品质,而且还能有效地控制、消灭病毒,因而德国、法国等一些国家已有明文规定,只能用高产、优质、无病毒、获得证书的营养系育苗繁殖,建立新的葡萄园。

1975 年中国农科院兴城果树研究所对中国的古老品种龙眼进行了系统的营养系选种,选出的 4 个营养系产量比原品种高出 13.6% 以上。

(2)葡萄营养系选种的方法　营养系选种的主要目标是提高原有品种的产量和品质,一般都是结合当地主栽品种进行的。营养系选择的方法可分为单系选择和混合选择。

单系选择一直按照单系采条,分别繁殖。混合选择是从入选的单系上采集枝条,混合繁殖。此法又可分为正选法和负选法。从生产园少数优系上采集枝条混合繁殖的是正选法;淘汰少数劣系,从其余多数株系上采集枝条混合繁殖的是负选法。

在营养系选种的初期,均采用混合选择,1876 年德国开始采用单系选择。对雷司令品种进行不同选择方法的对比试验,结果表明,负选法增产 7%,正选法增产 17%,单系选择增产36%。因此,近代的葡萄营养系选择几乎完全采用单系选择法。

(3)酿酒葡萄营养系选种的程序　葡萄营养系选种程序一般要经过预选、初选、复选和决选四个阶段。

①预选。在栽培良好的若干结果葡萄园进行。用目测法选择生长健壮、果穗果粒整齐、丰产、无病毒表现、具有本品种特性的多个预选单系,进行编号、挂牌并登记于记载本上。预选可分生长期、成熟期以及采收后期 3 次进行,上述选择要连续进行 3 年。

②初选。用预选单系分别繁殖的自根或嫁接苗(P_1,第一代营养系苗)栽植在初选试验地上,每系 5 株,顺序排列,不设重复。在初选阶段,要制定详细的观察、记载、统计、分析项目,并做单系酿酒试验。

③复选。用初选营养系繁殖的苗木(P_2,第二代营养系苗)进行第三阶段的复选,主要任务是在较大面积和较多株数条件下,对初选的主要经济生物学性状和是否受病毒侵染做进

一步鉴定,以消除土壤差异和病毒所造成的影响。

④决选。用复选营养系繁殖的苗木进行区域试验,主要任务是在不同生态条件下对优良营养系(品系)的适应性和生产特性进行最后的鉴定。为此,选种单位根据复选资料,将入选营养系上报省(自治区、直辖市)果树品种审定委员会,要求进行区域试验,或在该委员会的同意下,由选种单位自行安排试验。

按照上述选种程序,选出一个优良葡萄营养系一般需要 18 年时间。如果采用两年生苗栽植和改进栽培技术可使各级试验区的幼树提早结果 1 年,则可缩短选种年限到 15 年左右。

3.3.2.3 芽变选种

(1)芽变选种的意义 葡萄无性系发生的明显变化有两种:一是由环境条件如砧木、土壤、施肥、灌水、气象因素、病虫害、修剪等引起的生理变化,这种变异也叫作"差异"。当引起变异的条件不存在时,变异就会消失,因此它是暂时的,是不能遗传的,这叫作"饰变"或"彷徨变异"。二是由植株茎端生长点体细胞的遗传物质突变所引起的变异,不受环境条件的影响而存在,这是真正的变异,有的是可以遗传的。生长点细胞发生的遗传变异通过芽表现,故可称为"芽变"。在葡萄的选种实践中,往往把选择发生明显无性系变异的枝芽、植株叫芽变选种,它属于葡萄营养系选种的特殊类型。

芽变选种方法简便,时间短,成本低,收效快,而且易为群众所掌握,因此不论过去和现在都被世界许多国家所重视。但必须指出:①葡萄的芽变频率虽然比有的果树高,但出现的机会仍然很少,这就要求葡萄工作者善于观察和发现芽变;②芽变是植物适应性的一种表现,但不一定符合人们的经济要求。事实证明,优良的芽变是少数的,低劣的芽变是多数的,这就需要对发现的芽变及早进行鉴定。

(2)葡萄芽变选种的程序和方法 葡萄芽变选择在整个生长季节都可进行,但应根据选种目标重点在果实成熟期间和特殊的自然灾害之后进行,因为葡萄果穗、果粒的形态特征和一些生物学特性在果实成熟过程中表现最为明显。特殊的自然灾害既可能是体细胞突变的外因,又是对芽变的直接鉴定和选择,如在大寒之后,容易发现抗寒的植株和枝条。

葡萄芽变选种的一般程序和方法如下:

①初选。可采用群众报选与芽变选种专业科技人员重点访问、调查相结合的方式在葡萄生产园内进行,主要任务是发现变异植株和对优良变异植株进行真实性分析。

同其他果树一样,葡萄的多数芽变是不良的,如果粒大小不一、着色差、产量低等。对那些表现特别不好的变异,应及时予以标记和淘汰,对那些优变枝条要进行真实性分析,以区别是属于遗传性变异还是环境条件引起的彷徨变异,因为这两种不同性质的变异常常交织在一起,往往不易区分。

如何分析判断彷徨变异与遗传变异呢?最可靠的方法是对变异体进行细胞学分析,如在变异的二倍体品种的生长点三层细胞中发现任何一层的细胞核或细胞较大,可能属于多倍性嵌合体芽变。也可直接镜检变异体的染色体数目。这些方法比较复杂,在芽变选种的初选阶段多不采用。这个阶段主要根据变异发生的立地条件,变异的性质、范围、特点等进行分析,做出初步判断。

对生产园中发现的变异枝条和植株进行初步分析,认为性状优良,属于或基本属于遗传性变异时,要进行标记、编号,记载变异性状的特点、范围和立地条件,并采取保护措施。果实成熟采收后,要对果穗、果粒进行有关产量、品质以及酿酒特性的测定,以便与原品种作比较。对突变体与其他植株在相同管理条件下,连续就地观察2~3年。

②复选。为进一步鉴定芽变的真实性及其与产量、品质等相关的性状,在对原变异体进行观察的同时,更需要使其脱离母体,在鉴定圃内用无性繁殖苗进行鉴定对比试验。表现特别好的芽变系,还可在选种单位以外的试验点进行同样性质的鉴定对比试验。鉴定圃的土壤力求一致。每个芽变系为一小区,每小区栽植5~10株,进行2~3个重复。结果第一年,如发现某个芽变系失去变异性状而保持原品种特点时,应立即予以淘汰,其余芽变系从结果起连续观察3~5年,根据产量、品质、成熟期、抗性、酿酒特性等资料组织鉴定。凡优于原品种的芽变系被确定为入选品系,提交省级主管部门组织决选。

③决选。主管部门根据选种单位提供的试验报告、鉴定证书和有关资料,组织有关人员对入选品系进行评定决选。经通过后即予以命名,作为新品种向生产单位推荐。

3.3.3 杂交育种

3.3.3.1 杂交育种的意义

杂交育种是在人工控制下,通过两个不同植物类型的配子结合而获得新品种的一种方法。在有性杂交过程中,遗传物质(基因)发生了分离和重组,可能产生两种有利的效应。一种是综合了双亲有利性状的基因,使新培育的品种具有双亲优良的经济性状,这种效应属于基因加性效应;另一种是利用不同亲本间的杂种优势,使新品种产生超越亲本的性状,这种效应属于基因互作产生的非加性效应。

一个多世纪以来,人们通过长期的杂交育种实践,已经逐步认识并掌握了许多有关果树性状的遗传变异规律,能够在较大程度上根据育种目标有目的地选择、选配杂交亲本。因此,常规的杂交育种方法,不仅在过去,而且现在仍是培育葡萄及其他果树良种的最主要的方法。近年来中国选育的葡萄新品种,绝大多数就是通过杂交育成的。在今后一段时期内,杂交育种仍将占据主导地位。

3.3.3.2 酿酒葡萄的杂交育种

(1)利用欧洲品种之间杂交选育经济性状优良的欧洲新品种。如法国农科院育成的马瑟兰(赤霞珠×黑歌海娜)、包当(蓝葡萄牙× 黑歌海娜)、加拉道(歌海娜×科特)、社南颂(黑歌海娜×黑朱若松)、乙盖纳(丹那 ×赤霞珠)等,以及中国的科研单位杂交选育的梅醇(美乐×小味尔多)、梅郁(美乐×小味尔多)、梅浓(美乐×小味尔多)、红汁露(美乐×小味尔多)、泉白(雷司令×小味尔多)、泉玉(雷司令×玫瑰香)、泉晶(白雅×法国蓝)、泉醇(白雅×法国蓝)、泉莹(白羽×白莲子)、烟73(紫北塞× 玫瑰香)、烟74(紫北塞×玫瑰香)等。

(2)利用欧洲品种与美洲品种之间杂交选育优良欧美葡萄杂交品种。欧美杂交品种直接用于酿酒的包括(该部分杂交品种因为多数没有约定俗成的译名,所以使用其外文名字):Baco Noir(Folle Blanche×*V. riparia*),Baco Blanc(Folle Blanche×*Noah V. labrusca*×*V. riparia*),Couderc Noir(Jaeger 70×*V. vinifera*),Chambourcin(父母本不明),Foch〔Goldrie sling(Riesling Courtiller Musque×*V. riparia*×*V. rupestris*)〕,Leon Millot(Gold Riesling×*V. riparia*×*V. rupestris*),Ravat Blanc(Seyval 8724×Chardonnay),Aurore(Seyval 788×Seyval 29),Chancellor(Seyval 5163×Seyval 800),De Chaunac(Seibel 9549)(Seibel 5163×Seibel 793),Seyval Blanc(S 5656×4986),Vidal(Ugni Blanc×Seyval Blanc)等。在这些品种

中以白葡萄酒品种 Seyval Blanc，Vignols，Vidal 和红葡萄酒品种 Chambourcin，Baco Noir 表现最为出色，得到了认可，在生产上得到推广。

此外还有一些欧美杂交种后代用作砧木：196-17Cl，4010Cl，41B MG，333 EM，Fercal。

（3）欧亚种葡萄与山葡萄杂交品种。该系列杂交品种，充分利用山葡萄的高抗寒性，在一些简易埋土防寒区可以实现不埋土。常见的杂交组合有：黑山（黑汉×公主岭山葡萄1号）、山玫瑰（玫瑰香 ×公主岭山葡萄2号）、公酿一号（玫瑰香×山葡萄）、公酿二号（山葡萄×玫瑰香）、北醇（玫瑰香×山葡萄）、北玫（玫瑰香×山葡萄）、北红（玫瑰香×山葡萄）、北全（北醇×大可满）、豹突红（甜水×东北山葡萄）、熊岳白［（玫瑰香×山葡萄）×龙眼］等。

3.3.3.3　葡萄杂交亲本选配及杂交方式

（1）杂交亲本的选配原则　葡萄有性杂交育种是利用综合亲本的优良基因以培育新品种的育种方式。因此，亲本的选择、选配对杂交育种的效果具有决定性作用。葡萄杂交育种的亲本选择选配，一般应考虑以下5个方面。

①优良性状互补。根据育种目标，在综合性状较好的基础上，亲本的目标性状要优缺点互补。如为了选育优质、抗寒或抗病的新品种，双亲必须分别具有优质、抗寒或抗病的特性。

②性状的遗传规律。如为选育有玫瑰香味的葡萄新品种，根据遗传规律，双亲应具有玫瑰香味，或至少双亲之一的玫瑰香味是浓的或比较浓的。

③品种的地理起源。苏联研究人员实验发现不同地理起源的品种杂交与同一地理起源的品种间杂交相比较，后代具有较强的杂种优势。

④正反交的不同效应。正反交对后代的影响有时候是不同的，属于细胞质遗传的性状，母本比父本对后代产生的影响更大。因此，在杂交亲本确定后，通常把具有最需要性状的品种作为母本。

⑤开花、授粉和结实特点。葡萄属内不同种的开花期往往差异很大，为了克服种间杂交开花不同期的困难，除人工调节花期外，最好选择花期早的种或品种作父本，采集花粉，贮存备用。

（2）杂交方式　在杂交育种时为了得到预期的效果，应采用不同的杂交方式。根据参加亲本的多少和先后顺序的不同，杂交可分为以下5种常用方式。

①简单杂交。两个亲本品种 A 与 B 进行的杂交，是果树杂交育种最常用的杂交方式。如 A×B 为正交，则 B×A 为反交。前一个字母表示母本，后一个字母表示父本。

在简单杂交中，如果亲本选配恰当，就可能选出合适的杂交后代，需时短，见效快。但若子代性状分离相对较少，选择可能会受到一定限制。

②回交。由两个亲本产生的杂种再与亲本之一进行杂交的方式称为回交。用作回交的亲本称为回交亲本。回交的目的是加强回交亲本的某些性状或综合性状在 F_2 杂种（或品种）的遗传表现，以获得期望的育种类型。这种方式在种间杂交的抗性育种中应用较多。

③重复杂交。它亦称三亲杂交，与回交相类似，即用简单杂交获得的新品种（或杂种）再与第三个品种杂交。

这种杂交的目的是获得具有三个亲本优良性状的新品种，在种间杂交育种工作中经常被采用。该方式能产生具有丰富基因组成的、变异范围大的后代，有利于选择，但规模较大、需时较长。

④综合杂交。也称多亲多代杂交，一般亲本在4个以上和经过2个世代以上的杂交。具

体方法是多种多样的,如(A×B)×C×D、(A×B)×(C×D)、[(A×B)×A]×(C×D)、[(A×B)×A]×[(C×D)×D]等。这种杂交方式对丰富基因组成,提高选育效率的效果更好。但同时,综合杂交也需要较多的人力和更长的时间。

⑤混合花粉杂交。把几个父本品种的花粉等量或不等量混合起来进行杂交。几个不同品种或异种的花粉混合在一起,为柱头的选择受精提供了有利条件。该法在克服葡萄及其他果树远缘杂交不孕方面有重要的应用价值。

(3)杂交前的准备

①制订杂交计划。杂交计划一般包括育种目标、亲本选配、杂交组合、杂交方式、杂交数量等内容。

根据育种目标,既要组合多、又要杂交花序多的愿望虽然很好,但杂种苗过多,会占用大量的土地和劳动力。因此,在一般情况下,最好二者选其一。组合数和杂交花序的多少决定于育种目标的综合程度及性状的遗传性质,以及亲本性状的杂合程度。

②调整开花期。葡萄种间杂交时,如果亲本花期相差过大,可采用人工调整法。

温室盆栽:葡萄萌芽到开花需 40～50 d。根据父、母本花期差异的长短,将盆栽的晚开花品种适时移入温室。

围建塑料棚:在葡萄园,为晚开花亲本植株建一中型的简易塑料棚,可使其提早开花 10 d以上。

③杂交用品。常用的物品有镊子、放大镜、纸袋(25 cm×16 cm)、纸牌(塑料牌)、纱布袋、棉花、线绳、干燥器、酒精(95%)、毛笔、记载表等。

(4)杂交技术

①花粉的采集和贮藏。开花前 1～2 d 或开花初期,采下发育正常的整个花序除去顶部,带回室内,摘下花蕾,平铺于光滑的纸盘上,放置室内阴干或利用电灯催熟。次日,用手稍加揉搓,待充分干燥后,用丝底或铜底小筛过滤。收集的花粉装入指形管或小玻璃瓶中,用棉花塞紧瓶口,备用。

如花粉用量不多可采用套袋采粉法,即在开花初期,除去已开花蕾,套上玻璃纸袋,1～2 d后轻轻振动,花粉落入袋内,然后解开纸袋,将散落花粉收集起来,备用。

②去雄。从生长健壮植株的中上部选择发育正常的花序去雄。为避免授粉时上部的花粉下落,去雄花序的垂直上方最好没有花序。由于葡萄普遍存在闭花授粉的现象,最佳去雄日期是开花前 3～4 d。

去雄先从花序基部开始。用镊子先除去花蕾的一半花冠及花药,然后再除去另一半。在去雄过程中,要进行适当疏花和整序。去雄完毕后,要用放大镜对整个花序进行细心检查,确认是否还有遗留的花药和漏掉的花蕾。之后,立即套纸袋、扎紧,并在花序柄上系编号纸牌。

凡用雌能花品种作母本时,均不必去雄,仅在花前数日套袋即可。

③授粉。在去雄后或花前 1～2 d 进行第一次授粉是恰当的,2 d 后再进行第二次授粉。授粉方法是用毛刷、毛笔或棉花蘸取花粉,在花序周围轻轻振动,花粉即可散落柱头。

④换袋。为使幼果正常发育和果实成熟后不遭受意外损失(如鸟害),在授粉 2～3 周后,去掉纸袋,换以纱布袋。

(5)杂种的采收及保存 杂交果穗必须在种子充分成熟时采收,早熟品种的种胚往往在果实成熟时来不及完全成熟,故可延期采收。经精选、阴干的种子于 12 月放入瓦盆、铁皮盒等容器内,与湿沙混合保存(沙藏)2～3 个月,使其度过休眠期。

3.3.3.4 杂种苗的培育和选择

通过杂交获得种子、培育成植株,在整个过程中都应该为杂种苗提供良好的培育条件,这样不仅能使其很好地生长发育、性状特征得以充分表现,而且有利于提早结果。

(1)播种与育苗 葡萄种子发芽率低,一般应经过适当的催芽处理。种子催芽后,可在冬季前准备好的露地苗圃播种育苗,做好田间标记以及绘制田间播种图。

幼苗生长期要及时中耕、除草、追肥、灌水和防治病虫害(要特别注意前期的地老虎、后期的霜霉病)。每棵苗留 1 个主梢,主梢上的副梢(二次枝)要及时做摘心处理。当苗高 15～20 cm 时,每棵苗旁插一根柱子,以防倒伏。

经过沙藏和催芽的种子,也可直接播种在温室苗床、木箱或装有培养土的营养钵(纸袋、塑料袋)内,待实生苗具有 4～5 枚叶片时再移栽于杂种圃内。

(2)杂种苗的定植与管理 苗圃或温室播种的杂种苗,经过初步的选择、淘汰后,绝大多数要移栽到固定的园地,经过培养使其开花结果,这种园地叫作"杂种园"或"选择园"。栽植株行距应小于生产园,多为(0.8～1) m×(1.5～2) m。

在栽植前要根据组合和杂种苗的数量绘制田间定植图,并给定植图中的每个杂种苗编排一个代号。杂种苗代号的编排方法有多种,常用的方法有:

①按杂交年代、组合号和杂种苗在本组合中的顺序号编排。如 1989 年某单位共进行 12 个杂交组合,其中第 5 个组合共有 120 株,这个组合的所有实生苗的编号是:89-5-1,89-5-2,89-5-3,……89-5-120。

②按杂交年代、杂种园的行、株位置编排。如 1974 年西北农业大学贺普超从"花叶白鸡心×早玫瑰"组合中选出的 74-11-19 优系,就是位于杂种园中第 11 行第 19 株。

杂种园也要合理施肥、灌水,适时中耕松土、清除杂草、防治病虫害(抗病育种材料例外),促使实生苗健壮生长。管理过程对整形方式与修剪方法没有特定要求,主梢达到一定高度时也要摘心。

(3)童期与提早结果

①葡萄实生苗的童期。果树的童期,一般理解为由播种出苗到第一次开花结果所经历的时间。葡萄实生苗第一次结果虽比苹果、梨等仁果类果树早,但在一般管理条件下也需要 3～5 年。

葡萄卷须与花序发生的位置是相同的,只是由于发育条件不同才出现二者间的差异。因此,葡萄实生苗第一个卷须的出现,标志着这个植株已进入性成熟阶段,结束了童期,具有开花结果的能力。葡萄实生苗从种子发芽、出土到出现第一卷须约需 1.5 个月,发生在结果枝自基部起的第 9～15 节位上。

②葡萄实生苗提早结果。从理论上讲,过了童期的实生苗就应该在当年开花结果或形成花序原始体,第二年开花结果,但这种情况是极为罕见的。因为通过童期的葡萄实生幼苗还必须同时在体内积累一定的营养物质才能开花结果,因此,加速实生苗结果的关键是延长生长期、增加新梢生长量。

(4)杂种的选择

①幼苗选择。葡萄杂种苗在结果前的选择也称预先选择或预选。葡萄幼苗的预选主要是

在温室和苗圃内进行,可以分为直接选择和间接选择。

直接选择:根据幼苗生长发育状况及对不良环境条件的适应程度进行选择。如幼苗的新梢过于纤细,根系极不发达,霜霉病、黑痘病、白粉病危害严重或出现畸形苗等,都应及时淘汰。

间接选择:生物的所有性状和生理过程都是在基因的控制下和环境条件的影响下表现出来的,基因之间有一定的关系,故性状之间也表现一定的相关性。间接选择就是根据性状的这种相关性进行的。

葡萄优良品种是多种性状的综合表现。目前,人们根据相关性预测的仅是杂种幼苗的某个单一性状,因此,葡萄育种工作人员对杂种幼苗的预选和淘汰,仍采取慎重态度。

②结果后杂种的直接选择。自杂种苗开始结果的3～5年内,根据每个株系的物候期、产量、品质、抗病性以及对不良环境条件的适应性等,在全面鉴定的基础上,选出优良单株,再经过几个阶段的比较试验,才有可能成为新品种。

这里需要强调的是杂种开始结果的头几年,许多性状的表现还不够稳定,因此,对结果杂种的选择,一般需要连续观察记载若干年后,才能做出初步决定。其次,对雌能花杂种要从严要求,除具有突出优良性状外,一般不宜选为优株。

3.3.4 远缘杂交

3.3.4.1 远缘杂交意义

葡萄科有 15 属,经济栽培的仅有 1 个葡萄属($Vitis$),2 个亚属,即真葡萄亚属和圆叶葡萄亚属。真葡萄亚属有 70 余种,染色体 $2n=38$,种间容易杂交。圆叶葡萄亚属有 3 种:圆叶葡萄($V. rotundifolia$ Michaus)、鸟葡萄($V. munsoniana$ Simpson)和墨西哥葡萄($V. popenoi$ Fennell),染色体 $2n=40$。

圆叶葡萄抗湿热,对葡萄根瘤蚜和一些真菌病害具有免疫性,因而一个多世纪以来葡萄育种家力求利用欧亚种葡萄与圆叶葡萄杂交,以期育成抗病、抗根瘤蚜,并且大穗、优质的葡萄新品种。这里所要讲的葡萄远缘杂交就是指葡萄属内 2 个亚属之间的杂交。

3.3.4.2 远缘杂交的困难及克服方法

1870 年美国就有关于真葡萄亚属与圆叶葡萄杂交的记载(Dunstan R.,1962)。这两个亚属之间的人工杂交是困难的。1917 年,美国北卡罗来纳州德詹(Detjen L.)首先用马拉加实生杂交($V. vinifera \times V. rotundifolia$)获得了亚属间杂种,包括能育的 NC-6-15。之后,威廉姆斯(Williams C.,1923)、帕特尔(Patel G.,1955)和奥尔莫(Olmo H.,1955)通过解剖学方法证明了该杂种的真实性,因为它的染色体 $2n=39$,还表现出双亲的中间性状。但在 $V. rotundifolia \times V. vinifera$ 反交情况下的杂交均未成功。

葡萄属内两个亚属间杂交之所以困难,主要是由染色体数目不同导致花粉与柱头或两者雌雄配子不亲和以及杂种幼胚早期败育。为克服杂交不亲和并获得更多杂种苗,可采用的方法有:

①用欧亚种葡萄作母本,而用圆叶葡萄作父本进行杂交。

②在上述杂交方式的基础上进行幼胚离体培养,以增加杂种实生苗数。

3.3.4.3 远缘杂种不育及克服方法

真葡萄亚属与圆叶葡萄亚属杂种生长旺盛、扦插生根容易、对根瘤蚜有高度抗性,但这些杂种完全或部分不育,染色体 $2n=38/39$。经细胞鉴定,染色体在减数分裂时不能正常配对,出现了单价体、二价体和四价体。由于细胞分裂不正常,造成了杂种的高度不育性。为克服葡萄亚属间杂种不育的障碍,曾采用以下 3 种方法:

①从欧亚种葡萄或杂种中选择那些与圆叶葡萄杂交易产生部分能育后代的植株作杂交亲本。邓斯坦(Dunstan R.,1962,1976)指出,用真葡萄亚属种间杂种作母本比用纯欧亚种葡萄作母本能出现较多的可育后代。

②利用部分可育杂种与亲本回交。迪林(Dearing R.)用欧亚种葡萄花粉授于 NC-6-15 杂种,成功地获得了 1 株结果良好的雌能花株系 DRX-55。有人用 DRX-55 种子播种的实生苗具有双亲性状,果穗大、松散,长 35 cm。威廉姆斯(Williams C.)还用 NC-6-15 与圆叶葡萄回交(NC-6-15×*V. rotundifolia*),获得了染色体 $2n=39/40$ 的杂种,它更像圆叶葡萄,且具有很多中间性状。

③使亲本或杂种的染色体加倍。远缘杂种 NC-6-15 和 NC-6-16 虽有一定的能育性,但通常不结果。用秋水仙素处理获得的双二倍体 NC-6-15 和 NC-6-16,不论自交或相互杂交,均结果正常。

3.3.5 抗病育种

3.3.5.1 植物抗病性分类

植物的抗病性是指植物在一定条件下对一定病害有不同程度和方式的抵抗性。植物的抗病程度是免疫还是高抗、中抗或低抗,在自然条件下取决于植物本身的抗病力、病原微生物的数量及其致病力和发病环境三个因素;在栽培条件下又增加了人为因素,因为人的生产活动改变了发病条件。在上述诸多发病因素中,植物本身的抗病力起着决定作用。根据不同的分类方式,植物抗病性一般可以分为以下几类。

(1)按照抗病的机制分类

①避病。植物由于种种原因没有受到病原的侵染发病,这实质上是在时间和空间上避免或减轻了病原接触而表现的一种抗病性。

②抗病。当寄主与病原接触后,由于寄主本身的细胞解剖、生理生化特性或因其主动保卫反应所表现出来的一种抗病性。根据植物的抵抗机制,又可分为:抗侵入和抗扩展。抗侵入是指植物外表组织性状与结构不利于病原的侵入。抗扩展是指当病原物侵入后,由于寄主体内生理生化特点和硬厚的细胞壁而限制了病原物在植物体内的扩展。过敏性坏死反应是一种抗扩展型的抗病性。当植物病原菌侵入后,受侵细胞及其相邻细胞过度敏感,迅速坏死,同时病原物也被封锁在坏死组织中被毒死或枯死。这些细胞的过敏性死亡使整个植株高度抗病。

③耐病。病原物在植物体内可以生长、繁殖,但植物不发病或发生轻微病状,或发病虽重、但对产量影响较轻,如果树的一些病毒病,特别是潜隐性病毒病。

(2)按照寄主与病原之间的相互关系分类

①垂直抗性。寄主对病原的某些生理小种具有高度抗性,但对另一些生理小种则高度感病,即寄主品种与病原菌的生理小种之间存在着特异性的相互关系。因此,垂直抗性能抵抗病原的某些生理小种而不能抵抗其他生理小种。

垂直抗性一般是受单基因或少数基因控制的,属于质量遗传,易于利用。早期的抗病育种多利用垂直抗性。这种抗性容易被新的生理小种所克服,即在病原产生新的生理小种后,原有的抗性逐渐消失。

②水平抗性。寄主对病原的各个生理小种的抗性是等同的,不存在特异性的相互关系。由于水平抗性是受多基因控制的数量遗传,一般抗性表现不突出,且易受环境的影响而变化,在杂交后代群体中也不易识别、鉴定和选出。但水平抗性的最大特点是它的非特异性,不会因病原产生新的生理小种而使其抗性消失,故抗性表现较持久。随着定量鉴定方法的不断改进,人们日益重视水平抗性在植物抗病育种中的应用。

3.3.5.2　抗病育种简史

15世纪末美洲新大陆被发现,17世纪初(1616年)西方殖民者开始把葡萄从欧洲带到北美洲东部,希望在这里建立像欧洲那样的葡萄园。但是,经过长期的栽培实践后都失败了。究其原因,主要是由于欧亚种葡萄抵挡不了新地区冬季的低温和严重的病害及根瘤蚜的危害。于是葡萄爱好者和育种工作者便利用当地的野生种,特别是美洲葡萄(*V. labrusca*),通过实生选种或种间杂交,以选育抗逆性强的品种,葡萄抗病、抗逆性育种的历史就这样开始了。19世纪上半期,在美国最早出现的一批葡萄品种,如伊沙拜拉(1818年)、卡托巴(1823年)、康可(1849年)等。美国以抗性育种,包括抗病育种为主要目标的早期育种家Rogers E.(1826—1899年),在1851年利用抗寒抗病力强、果粒大的美洲葡萄与欧亚种黑汉、白莎斯拉葡萄杂交,获得了一批欧美杂交品种。1876年Munson T.用得克萨斯州野生种与欧亚种葡萄杂交,获得近百个品种。

19世纪随着西欧引种北美葡萄的同时,也把起源于美国的葡萄病虫带入欧洲。1845年在英国最早发现葡萄白粉病,1863年在法国发现葡萄根瘤蚜,1879年又发现葡萄霜霉病。不论是在北美还是在西欧,品质优良的欧亚种葡萄对这些病虫害是缺乏抗性的,因而在短期内,它们在欧洲许多国家得到迅速传播,给葡萄生产造成极严重的损失。在这种严峻形势下,首先是法国育种家Seibel A.,Couderc M.,Baco F.,Seyve B.等用抗病性强的美洲种或美洲杂种葡萄与欧亚种葡萄杂交,育成了一批抗霜霉病、白粉病能力强,丰产,但酿酒品质不如欧亚种葡萄的杂种,或称欧美杂种的直接生产者(direct producer),如黑维拉得(S. V. 18-315)、白维拉得(S. V. 12-375)、黑库德尔克(C. 7120)、黑巴柯(巴柯1)、白巴柯(巴柯22A)、赛必尔5455等。这些种间第一代或第二代杂种,于21世纪初在欧洲生产葡萄的国家得到广泛栽培,占有相当大的面积。但近数十年来,对优质葡萄酒的需求量增加使得这些杂种的栽培面积在日趋减少,如法国的杂种葡萄栽培面积由1958年占葡萄总面积的31%减少到1980年的6%。

继法国之后,欧洲的一些国家也把优质、抗病育种作为重要任务。德国Husfeld自1926年就开始了这一工作,希望育成所谓理想葡萄(ideal grape),但直到1940年,他的理想并未实现,因为选出的品系酿酒品质仍然不高。根据Alleweldt G.报道,德国联邦作物育种中心葡萄育种研究所自1955年起,不再采用美洲种与欧亚种直接杂交的方法,而是利用从赛必尔7053或Seyve-Villard选出的优良株系作亲本与欧洲优良品种杂交,从而获得了抗霜霉病和白粉病能力强,酿酒品质相当于欧亚种葡萄的新品种,如波鲁克斯、卡斯特等。

自20世纪中期以来,苏联葡萄育种工作人员利用山葡萄抗霜霉病株系与欧亚种葡萄杂交,选育出一系列多抗性的优良鲜食和酿酒葡萄品种。

20世纪中期以来,人们在抗病育种方面虽然取得了很大进展,但真菌病害对栽培葡萄的危害性并未因此得到减轻。1932年霜霉病使法国葡萄减产59%~95%,1983年又使干邑地区的葡萄减产86％。1979年葡萄霜霉病使山西省阳高县葡萄减产82.5％。1987年,病害使陕西省丹凤县的欧亚种葡萄减产56.2％。随着世界范围内的广泛引种,各国、各地区的病害仍有日益严重的倾向。在中国,葡萄的5种主要真菌病害在长江南北、黄河流域等地普遍发生。

因此,选育优质抗病品种仍是世界葡萄育种者的一项重要任务。当前,育种人员在已取得的成就基础上,根据遗传理论,进一步利用野生种的抗病性和欧亚种葡萄的优良品质以及抗病微效多基因(minor gene),借助现代生物技术努力培育能抗多种病害并且品质优良的葡萄新品种。

3.3.5.3 病害对酿酒葡萄品质的影响

(1)灰霉病 是感染酿酒葡萄果实最常见的病害,它可以感染葡萄的叶片、新梢、果穗等,对葡萄和葡萄酒的品质影响很大。引起葡萄灰霉病的病原菌是灰霉菌(*Botrytis cinerea*)。灰霉菌的感染一般是产生不利的影响,在大多数的情况下,灰霉菌侵染果穗使大部分或全部果穗产生软腐,并出现灰色霉层。受感染的葡萄糖度降低,灰霉菌产生的漆酶使葡萄的色素氧化损失。灰霉菌的感染同样使葡萄酒具有霉味和其他不好风味。在一些情况下灰霉菌的感染还会造成一些病菌的二次侵染,如醋酸菌、曲霉菌等。醋酸菌在葡萄果实中产生较高的固定酸和游离酸,而青霉菌(*Penicillum*)和曲霉菌(*Aspergillus*)的感染则有可能产生对人体有害的真菌毒素——赭曲霉毒素(OTA)。

感染灰霉菌的葡萄酿造的葡萄酒中含有较多的葡聚糖,而且葡萄中的多糖,如阿拉伯半乳糖、多聚鼠李糖半乳糖醛酸含量增加,这些多糖物质作为一种保护性的胶体,影响葡萄酒的过滤和澄清。灰霉菌在生长中消耗了葡萄中的氨基酸、维生素和葡萄汁中的氧气,使葡萄汁的发酵困难,同时灰霉菌也会产生一些化合物阻止细菌和真菌的生长。但是在特殊的小气候条件下,灰霉菌感染也可以形成贵腐菌,酿造出风味独特的甜酒。如法国的苏玳(Sauternes)贵腐甜酒,德国的精选(Auslese)、颗粒精选(Beerenauslese)、干果颗粒精选(Trockenbeerenauslese)级别的甜酒,匈牙利的托卡伊(Tokay)贵腐甜酒等。灰霉菌对葡萄的感染结果决定于气候和天气条件。灰霉菌感染葡萄后释放水解酶,使植物细胞壁崩解,在干燥的条件下葡萄果实开始失水,不但抑制了其他细菌和真菌的二次感染,还使葡萄的糖分浓缩,香味物质积累,产生特殊的蜜香味,用该种葡萄酿造的酒被称为贵腐酒。

(2)白粉病 在中国,葡萄白粉病普遍存在,主要在雨水较少的新疆、甘肃、河北的一些地区危害较重。叶片感染白粉病后,碳同化作用、光合作用效率都会降低。幼果感染白粉病后,果粒变硬、开裂,容易感染其他杂菌;转色期果实感染白粉病使糖分积累困难、味酸、容易开裂。因此白粉病对果实的糖度、酸度和颜色都有影响。对感染白粉病的赤霞珠和长相思的研究中发现,被感染的葡萄酸度明显升高,并且赤霞珠的花色苷含量降低,长相思的品种香气(3-mercaptohexand)减弱。而且感染白粉病的葡萄酿造的酒具有较高的pH,发酵时间也延长了。另外,有研究表明感染白粉病的葡萄酿造的酒具有苦味和其他不好的风味。

(3)霜霉病 葡萄霜霉病是葡萄种植中面临的主要病害,由于中国夏季高温高湿多雨的天气很适合霜霉病菌的生长,因此在中国华北、西北等酿酒葡萄产区都有大规模的发生,造成了严重的经济损失。霜霉病的病菌是 *Plasmopara viticola*。霜霉病主要危害叶片,也侵染新梢、花序和果穗。严重的感染会导致落叶,从而使葡萄的营养供应不足,降低葡萄果实的成熟度。霜霉病感染果实后,在潮湿天气会出现白色霉层,天气干燥时病果僵化脱落。

(4)卷叶病　是酿酒葡萄生产上重要的病毒病,在全世界酿酒葡萄栽培地几乎都有报道,在中国的西北地区、山东部分地区都曾经有大面积的发现。葡萄感染卷叶病毒后,葡萄树的生长势会降低,葡萄叶片中的叶绿素、类胡萝卜素、可溶性蛋白、RUBP 活性都有不同程度的降低,最终表现为光合作用效率的降低,营养物质的运输受阻,从而使病株浆果成熟期推迟,浆果的糖度降低,酸度上升。病毒感染可使一些葡萄品种浆果中的可溶性固形物含量、果皮中的多酚、单宁含量降低,从而影响到葡萄酒的品质。在植株生长旺盛的情况下,携带病毒的葡萄比不携带病毒的葡萄酿造的酒品质差。目前发现了多种卷叶病毒,如 GLRav-1,GLRav-3,LR 107,LR108 等。有研究认为,葡萄中卷叶病毒对葡萄糖度、酸度、着色的影响根据病毒种类和葡萄种类而有所不同。GLRav-3 会延迟葡萄的成熟,降低果实的可溶性固形物的含量,果皮中花色苷的积累速度降低,苹果酸、酒石酸的含量升高。LR107 对果实的糖酸含量影响不大,而 LR108 使雷司令葡萄糖度降低 1.0~1.6°Brix。

3.3.5.4 抗病育种资源

葡萄抗病育种实践及人们的研究结果表明,在葡萄属植物中,存在着两大类抗病基因。一大类是存在于圆叶葡萄亚属和真葡萄亚属的北美种群和欧亚种群的野生种葡萄中的主效基因,它们控制的抗病性很明显,容易识别、鉴定,而且多数为多基因性状,表现高度的持久性。另一大类是存在于全世界广为栽培、品质优良的欧亚种葡萄中的微效多基因,它们控制的抗病性虽然不明显,但具有累加性,而且可加强主效基因的作用。

(1)抗霜霉病资源　博巴斯(Boubals D.)认为,圆叶葡萄不感染霜霉病,是免疫的;抗性极强的有河岸葡萄、夏葡萄、蘡薁葡萄、复叶葡萄;抗性强的有美洲葡萄、霜葡萄、野马葡萄、葛藟葡萄;抗性中等的有冬葡萄、甜山葡萄。

贺普超、王国英对中国葡萄 19 个种和变种共 82 个株系的研究表明:抗霜霉病强的种有瘤枝葡萄和华东葡萄;抗性中等的有复叶葡萄、秋葡萄、菱叶葡萄、华北葡萄、葛藟葡萄和燕山葡萄;感病的有刺葡萄、毛葡萄、山葡萄、蘡薁葡萄和欧亚种葡萄(早玫瑰)。他们的研究还进一步证明,在华东葡萄和刺葡萄种内,各株系间的抗性差异不明显,而在另一些种内,各株系间的抗性差异都是明显的,如复叶葡萄叶片霜霉病反应型有 1 级(极高抗)和 4 级(感病)的株系,山葡萄有 2 级(高抗)和 4 级(感病)的株系。产生这种现象的主要原因是起源于中国的葡萄属植物在长期进化过程中所发生的不定向基因突变,因无霜霉病选择压而随机地生存下来。另一个可能的原因是葡萄属内种间的自由杂交,后代中有的虽然在形态上保持了本种的主要性状,但基因型已发生改变,产生了抗病性差异。因此,育种工作者不仅要选择抗病性强的种,更重要的是筛选抗病性强的品(株系)作杂交亲本。

欧亚种葡萄一般对霜霉病抗性较弱,欧美种的抗性较强。刘丽(2017)利用室内离体叶片接种病菌和调查田间自然发病情况的方法,研究了 65 个供试葡萄品种抵抗霜霉病的能力。结果表明抗病品种中欧美种占 64.7%,感病品种中欧亚种占 69.4%。这进一步说明,欧亚种葡萄品种中绝大多数不抗霜霉病,欧美杂交种葡萄一般比较抗霜霉病,但品种间也存在抗病性的差异。近年来研究者致力于挖掘和筛选抗霜霉病的多效微基因,通过转录组测序鉴定出接种葡萄霜霉菌的山葡萄'左山－1'(V. amurensis Rupr. cv. Zuoshan－1)存在一系列可能引起寄主抗性的基因和通路,这些基因包括 CHI4D、TL3、PR10、CYSP、ERF4、STS5、THX、SHM1、HypP、GLO、ClpP 等,涉及的途径与核糖体结构、光合作用和糖类代谢等有关(Wu 等,2010)。

（2）抗白粉病资源　据博巴斯（Boubals D.）的研究，在葡萄属植物中，美洲种中的圆叶葡萄、冬葡萄、美洲葡萄、河岸葡萄和沙地葡萄几乎不感染白粉病，霜葡萄仅有轻度感染；东亚种中的桦叶葡萄、刺葡萄、复叶葡萄不抗白粉病。根据在西北农业大学葡萄园的观察，华东葡萄多数株系易感白粉病，欧亚种葡萄一般不抗白粉病，但品种间的感病程度有差异。

（3）抗黑痘病资源　美洲种是抗黑痘病极重要的种质资源。莫特森（Mortensen J.）指出，鸟葡萄和圆叶葡萄的所有品种，其幼茎和叶片不感黑痘病；美洲葡萄、沙地葡萄、河岸葡萄中，有的也不感染黑痘病；夏葡萄、钱平氏葡萄不感黑痘病或感黑痘病极轻；安大略、乌尔班娜杂种感黑痘病极轻；康可、底拉洼、波特兰、力伯特等品种感病轻。感病极重的为欧亚品种无核紫、白莎斯拉、波来特和无核白。

据王跃进、贺普超对中国葡萄属植物的研究表明，除刺葡萄在田间接种稍有发病外，其他野生种的果实不论在田间自然条件或接种条件下均不感染黑痘病，几乎是免疫的。野生种叶片对黑痘病具有极强和强的抗性，种间的差异很小。

（4）抗炭疽病和白腐病资源　中国葡萄属野生种是极重要的抗炭疽病种质资源。据西北农业大学的报道，刺葡萄和山葡萄的果实在田间自然条件和人工接种情况下均不发生炭疽病，只在室内离体接种时，才分别有 0.3% 和 3.7% 的发病率，属于抗性极强的种。抗性强的种有毛葡萄、华东葡萄和燕山葡萄。

在田间自然条件下，所有中国野生种果实均不感染白腐病；在田间接种时，抗性强的种有刺葡萄、山葡萄和燕山葡萄。在同一个种内均观察到对炭疽病或白腐病抗性明显不同的株系。

（5）抗灰腐病资源　灰腐病日益成为世界性葡萄病害，在中国已有发现。有文献指出，河岸葡萄、美洲葡萄、夏葡萄和冬葡萄对灰腐病有抗性。

3.3.5.5　杂种的抗病性鉴定

葡萄杂种的抗病性鉴定是抗病育种的一个重要环节，它对正确选择选配亲本以及筛选杂种后代是必不可少的。

（1）葡萄鉴定的条件　因为植物的发病取决于植物本身的抗性、病原菌的数量及致病性和环境条件，所以要准确地确定植物的抗病性，就必须严格控制鉴定的条件。

①病原菌。接种所用的病原菌必须是有生活力和致病力的。在病原菌具有足够致病力的条件下，接种的菌量，也就是接种所用的孢子浓度是十分重要的。一般接种菌量的确定可以参照感病品种的发病情况来确定，要求感病品种达到最大限度的发病，也就是发病率达到 100%。

②环境条件。抗病性鉴定必须选择在有利发病的条件下进行，只有这样，才能使抗病性真实地表现出来。在环境条件中，温度和湿度对于发病最为重要。

◆ 温度：大多数致病菌生长对温度条件都有一定的要求，在室内接种时，要将室温调节到最适合发病的温度，而在田间接种要选择温度适合的季节进行。

◆ 湿度：湿度也是致病菌生长的限制因素，进行抗病性鉴定，要控制环境条件，至少应使植株表面微环境湿度适合病原菌生长要求。

③植株生长发育状况。无论什么病害，只有在植株正常生长发育条件下接种，才能准确地鉴定出抗性。对于不同的病害，侵染的部位及时期不同，因此接种只能在一定的发育阶段进行。

（2）葡萄抗病性分级　在抗病性鉴定中，准确、适当的分级方法是鉴定成功的关键。不同病害应当采用不同的分级标准。分级的方法大体可以分为以下两类：

①定性分级法。根据植物受侵染后的反应，如坏死斑的有无与大小、边缘是否明显，病斑上孢子量的多少等来分成不同的等级，这种分级方式尤其适合霜霉病等比较明显的过敏性坏死反应的病害分级。

定性分级的反应型受环境条件的影响小，同一品种在不同年份和不同时期的表现稳定，真实性高。此外，观察记载也方便。同一品种不同叶片的感病程度可能不一致，但仅用发病最严重的叶片进行病害分级。

②定量分级法。

◆ 直接计数法：计算发病植株或叶片、果穗、果粒或其他器官的数目，根据调查的总数求得发病的百分率（%）。优点是标准明确，记载方便，但是难以反映两个或以上的品种之间的抗病性差异。一般适合于病毒病、根部病害和果实病害等。

◆ 分级计数法：将受害的组织分为不同的等级，分别记载，用病情指数来表示病害级别。

（3）葡萄抗病性鉴定方法

①田间自然鉴定。通常在生产园、资源圃、杂交圃或者特定的地段等田间自然感病条件下对不同材料的发病程度进行调查。鉴定的地方必须是病害经常流行，并且有大量菌源存在的，不能喷药。这种方法简便可靠，但是受自然因素影响大。

②人工接种鉴定。在田间自然条件下进行人工接种，要注意不同的病菌侵染方式不同，应采用不同的接种方式。在温室内进行人工接种，虽然温室内的环境条件易于控制，为发病提供有利条件，能提高鉴定的准确性，但是要注意防止过度发病以及所使用的病原菌的代表性。采用离体植物组织接种鉴定发病情况，所需的周期短，材料少，在一年内可以反复进行，一年内即可完成鉴定。但是该方法不适合鉴定潜伏期长的病菌，如黑痘病病菌。

3.3.6 抗寒育种

3.3.6.1 抗寒育种的意义

植物的抗寒性是指其对低温的忍耐力。葡萄植株的各种冻害主要是在初冬至早春发生的。越冬性的强弱既受植物本身的抗寒性影响，也受生态因子的影响。因此，葡萄的越冬性是其越冬期间对不良环境条件的综合抵抗力。

引起葡萄越冬性不良的原因是多方面的，包括温度、湿度、品种等。如果冬季绝对最低温度低于葡萄本身所忍受的界限时，不同组织和器官就会受冻，甚至全株死亡。秋天葡萄落叶后，枝条表皮组织在冬季休眠期间，仍然要蒸腾相当多的水分。当冬季土壤结冻，根系活动减弱，吸收的水分满足不了枝条的蒸腾需要时，就会使地上部分缺乏水分，造成生理上的干旱而枯死。生理干旱对葡萄幼株影响更大。在中国北方冬春季节干旱少雨多风的地区，冬季防寒时，如覆土不严，葡萄枝蔓也会因失水过多而干枯。若冬季出现较长期的变暖天气，会使枝条由休眠状态转向生理上的活动状态，降低抗寒力。早春气温多变，萌芽和嫩梢易受冻，这在干旱和半干旱的西北地区表现尤为突出。葡萄属中萌芽期极早的一些种，如山葡萄、秋葡萄，它们的萌芽期比欧亚种葡萄早 10 d 左右，易受晚霜危害。

如果夏季过度干旱，当年结果过多或病虫害严重，会使葡萄不能进行正常的生长发育；或是秋季多雨、低温突然来临，将使葡萄不能及时停止生长等，都会造成植株在越冬前来不及适应，即使是抗寒品种，在冬季不太寒冷的情况下也可能受到冻害。山葡萄是葡萄属中最抗寒的种,在东北地区中北部,如在山葡萄果实充分成熟时采收,就会影响新梢的成熟而致越冬受冻;如果提早采收,果实糖度低,酸度高,使产品品质下降。

由上述情况可以看出,早春、晚秋和整个冬季,低温和干旱是造成葡萄新梢和枝蔓、甚至全株死亡的原因。简而言之,这些伤害是由植株以抗寒为主导的越冬性不足引起的。因此,葡萄抗寒育种的概念,除主要选育耐冬季低温的品种外,在不同地区选育果实早熟、枝条成熟好、生理休眠期长、萌芽期晚的品种,也有重要意义。

3.3.6.2 抗寒育种简史

葡萄抗病、抗寒育种最早是在美国进行的,开始于 17 世纪初期。首先通过实生选种或用当地抗寒抗病的大果粒美洲葡萄与欧洲品种杂交,先后获得抗逆性强的康可、玫瑰露、卡托巴等品种。之后,美国著名的葡萄育种家 Snyder E.,Moore J. 等在葡萄抗寒育种方面做了大量富有成效的工作。

欧美第一、二代抗寒杂交品种的主要缺点是果实具有强烈的狐臭味,酿酒品质差(但有的品种适宜制汁)。因此,现代葡萄育种工作者们力图通过与欧洲品种回交的方法,以提高其酿酒品质。美国纽约州杰涅瓦农业试验站自 1972 年以来发表的新育成品种白卡尤加(Seyval×Schuyler)、旭升(Seyval×Schuyler)和雷买里无核(Lady Patricia×Ny33979)就具有抗寒性较强、品质较好的特点。

山葡萄是葡萄属中抗寒性最强的种,第一个将其用作抗寒育种亲本的是苏联著名果树育种家米丘林。20 世纪初,他用山葡萄与美洲种的河岸葡萄、美洲葡萄与欧亚种葡萄杂交,培育出抗寒的北极、布杜尔、小铁蛋、米丘林小无核等品种。利用山葡萄作为抗寒育种的杂交亲本比美洲葡萄有更大的优越性,除抗寒性较强外,果实品质较好,没有狐臭味。另外,在杂交后代中,欧亚种葡萄的优良品质受到抑制的程度小。

因此,自 20 世纪三四十年代起,在世界范围内,育种工作者广泛地利用山葡萄作为抗寒、优质葡萄育种地最主要亲本。半个世纪以来,全俄波塔平科葡萄栽培酿酒研究所、亚美尼亚酿酒葡萄研究中心等在抗寒育种方面做了大量工作,取得了显著成果。苏联育种家米丘林进行了开创性的工作并通过杂交育成了首批抗寒葡萄品种,如北极(山葡萄×北方黑),布图尔($V.\ amurensis \times V.\ riparia$),米丘林科林斯(山葡萄×希腊科林斯),农庄(野生山葡萄×北方黑),金属(特列格拉夫×野生山葡萄)及俄罗斯康可(山葡萄×康可)。其中以俄罗斯康可最为著名,俄罗斯康可具有中等抗霜霉病、抗寒性、耐贮运、有草莓香气等特点,可用于鲜食、制汁、制果冻,在北方葡萄产区广泛栽培(陈仁伟等,2020)。

中国利用山葡萄进行抗寒育种的工作开始于 20 世纪 50 年代初期,已取得重要进展。其中,中国农业科学院特产研究所利用山葡萄做亲本,育成的酿酒葡萄品种有'左山一''左山二''双庆''双优''双红''左优红'等。近年又推出冰酒专用品种'北冰红',全汁干红品种'北国红''北国紫晶';中国科学院植物研究所于 1954 年以'玫瑰香'为母本、山葡萄为父本杂交推出了'北醇',随后又于 2008 年育成'北红''北玫''北玺''北馨''新北醇'这些"北"字号酿酒葡萄品种,拥有高抗寒、抗旱和抗病能力,其中'北红''北玫'在全国 19 个省市均有栽培。新中国建立以来推出的第一批抗寒葡萄品种,为 1951 年吉林省农业科学院果树所培育的'公酿一号'和'公酿二号',它们均是用'玫瑰香'作母本、山葡萄作父本杂交育成(刘丽等,2017)。

葡萄的抗寒性是受多基因控制的。欧亚种葡萄的抗寒性虽低,但也有抗性相对较强的品种。在正确选配亲本的基础上用欧亚种葡萄进行品种间杂交,通过抗性基因重组,也有可能选育出抗寒的品种。因此,自 20 世纪 70 年代以来,一些国家也开始采用这种方式为中部地区培育露地越冬品种,并已取得初步成果。

3.3.6.3 抗寒育种的杂交方式

1. 种间杂交

(1)单交 用山葡萄与品质优良、丰产的欧亚种葡萄杂交,在抗寒育种的早期阶段是被广泛应用的一种育种方法,北醇和公酿一号、公酿二号就是用这种方法培育的,可称作欧山一代杂种。苏联用这种方法也培育出一些品种,如布尔蒙克(山葡萄×匈牙利玫瑰),可耐−32 ℃低温,用该品种酿造的甜葡萄酒在国际葡萄酒会议上曾获得金质奖。

(2)回交或重交 欧山一代杂种往往存在一些缺点,归纳起来主要是山葡萄的高度抗性与欧亚种葡萄的优良品质难以很好地结合在一起。为此,育种工作者采用把杂种一代与栽培品种重复杂交或回交的方法,培育了一批新品种,如苏联育成的早紫[北方(马林格实生×山葡萄)×玫瑰香]、北方晚红蜜(北方×晚红蜜)等。

(3)综合杂交 用第一代杂种与回交、重交品种杂交,或回交品种与重交品种相互杂交,如 BA×(BA×BB)、(BA×BB)×(BA×BB)(B 代表欧亚种葡萄基因,A 代表山葡萄基因)。有人把这种杂交方式叫作葡萄抗寒育种的第三阶段。采用这种方法能够选育出既不完全倾向栽培品种,也不完全倾向野生种的抗寒、抗病、丰产、优质的葡萄品种。

当前利用种间杂交在葡萄优质抗寒育种工作中有两点值得注意:①要充分利用现有抗寒性较强、产量和品质较好的种间第一、二代杂种与优质、较抗寒的欧亚品种回交,或杂种间互交。②野生种内各种性状的差异是普遍存在的,如果要利用抗寒的野生种与欧亚种葡萄直接杂交,就应当从野生种群体中选择果穗果粒较大、产量和品质较好,抗病力强的株系作亲本。特别是山葡萄还要在两性花株系中选择萌芽期晚、果实成熟期早、果穗小且青粒少或无、糖高酸低的植株作亲本。这样有可能在以后的工作中减少回交世代,缩短育种进程。

2. 欧亚种葡萄品种间杂交

欧亚种葡萄种内品种间杂交与种间杂交不同之处在于双亲必须是较抗寒的。在欧亚种葡萄中,抗寒性较强的品种有赤霞珠、黑比诺、雷司令、意斯林、白羽、晚红蜜、阿吉斯、列尔娜杜等,这些品种能抵抗比一般品种低 3~4 ℃的低温。C. A. 波高祥等从阿吉斯×赤霞珠的一代杂种中选出能抗−28 ℃的艾赤米兹尼和伊拉斯品种,从列娜杜×(阿吉斯×赤霞珠)的一次重复杂交中选出能抗−29 ℃的格拉卓里和西潘品种,而对照品种晚红蜜仅能抗−22 ℃的低温。

3.3.6.4 杂种的抗寒性鉴定

(1)田间自然鉴定法 在田间自然条件下对植株受冻程度进行鉴定。应当注意,植株地上部分结构复杂,不同组织器官抗寒能力不同。因此,在田间自然条件下鉴定葡萄品种的越冬性时,应当对地上部分受冻程度分别加以研究,在此基础上再对整个植株做出总的受冻程度的评价。

(2)低温冷冻法 在人工冷冻条件下进行诱发冻害鉴定。将采收的成熟枝条剪口蜡封,用塑料袋包裹于低温冰箱中进行梯度降温处理,冷冻结束后采用沙藏统计枝条切口褐变程度,或者扦插统计萌芽率,确定其抗寒性。

(3)组织变褐法 利用植物组织受冻害后褐变程度以确定其抗寒性。成熟枝条横断面可以分为皮层、韧皮部、次生木质部和髓部,不同组织受冻害后表现不同,通常以次生木质部的褐变作为葡萄抗寒性鉴定的标志。

(4)电导率法　植物组织受冻害后细胞膜受到破坏而失去其半透性,细胞质的电解质外渗,外渗的程度可以用电导率来度量。这种方法已经广泛应用到果树抗寒性鉴定,具有准确、简便、快速的优点。

(5)生长法　也可以叫作受冻害枝条萌发法。冬季休眠期后,从田间采回的枝条,扦插于温室使其萌发,用萌芽百分率表示抗寒性。

(6)低温放热法　指采用差热分析系统,即人工控制气候箱程序降温使葡萄组织结冰放热,并且监测记录放热温度,从而鉴定不同品种的抗寒性。葡萄植株中,冬芽特别是主芽的冻害直接影响来年的产量,而主芽的抗寒性与整个葡萄植株的抗寒性密切相关。Gu 等(1999)采用 LT-I(lethal temperature-injury)分析芽的低温放热数据,较好地解释了酿酒葡萄品种芽的抗寒性。其中 LT 为自变量,代表外界温度;I 为因变量,代表芽受冻程度。

3.3.7　现代生物技术育种

3.3.7.1　组织培养

利用植物体的器官、组织或细胞,通过无菌操作接种于人工配制的培养基上,在一定的光照和温度条件下进行培养,使之生长、发育的技术统称为植物组织培养。由于培养物脱离植物母体,在试管中进行培养,所以也称离体培养。

植物组织培养的技术包括:①胚胎培养,即胚、胚乳、胚珠、珠心、子房培养及试管授精等;②器官培养,取根、茎、叶、花和幼果的部分组织进行培养;③愈伤组织培养,从植物体各个部分取得的离体材料,增殖而形成的愈伤组织的培养;④细胞培养,包括细胞悬浮培养和单个细胞培养;⑤原生质体培养,将单细胞脱壁之后分离原生质体进行培养;⑥细胞杂交,利用植物组织的原生质体融合成杂种细胞,进行体细胞遗传和育种的研究。

要成功地进行葡萄植物的组织培养,必须注意三个主要因素:培养基、无菌操作及培养的环境条件。培养基中应当包含母体植物的根、叶及贮藏器官能够提供的所有主要的有机和无机营养物质。植物组织培养中除培养基、接种材料、器皿和用具需要消毒外,还应该注意防止实验操作过程的污染,严格按无菌操作规范。植物组织培养中外界环境条件是一个重要因素,包括光照、温度、湿度、气体成分等方面。不同的组织材料、不同的培养阶段所需要的培养条件不尽相同,应当根据实际需要进行调节。

把植物组织培养成植株有两个基本途径:一是由培养物诱导出胚状体,再长成小苗,这一过程与合子胚的发育相似。二是不形成胚状体,先形成愈伤组织,再把愈伤组织适时转到合适的分化培养基上,诱导出芽与根,从而形成植株。

植物组织培养技术在葡萄繁殖中应用广泛。

(1)快繁　利用植物组织培养快速繁殖稀缺良种,是植物组织培养在葡萄生产中见效快、应用最广的技术。

(2)脱除病毒　葡萄病毒类型较多,危害较大,致使葡萄产量降低,品质变劣。利用热处理并配合茎尖培养,能有效地脱除病毒,该项技术已在国内外得到广泛应用。

(3)培育良种　利用花药、雌配子培养,若能获得花粉单倍体植株,再加倍成为纯合二倍体,在葡萄育种和遗传研究中有其特殊价值。引入目的基因的基因工程,也要以植物组织培养为基础。

（4）种质交换和保存　葡萄试管苗无病虫，若再经过脱毒和鉴定的无病毒苗，则更便于地区间、国际间品种和资源的传递和交换，节省检疫和防治的人力、财力和时间。

（5）病理学、生理学及其他理论研究　利用葡萄组织培养，常年均可提供生长旺盛的苗木或组织、细胞，供病理学、生理学等研究，也是筛选杀菌剂和抗病品种及植物激素的好方法。组织培养空间小、条件易控制，不受季节限制，对加快遗传学、细胞学、生物化学研究均有意义。

3.3.7.2　花药、雌配子和小孢子培养单倍体植株

通过花药培养、雌配子培养和小孢子培养获得单倍体植株，进一步加倍产生纯合二倍体。

花药培养诱导雄配子发育而产生单倍体植株，经加倍产生纯合二倍体。1964 年 Guha 和 Maheshwari 首创植物花药单倍体培养技术，开创了植物单倍体育种途径，现已育成了大批优良品种。

葡萄花药培养目前虽未获得单倍体，但易诱导出胚性愈伤组织，可产生体细胞无性系，对于突变育种、细胞工程、基因工程等都有很大的利用价值。随着组织培养技术的发展，可以预见不远的将来通过花药培养有可能育出优良的葡萄新品种。

3.3.7.3　原生质体培养

葡萄原生质体培养在植物体细胞杂交、细胞器移植、基因转移、细胞壁再生及外源 DNA 引入等方面均有极其重要的意义。葡萄是报道最早的可以进行原生质体培养的果树之一，但至今只有极少再生植株的报道。葡萄的种、品种、品系、株系繁多，为了保存这些种质，需在田间种植许多不同类型的材料，这种常规保存方法需要花费大量劳力、时间和土地，每年还要进行田间管理、整枝、病虫防治等。在北方寒冷地区，还要埋土防寒。如果是无病毒的材料在田间种植，还要建立隔离区，否则易再感病毒。把微小的试管苗保存于试管中，延缓生长，降低生命活动，能有效地长期保存。试管保存有以下优点：

①试管因体积小，条件易控制，在有限空间可大量保存种质资源。

②脱毒苗与环境隔离，易做到无病虫，不会再感病毒，安全可靠。一旦需要即可取出，实现迅速大量增殖无毒苗木。

③体积小、无病虫、无病毒，有利于国际间、地区间种质资源的转移和交换。

④有利于其他研究。试管内保存的植物，没有休眠期，对其他研究和教学十分有利。

3.3.7.4　分子标记技术

遗传标记(genetic marker)是鉴别基因组中基因位点的手段，是易于识别且可遗传的实体(heritable entiy)。目前遗传标记的方法主要有 4 种，即形态标记(morphological marker)、细胞标记(cytological marker)、生化标记(biochemical marker)和分子标记(molecular marker)，而分子标记是应用最为广泛的方法。

与其他 3 种遗传标记方法相比，分子标记具有如下优点：①直接以 DNA 的形式出现，不受季节、环境限制，不存在表达与否的问题；②数量极多，可遍及整个基因组；③多态性强；④不影响目标性状的表达，与不良性状无必然的联系；⑤许多分子标记表现为共显性，能鉴别出纯合基因型与杂合基因型，提供完整的遗传信息。当前广泛应用的分子标记有 RFLP、RAPD、AFLP、SSR、STS、SCAR、SNP 等。

近年来分子标记已广泛应用于葡萄辅助育种，大大缩短葡萄抗病育种周期。如王跃进等

利用细菌质粒 M13 克隆葡萄无核基因的 RAPD 标记 UBC269-480,其 5′端第 40～57 的核苷酸序列(约 18 bp)具有检测葡萄无核基因存在与否的功能,用其作引物,凡是可以扩增出约 590 bp 的 DNA 片段的即为葡萄无核基因携带者和无核性状表现者。从而在葡萄杂交后代的幼苗期即可进行无核筛选与鉴定,加速无核葡萄育种进程,提高育种效果。杨亚洲等以燕山葡萄和河岸葡萄杂交的 F_1 群体为试材,获得了与中国野生葡萄抗旱基因连锁的 RAPD 标记。此外,王跃进、徐炎、张艳艳、张剑侠等也分别获得了与中国野生葡萄抗白粉病、白腐病、霜霉病和黑痘病基因相连锁的 RAPD 标记。这些标记将为葡萄抗病辅助育种提供依据,加速抗病育种进程。

3.3.7.5 基因工程

葡萄新品种选育和现有品种改良新技术,首推转基因技术,即基因工程的研究。这项技术可为葡萄的产量和品质提供直接改良的机会,同时也可选择性地提高某些性状等。

(1)果树转基因技术　是从分子水平上用人工方法,有目的地将外源基因或 DNA 导入果树生物细胞内,使之与染色体整合、表达、遗传的综合生物技术。果树上应用较多的有根癌农杆菌-Ti 质粒法、PEC(聚乙醇)法和基因枪法 3 种生物技术。

(2)转基因技术的应用　近年来,葡萄品种和砧木的转基因技术有了飞跃地发展。1990 年首次报道了沙地葡萄(V. rupestris)转基因植株。此后相继报道了欧亚种葡萄(V. vinifera)的转基因植株和非欧亚种葡萄的转基因研究成果。转基因植株繁殖的共同特点是应用胚状体发生培养,即用农杆菌接种或改良 Ti 质粒作载体,作为转基因的启动物质。

尽管基因工程有上述成功事例,但世界某些实验室和另一些葡萄遗传型中,推广该项技术仍然很困难。随着越来越多的抗病基因逐渐被鉴定分离出来,转基因定向抗病育种也取得初步进展。目前,科研人员对葡萄转基因研究已实现性状表达基因和抗病虫基因的导入。欧亚种酿酒葡萄已经有了转基因植株。在不久的将来,基因工程将会推广到众多葡萄品种和葡萄种的选育和改良中。从目前国际研究趋势看,基因工程的应用主要集中在抗性研究方面,而对果实品质和产量方面的研究将会日益增加。陈力耕等采用葡萄茎段为外植体,利用农杆菌介导法成功将拟南芥 LEAFY 基因整合到葡萄染色体 DNA 上,获得了转基因植株。周长梅、周鹏、孙仲序等也通过农杆菌介导法获得了转导不同基因的葡萄实生苗。葡萄转基因植株的转导成功,为葡萄基因遗传改良奠定了基础。随着基因编辑技术的快速发展和应用,葡萄育种的进程将进一步加快。

第4章

酿酒葡萄品种

4.1 主要红色酿酒葡萄品种

4.1.1 巴贝拉(Barbera)

Barbera,音译为巴贝拉、芭贝拉、巴伯拉。在意大利,还有 Barber a Raspo Rosso, Barbera a Peduncolo Rosso, Barbera a Peduncolo Verde 等多个名称。原产于意大利皮埃蒙特 (Piemonte)产区中部的蒙菲拉托(Monferrato)山脉,自 13 世纪便被人们认知,曾一直是意大利种植面积第二大的品种(现在为第三位)。

关于巴贝拉的起源有两种说法:一种说法认为巴贝拉起源于皮埃蒙特中部蒙菲拉托的丘陵地带。依据是在 1246—1277 年蒙菲拉托大教堂同当地葡萄园的一个协议。协议表明该葡萄园只能种植"De Bonis Vitibus Barberinis",这是巴贝拉当时的名字。另一种说法认为巴贝拉起源于伦巴第(Lombardy)的奥特莱波-帕韦斯(Oltrepo Pavese)地区。现代 DNA 检测技术表明巴贝拉与慕合怀特(Mourvedre)的亲缘关系较近。

巴贝拉的适应性较强,在意大利种植广泛。面积较大的地区有皮埃蒙特、伦巴第、艾米利亚-罗马涅(Emilia-Romagna)、威尼托(Veneto)、翁布里亚(Umbria) 和撒丁岛(Sardinia)等。如今巴贝拉已经成为意大利最具有代表性的葡萄酒之一。

在欧洲,除意大利外,只有希腊、罗马尼亚及斯洛文尼亚有少量栽培。但是意大利的移民们把巴贝拉广泛地推向了新世界葡萄酒国家,如阿根廷、澳大利亚、巴西、玻利维亚、乌拉圭、美国、南非等。

巴贝拉在阿根廷被广泛种植,栽培面积仅次于意大利。但主要利用巴贝拉的酸度调和其他品种葡萄酒。巴贝拉在 20 世纪 60 年代经由加利福尼亚大学戴维斯分校引进到澳大利亚,在新南威尔士州的满吉(Mudgee)区种植,同时还被种植在其他产区,如维多利亚州的国王谷

(King Valley)、南澳大利亚州的麦克拉伦谷(McLaren Vale)和阿德莱德山(Adelaide Hills)。同在阿根廷的情况一样,巴贝拉随着意大利的移民来到了巴西。当地著名的瓦尔杜加酒庄(Casa Valduga)用桑娇维塞和巴贝拉混合酿造了一款桃红葡萄酒。意大利移民也将巴贝拉带到了美国加利福尼亚州的纳帕山谷和中央山谷,在那里巴贝拉得到了广泛的种植,用于酿造大瓶葡萄酒(jug wine)。巴贝拉在弗吉尼亚州的蒙蒂塞洛(Monticello)也取得一定的成功。

巴贝拉喜欢温暖的气候,成熟期较晚,但没有内比奥罗那么晚。巴贝拉的适应性较好,在温暖到炎热的地区都能够很好地生长,并且产量较高,同时它还有较强的抗真菌病害的能力。巴贝拉即使在较为炎热的气候条件下也能保持较高的酸度,同时它的花青素含量很高,但单宁含量稍低。皮埃蒙特气候凉爽,加上富含锰的白垩质土壤,这个产区产出的巴贝拉葡萄质量极佳。

巴贝拉成熟后皮薄肉多,酸多单宁少,非常适合酿造佐餐酒。丰富的果香,相对柔和的单宁,与清爽、持续的酸度相平衡。最出色的皮埃蒙特巴贝拉,采用纯种的葡萄酿酒,以品种和产区名称来命名,如 Barbera d'Asti, Barbera d'Alba。

巴贝拉所酿的酒在年轻时颜色深,呈暗紫色。随着陈年的延长,逐渐变浅且有轻微的棕色。通过橡木桶可帮助其稳定色泽。

通常巴贝拉有朦胧的香气,但在气候温和的地区栽培并辅以适合的栽培技术,巴贝拉会展现出成熟的红色水果香,如酸樱桃、醋栗或黑莓的香气。如果经橡木桶陈酿还会增加烟熏味及烤面包的味道。

香味淡,颜色深及酸度高的特点使得巴贝拉被广泛地用于与其他品种葡萄混合酿酒,以赋予葡萄酒更强的质感。而这些特点也使巴贝拉显得生动活泼,清新爽口,可以搭配多种菜肴,甚至可以搭配土豆泥。最适合的搭配是面食、比萨饼或任何以番茄为主的菜肴。

4.1.2　法国蓝(Blue French)

Blue French 在德国被称为 Lemberger(起源地 Limberg),Blauer Limberger,Blaufränkisch;在斯洛伐克被称为 Frankovka;在斯洛文尼亚被称为 Modra frankinja;在匈牙利被称为 Kékfrankos(blue Frankish);在保加利亚被称为 Gamé;在美国被称为 Lemberger、Limberger。中文译名为法国蓝、蓝色佛朗克等。

法国蓝为原产于奥地利的古老品种。10 世纪时,在当时的奥地利地区(下奥地利州和布尔根兰州)可能已有该种或其类似前身的栽培。在 DNA 分析技术出现之前的很长一段时间,由于形态的某些相似性曾被误认为是佳美的一个株系。DNA 分析结果表明,法国蓝是白古埃(Gouais blanc)和一个未鉴别的法国品种(Frankish)的杂交。

法国蓝主要种植在欧洲东部地区,包括奥地利、捷克共和国(Moravia 产区)、德国、斯洛伐克、斯洛文尼亚、匈牙利。由于它在东欧的广泛传播,曾被称为"东方黑比诺"。

华盛顿州是少数除欧洲之外栽种法国蓝的地区之一,主要种植于雅基玛(Yakima)山谷和奥林匹克半岛。

法国蓝 1892 年从奥地利引入中国烟台,在山东、河北、新疆、北京等地曾有栽培。

法国蓝为中熟品种,从萌芽至果实成熟需要 130～140 d。植株生长势中等,夏芽副梢结实力强,产量较高。嫩梢紫红色,有稀疏茸毛。幼叶黄绿色,叶脉间呈浅橙红色,有稀疏茸毛。成龄叶片中等大,近圆形,深绿色,叶片不平整,下表面有密生茸毛。叶片三裂或五裂,裂刻浅。

锯齿钝,基部宽。叶柄洼大多为开张矢形。两性花。其果穗中等,圆锥形,有歧肩。果粒中等大,近圆形或圆形,蓝黑色,着生紧密。果粉、果皮厚。果皮与果肉较难分离。果肉汁多,味酸甜。每果粒含种子2~4粒,种子深褐色,椭圆形,中等大。出汁率为75.8%~77.8%。法国蓝对土壤要求不太严格,在贫瘠的沙壤土上栽培生长和结果良好,抗病抗寒性较强。该品种宜在气候干燥、昼夜温差大的地区栽培,采用长中短梢结合修剪。

法国蓝酿造的葡萄酒有成熟黑色浆果的香味,具辛辣气味,单宁水平中等,有时有很好的酸度,年轻时有浓郁的水果香气。法国蓝葡萄酒可搭配意大利面、味重的肉食品和羊奶酪。

4.1.3 品丽珠(Cabernet Franc)

品丽珠,欧亚种,在中国与赤霞珠和蛇龙珠合称为"三珠"。品丽珠来源于法国波尔多,在卢瓦尔河谷地区,品丽珠被称作"维龙"(Veron)或"维龙人"(Veronais),这一称谓得名于法国西北部的维龙小镇。按照当地传统,由该品种酿造的葡萄酒是通过布列塔尼亚地区(Bretagne)销往英国,因此,英国人把这种酒称为"布列塔尼亚酒"(Vin Breton)。在法国的比利牛斯山地区,品丽珠又被称作布席(Bouchy)、卡普利顿(Capbreton)和沙地苗(Plants des Sables);在波尔多著名产区圣爱美隆(Saint-Emillon),人们常称它为布榭(Bouchet);在巴扎戴镇(Bazadais)又被称作卡布埃(Carbouet);在梅多克(Medoc)被称作卡门耐特(Carmenet)。而像斐尔(Fer)或小斐尔(Petit Fer)的别名则应当放弃,因为它们是与品丽珠完全不同的品种。在意大利品丽珠被称作"Bordo"或"Carbernet Frank"。

作为法国古老的酿酒品种,品丽珠主要用于调配以提高葡萄酒的果香和色泽,近年因果香型的红葡萄酒较受欢迎,其栽培面积迅速发展。1958年仅有9 700 hm²,1994年就达到3.1万 hm²。品丽珠较适应卢瓦尔河谷、布尔格伊地区的气候,在波尔多和法国西南部产区,它也占据着重要的位置,受到较高评价。品丽珠在意大利也得到了广泛种植,尤其是意大利的南部和东北部栽培较多,并且有不错的表现。此外,品丽珠在西班牙、美国、澳大利亚、新西兰、巴西、阿根廷、智利、匈牙利、巴尔干半岛等国家和地区也有栽培。

中国最早于1892年由西欧将品丽珠引入山东烟台,20世纪70年代后,受外界影响,又多次从法国、美国、澳大利亚等引入该品种,甘肃、宁夏、山东、山西、河南、北京、云南和河北等地都曾引种。中国虽然早期引种已有近百年历史,但因栽培性状不佳等原因一直未能大面积推广。目前,品丽珠仅在山东半岛、河北怀来、山西太谷、宁夏贺兰山东麓以及新疆焉耆盆地等地有少量栽培。

品丽珠,属中熟或中晚熟品种,发芽比赤霞珠早。它的果粒较小、球形、蓝黑色,果皮比赤霞珠薄。品丽珠比赤霞珠生长更旺盛,最佳土质为钙质黏土。在无水分的情况下,沙质土上也可能获得良好的品质。就气候条件而言,品丽珠比赤霞珠更适合冷凉的气候。因为品丽珠比赤霞珠早熟,在冷凉的气候下,品丽珠可以很好地成熟,而赤霞珠却很难达到其生理成熟度。品丽珠常以 SO4、420A、5BB、3309 以及河岸葡萄光荣(Riparia Gloire)等为砧木。这些砧木可控制植株长势,提高果实品质。

从栽培管理的实践报道来看,品丽珠比较易感病,较容易感染葡萄霜霉病、葡萄白粉病、葡萄黑腐病等真菌性病害。因此,葡萄种植者要根据不同生长期合理管理,做好病虫害防治工作。品丽珠共有几十个株系,不同的株系适应性和生长表现不同。其中较重要的株系有331、210 和 212 等(331 最丰产;210 酿造的酒有一种宜人的芬芳,但较易感葡萄灰霉病)。栽培时应注意选用合适的优良株系。另外,品丽珠对病毒较为敏感,易感染各种葡萄病毒,而且症状十分明显,有条件的地区应采用无毒苗木。

品丽珠酿造的红葡萄酒较赤霞珠柔顺,口感细腻,单宁平衡;具有覆盆子、樱桃、甘草的香味,或黑醋栗、紫罗兰、蔬菜的香味,有时会带有明显的削铅笔气味。不同产区的香气会有差别。

在法国波尔多,由于100%的赤霞珠葡萄酿出的葡萄酒结构感太强,需要单宁稍少、结构感稍弱的品丽珠来调和,使之结构适中,且又耐陈年。相较于美乐,品丽珠丰富的果香可以使其酿出的酒香气更加浓郁、更具有层次感。因此,品丽珠在法国波尔多(Bordeaux)主要用来与其他名种(如赤霞珠、美乐等)配合以生产出高品质的红葡萄酒,尤其在右岸,品丽珠的作用不可忽视。右岸著名的白马酒庄(Cheval Blanc)选用品丽珠的比例竟高于60%。在卢瓦尔河谷,用品丽珠酿造的红葡萄酒气味芬芳,含酸量高,有浓郁黑醋栗和紫罗兰香味,还有品丽珠典型的植物性气味。

由于"Cabernet"家族的葡萄单宁含量相对较高,因此人们很少用它们来酿造桃红葡萄酒,但是卢瓦尔河谷地区的品丽珠,品质突出,果香迷人。在国内的葡萄酒市场上,偶尔会遇到怡园酒庄、北京龙徽酿酒有限公司等企业生产的品丽珠单品种葡萄酒,但数量不多。

4.1.4 赤霞珠(Cabernet Sauvignon)

赤霞珠起源于波尔多(Bordeaux),其名字来源于品丽珠和长相思的结合:Cabernet 来自品丽珠(Cabernet Franc),而 Sauvignon 来自长相思 (Sauvignon Blanc)。1996 年美国加利福尼亚大学戴维斯分校的植物遗传学家 Carole Meredith 通过 DNA 分析表明:赤霞珠葡萄是由品丽珠与长相思在 600 年前自然杂交而成的。

赤霞珠能成为最受欢迎的葡萄品种,一方面得益于赤霞珠葡萄树的田间表现。赤霞珠生长势强,无论是地上还是地下部分,树体的萌芽、结实、发根、发枝条的能力都很强,叶片紧凑而厚实,抗病性较强。作为晚熟品种,尤其是萌芽略晚,赤霞珠可以免除冷凉地区的"倒春寒"对幼芽的影响(与美乐相比具有很大的优势),1863 年波尔多葡萄园遭受根瘤蚜为害的灭顶之灾后,人们获得了重新种植葡萄园、重新选择葡萄品种的机会——赤霞珠因为具有上述优势被选中而扩大了种植。另一方面赤霞珠果粒小,典型的果粒仅有 1.5 g 左右,比美乐、歌海娜、丹魄以及桑娇维塞等其他古老的红色品种果粒都小,这样同样体积或者质量的上述葡萄果实,赤霞珠的皮果比相对大,再加上赤霞珠果皮本身也很厚,这就使得采用赤霞珠酿造的葡萄酒色泽浓郁,单宁丰富(葡萄酒的色泽与单宁主要来源于葡萄果皮)。

赤霞珠葡萄酒年轻时往往具有类似青椒、薄荷、黑醋栗、李等香味,陈年后逐渐显现雪松、烟草、皮革、香菇的气息,色泽深厚,单宁丰富,结构感强。与几百个红葡萄品种相比较而言,赤霞珠酿造的葡萄酒陈年潜力特别强。

新世界(如加利福尼亚州纳帕山谷)的赤霞珠与波尔多产区的相比较,更具有成熟的果实的味道,波尔多产区的则具有更多矿物气息。由赤霞珠酿造的葡萄酒,受采收时果实的成熟度影响很大,当果实未完全成熟时,会显现出更明显的青椒以及植物性气味;相反,如果果实成熟完全,甚至是过熟状态,那么所酿造的酒会呈现出黑醋栗甚至黑醋栗酱的香气。因此,有些酿酒师会在赤霞珠果实的不同成熟阶段分批采收,以期增加所酿造酒的香气复杂程度。如果葡萄树体年轻,所酿造的酒则存在更多的黑樱桃、李的香气。

赤霞珠的另外两个典型风味是薄荷和桉树气味。薄荷气味通常出现在足够温暖地区,果实中不会积累大量的胡椒味。但是,冷凉的产区,如澳大利亚的库纳瓦拉(Coonawarra)产区,美国的华盛顿州(Washington)产区,这种薄荷气味似乎也与土壤有关系,因为产于波雅克(Pauillac)的赤霞珠具有这种特点,而产于温暖程度相似的玛歌(Margaux)地区的却不具有这个特点。赤霞珠中桉树的气味似乎与当地环境中是否种植有桉树有关,如加利福尼亚州的纳帕山谷(Napa Valley)、索诺玛山谷(Sonoma Valley)以及澳大利亚一些产区出产的赤霞珠就是很好的例证,尽管葡萄树与桉树在种植中没有直接的接触,但果实中却具有桉树气味。

波尔多产区的赤霞珠风味往往与橡木关联在一起。历史有意无意地选择了将赤霞珠在橡木桶内陈酿,或者干脆在大橡木桶内发酵,这种工艺手法给赤霞珠葡萄酒带来了香草、香辛料的气息,在橡木桶内陈酿的赤霞珠很容易识别到烟草的气息,似乎也成为今天葡萄酒消费者识别赤霞珠葡萄酒的典型特征。而赤霞珠中的单宁经橡木桶陈酿,适度氧化之后,也变得柔顺可口。最新数据表明,赤霞珠已成为世界第一大酿酒葡萄品种。

19世纪开始,尤其是在20世纪,赤霞珠在世界不同葡萄酒产区安家落户。经过岁月的考验,赤霞珠在异国他乡也有上乘表现,如意大利托斯卡纳地区的生产者不顾当地的刻板法规限制,顶着被降级的压力,引种了赤霞珠,该品种在当地表现良好。目前,赤霞珠在澳大利亚已经是仅次于西拉的第二大红葡萄品种,更形成了库纳瓦拉、玛格丽特河(Margaret River)等产区的特色。此外,在智利、南非以及新西兰,赤霞珠都有上乘表现。

中国最早在1892年就从法国引入赤霞珠栽培,1961年又从苏联引入北京地区,20世纪80年代中期又从法国大量引入了赤霞珠新品系苗木。

1976年,来自加利福尼亚州纳帕山谷的几款赤霞珠,在巴黎盲品比赛中一举拔得头筹,击败来自法国波尔多的赤霞珠。在之后的1978年、1986年和2006年世界各地对同样的酒样又分别进行过几次盲品,结果都是加利福尼亚州的赤霞珠胜出。大多数产于加利福尼亚州的赤霞珠在装瓶后几年内便可以饮用,当然这些酒仍然具有陈年的潜力;而出产于澳大利亚的赤霞珠却需要略长时间的耐心等待,才能显现其美妙;新西兰的赤霞珠需要趁年轻时饮用,即使经过陈酿,仍然会有青椒的气息;而南非、智利出产的赤霞珠,年轻时往往拥有浓郁的果香,而陈酿之后便显现出接近旧世界的赤霞珠特点,这一变化,可能需要耐心等待5~6年的时间。

赤霞珠优异的陈年潜力造就了赤霞珠的盛名,赤霞珠葡萄酒很适合陈年保存,为那些致力于酿造世纪老酒的酿酒师们提供了可能,也为葡萄酒爱好者们提供了除饮用享受以外的欣赏葡萄酒的方式——投资、收藏。

4.1.5 蛇龙珠(Cabernet Gernischt)

蛇龙珠,欧亚种,原产于法国,张裕酿酒公司于1892年引进中国。关于蛇龙珠的起源有许多研究和报道,中国农业大学罗国光教授曾在《关于蛇龙珠的起源探讨》中提出:"蛇龙珠正确的德文原名是Cabernet gemischt,其真实词义是'cabernet mixed'(gemischt是德语'混合的'),即'混合的(或混杂的)cabernet'。可能在当时其标记的一批苗木既不是单纯的Cabernet Sauvignon(赤霞珠),也不是单纯的Cabernet Franc(品丽珠),而是二品种的混合体或混杂体。当时将原文名中的字母"m"误写为"rn",于是产生了Cabernet Gernischt一词,翻译名称时把它当着'赤霞珠'和'品丽珠'之外的又一个Cabernet品种,因而另取了'蛇龙珠'

的中文名称。"虽然有研究人员利用现代基因技术分析,认为蛇龙珠在基因渊源与法国波尔多起源的卡曼娜(Carménère)高度相似,但是李玉霞等通过 RAPD 技术分析,二者在遗传上存在一定的差异。

在中国,人们一直以来都将赤霞珠、品丽珠与蛇龙珠合称为著名的"三珠",并认为都是原产于法国。赤霞珠与品丽珠原产于法国这点无可非议,而蛇龙珠却是一个在法国很少有人知道的品种。现代植物 DNA 的 SSR 图谱分析(Simple Sequence Repeat)显示,在公元前 1 400 年,由品丽珠与长相思杂交生成了当今最受欢迎的赤霞珠。然而,蛇龙珠与它们之间的关系却是一直模糊不清。为此,学术界的专家们进行了很多相关研究,并形成如下 3 种说法。①认为"Gernischt"可能是"Gemischt"(德文中"混合"的意思),推测蛇龙珠可能是赤霞珠和品丽珠的自然授粉实生材料,后经过芽变筛选,得到今天中国特有的"蛇龙珠"。②通过对蛇龙珠、赤霞珠和夏桑进行叶形结构数据的鉴别,认为蛇龙珠是与赤霞珠十分接近的品种,同属于"Cabernet"家族,并推测蛇龙珠可能就是品丽珠;另外,通过对品丽珠、赤霞珠、蛇龙珠和美乐 4 个品种的 RAPD 分析(Randomly Amplified Polymorphic DNA,随机扩增多态性 DNA),发现这 4 个酿酒葡萄品种在遗传基因上存在差异,蛇龙珠在中国应该是一个独立存在的品种,并得出蛇龙珠与品丽珠的遗传距离最近;通过对三珠花粉粒的电镜鉴别,也发现蛇龙珠与品丽珠之间相似程度较大。③智利著名的栽培专家 Philippo Pszczolkowsklt T 教授撰文认为中国的蛇龙珠实际是卡曼娜(Carmenere),一个源于法国却在智利发扬光大的品种。卡曼娜虽然是波尔多法定品种,在当地却近乎消失。DNA 分析结果最终证明了蛇龙珠与卡曼娜虽然是同一个品种,但经过 100 多年的生态驯化和选育,蛇龙珠与卡曼娜已经具有明显差异。

而关于中国蛇龙珠的来历,有两种比较认可的观点。一种观点是在 19 世纪晚期的葡萄根瘤蚜疫情摧毁了欧洲大部分的葡萄园,特别是法国的葡萄园。其中在欧洲葡萄园中消失的一个品种就是蛇龙珠,也就是今天的品丽珠祖先。不过,该品种在中国得以延续。1892 年,张裕酿酒公司(又名为张裕酿酒有限公司)将该品种引入到中国山东地区,同时更名为蛇龙珠(Cabernet Gernischt)(无论是有意还是无意的拼写错误),并保持葡萄的香气和口味。另一种观点是蛇龙珠是中国山东从国外引种时,在品丽珠等品种混合群体中经过选育而成的一个酿酒葡萄新品种,国外本无此品种,并非以往所传由国外直接引入。该观点由中国葡萄专家罗国光教授考证提出,并指出需要深入研究证明。该品种在山东胶东栽培较多,而在中国东北南部、华北、西北等地区也有栽培。由于该品种耐干旱,喜欢沙壤土质,因此在宁夏贺兰山东麓产区和甘肃河西走廊产区种植表现较好。

从中国栽培的蛇龙珠植物学性状来看,其嫩梢底色黄绿,具有暗紫红附加色,具有茸毛。叶片中等大,较薄,边缘下卷,圆形或心脏形,五裂,上侧裂刻深,闭合,下侧裂刻浅,开张,叶面有皱纹,但不粗糙,常具有深紫红色斑纹,叶背有稀疏茸毛,叶缘锯齿双侧凸,叶柄洼开张,为尖底竖琴形。花两性。果穗中等大,平均穗重 232 g,圆锥形。果粒着生中等紧密,平均粒重 2.01 g,圆形,紫黑色,出汁率 76%,可溶性固形物含量 20%,含酸量 0.61%。

该品种植株生长势较强。结果枝占芽眼总数的 70%,结实力中等,每一结果枝上的平均果穗数为 1.23~1.6 个,产量中等。幼树开始结果晚,产量中高等,耐瘠薄。生长日数为 150 d 左右,有效积温为 3 300~3 400 ℃。在北京 8 月下旬成熟,为中晚熟品种。适应性较强,抗旱,抗炭疽病和黑痘病,对白腐病、霜霉病的抗性中等。宜篱架栽培,中、短梢修剪。

由蛇龙珠葡萄酿成的酒,宝石红色,澄清发亮,柔和爽口。香气和口感与赤霞珠、品丽珠有一定的相似性。目前国内张裕、西鸽等知名葡萄酒企业都酿造出了非常优质的蛇龙珠葡萄酒。在餐食搭配方面,蛇龙珠葡萄酒可以与烤肉类搭配。

4.1.6　佳利酿(Carignan)

佳利酿,又称佳里酿、佳酿、佳丽酿、法国红、康百耐等。其外文名称除 Carignan 外,在其他国家还有别称,比如在美国叫 Carignane,在法国朗格多克地区(Languedoc)叫 Carignan,在意大利叫 Carignano,在西班牙叫 Mazuelo,Monestel。其他还有 Cariganan Noir,Tinto,Crignane 等。

佳利酿为欧亚种,是世界上种植最为广泛的葡萄品种之一。一般认为原产于西班牙北部,靠近阿拉贡(Aragon)的一个叫佳利涅纳(Cariñena)的小镇上,之后在阿尔及利亚(Algeria)迅速发展,成为阿尔及利亚表现最好的红葡萄品种之一。12 世纪经过奥德(Aude)传入法国。这种葡萄在地中海气候下表现良好。因此,它广泛种植于地中海沿岸的很多国家,包括法国、意大利、西班牙、阿尔及利亚,以及一些新世界葡萄酒国家如美国、智利。但它在澳大利亚则不是主要的种植品种。此外佳利酿与赤霞珠杂交培育出宝石葡萄(Ruby Cabernet)。

佳利酿最大的特点在于其高产性,这也是它能够广泛种植的原因之一。每公顷的佳利酿很容易就达到 25～30 t 的产量。此外,佳利酿的葡萄树直立性强,可以不依靠棚架直立生长。叶大且厚,五裂。叶的上表面为深绿色,表面光滑,下表面为轻微的灰绿色。佳利酿的浆果呈蓝黑色,圆形,相当大,果皮厚,果实硬而多汁。果穗大、圆锥形,长而紧密,有时有副穗,平均穗重可达 370 g。穗梗较短,很难采摘。佳利酿发芽和成熟时间较晚,虽然不用担心春季的霜冻,但需要较长的生长期。该品种很容易受霜霉病、白粉病等病虫害的影响,容易腐烂,因此需要在干燥的环境条件下生产,较喜欢土壤贫瘠的砾石土壤。与黑比诺(Pinot Noir)、桑娇维赛(Sangiovese)、歌海娜(Grenache)相似,佳利酿在某种程度上是不稳定的品种,具有突变的趋势。在法国已被发现并证实的有超过 25 个不同的品系。

在法国,佳利酿从 20 世纪 60 年代普及开来,在 80 年代末期处于顶峰,达到了 16.7 万 hm²。之后随着欧洲对酒品质的要求提高,佳利酿葡萄受到严重的影响,种植面积下降到 9.57 万 hm²,被美乐超过。现在该品种集中在朗格多克以及加德(Gard)、埃罗(Herault)等东南部地区,用以酿造日常佐餐酒和一些优良佐餐酒。佳利酿葡萄在这些地区大多数时候表现不突出,经常被更有特色更具香气的葡萄品种所取代。

在发源地的西班牙 Aragon 已经很难找到佳利酿葡萄了,而在普里奥拉特(Priorat)、塞格雷河岸(Costers del Segre)、佩内德斯(Penedes)、塔拉戈纳(Tarragona)以及特拉阿尔塔(Terra Alta)等地佳利酿还有所种植。桃乐丝公司将佳利酿与歌海娜混酿,酿造出优质的桃乐丝贵族桃红(De Casta)葡萄酒、公牛血(Sangre de Toro)葡萄酒、特级公牛血(Gran Sangre de Toro)红葡萄酒。该品种还可以与巴诺米洛(Palomino)、亚历山大玫瑰香、某些麝香葡萄等一起酿造优质的雪利酒。

在意大利,佳利酿葡萄通常在撒丁岛(Sardina)和拉齐奥(Lazio)地区可以找到,在那里它通常被认为是玫瑰葡萄。

在新世界葡萄酒国家中,佳利酿葡萄通常种植在更为温暖的国家,如美国、墨西哥、智利、阿根廷、澳大利亚以及南非。

佳利酿曾是美国第三大酿酒葡萄品种,在 20 世纪 70 年代末达到种植顶峰,目前产量上已经有明显的下降。佳利酿主要种植在炎热、干燥的中央山谷,这种高产量、厚果皮的葡萄仍然是最重要的混合佐餐酒材料,通常与歌海娜、神索、西拉混合以产生出具有法国罗纳河谷风格的葡萄酒。虽然佳利酿主要用于混酿葡萄酒中,不过在 1880 年的山脊(Ridge)葡萄园已经成功酿造出一些单品种的佳利酿葡萄酒。在澳大利亚,这种葡萄经常与一种叫 Bonvedro 的葡萄混淆,因为两者常感染相似的病害,不过近些年澳大利亚的种植者已经能分辨出真正的佳利酿葡萄了。

佳利酿最早在 1892 年从西欧引入中国烟台,主要分布在山东、河北、河南等地。1957 年,农业部曾向全国各地推荐该品种,因此在中国各地广泛栽培。该品种虽然有上百年的栽培历史,曾经也是主栽品种,不过由于其酒质较差、单独酿造优质酒较困难,因此近年来种植减少。

佳利酿酿造的葡萄酒具有红色水果的香气,如草莓、樱桃、覆盆子味。有时也有紫罗兰、玫瑰花瓣的花香。酒的颜色为深紫罗兰色,有较高的酸度、强烈的单宁结构并且有很高的酒精度,但没有呈现太多独特的香气或者个性,有时候具有与西拉相似的胡椒味。由于缺少特色,因此经常与歌海娜、神索、西拉等酿造的葡萄酒进行调配,以增强酒的颜色和骨架感。

由于佳利酿天生的高酸、高单宁和苦涩感,使其非常难以管理,一般只能酿造出较廉价的日常葡萄酒。只有在那些精心栽培并控制产量的酒庄才会酿出有趣、独特的佳利酿酒。值得注意的是,老树出产的佳利酿葡萄酿出的酒没有那么苦涩、坚硬,而是更加圆润、柔和,更有特色。此外,一些研究人员发现采用二氧化碳浸渍法酿造,可以在一定程度上提高它的品质。佳利酿葡萄经过破碎、短时浸渍、发酵等工艺可酿出具有桃红色、透明、晶亮、爽口柔和的葡萄酒,该酒具有新鲜果香和酒香。而有报道表明橡木陈酿很难增强该种葡萄酒的骨架感,也很难再增加它的复杂性与独特性。

从配餐角度来讲,佳利酿葡萄酒由于其口感醇厚强劲、结构感强,因此用以搭配肉类、奶酪较为适宜。

4.1.7　卡曼娜(Carménère)

卡曼娜又名 Médoc,Grande Vidure,Carméneyre 等。

它是欧洲最古老的品种之一,被认为是其他一些更有名的品种的祖先,有人认为它是"一种历史悠久的赤霞珠品种"。有可能这个品种的名字是波尔多当地赤霞珠品种 Vidure 的一个别称,Vidure 被认为是波尔多所有红色品种的起源。也有看法认为 Carménère 可能是 Biturica,一种在古罗马时期享有美誉并使得整个波尔多城也因此文明的葡萄品种。根据老普林尼的记述,这种古老的品种起源于伊比利亚半岛(现在的西班牙和葡萄牙)。最新的研究认为卡曼娜是品丽珠和大卡本内(Gros Cabernet)的自然杂交品种。

已知卡曼娜葡萄起源于法国波尔多的梅多克(Médoc)地区,并且直到遭受白粉病侵袭前都在格拉夫(Grave)地区被广泛种植。现在,在法国地区几乎已经找不到卡曼娜葡萄了,这是由于 1867 年的葡萄根瘤蚜灾难几乎摧毁了欧洲全部的葡萄园。等到重建葡萄园时,种植者已经不愿再种植卡曼娜,因为这种葡萄很难再被找到,并且比其他波尔多当地的葡萄更难种植。该地区潮湿、寒冷的春天阻碍了卡曼娜葡萄开花。另外,这种葡萄产量低于其他一些品种。

卡曼娜在成熟前糖分上升的速度会超过单宁的成熟速度,所以太热的天气会使卡曼娜葡萄酒具有过高的酒精度,因此缺乏平衡。成熟期过长还会导致该品种经常在收获季节遇上智利的雨季,有些葡萄种植户表示:"我们在对待高等级小产量的卡曼娜时,会使用雨棚来帮它挡雨。"由此不难看出为什么波尔多人抛弃了这个葡萄品种,除此以外,它的根茎比较脆弱,较容易遭到虫害,必须嫁接在美国砧木上。

在西班牙人发现了新大陆之后,当然也是在法国暴发葡萄根瘤蚜之前,卡曼娜已经随着一些优秀的葡萄品种被带到了智利,卡曼娜被智利人当成美乐,和当地的美乐葡萄混种多年之后使智利生产的美乐葡萄酒已经呈现出一种别样的口味。在法国的葡萄酒学者让·米歇尔·伯瑞斯科特(Jean-Michel Boursiquot)的记录中,他提到了这个国度神秘的"Merlot 克隆"葡萄,他当时就断言这是在法国已经失踪已久的古典葡萄。DNA 的分析证实了他当时的理论。1998 年智利农业部公开声明,在智利发现的美乐混种葡萄是卡曼娜葡萄。卡曼娜和美乐是很相似的 2 个品种,在它们年轻的时候,从叶的背面可以区分出来,前者偏红,后者偏白。另外,它的成熟时间比美乐要晚 4~5 周。可想而知,当这 2 个葡萄品种混合在一起种植并在同一时间收获的时候,要么采得早,卡曼娜尚未成熟;要么采得晚,美乐过于成熟,缺失酸度,酒体平淡,没有结构感。基于以上的不良结果,智利的相关葡萄酒组织于 1996 年把这 2 个葡萄品种彻底分开,从 1998 年开始,法律规定可以在酒瓶上以卡曼娜为葡萄品种来命名一款酒。到如今,新的葡萄园将这 2 个葡萄品种划分得很清楚,却还有少数老的葡萄园混合种植这 2 个葡萄品种。

智利属于地中海式气候,夏季温暖干燥,冬季凉爽多雨。在葡萄生长的季节,白天阳光明媚,晚上气温又会急剧下降,巨大的昼夜温差正好让葡萄产生新鲜的口味和清爽的酸度。卡曼娜葡萄酒颜色呈紫色,带有浓郁的成熟的草莓、樱桃等深色水果的香气,以及黑胡椒、黑莓、蓝莓、咖啡、巧克力、成熟的李及其他复杂的香气,还有一些淡淡的蔬菜味道。其口感柔顺,单宁柔和,常有天鹅绒般柔软的质地。此外,卡曼娜葡萄酒花色苷含量高,pH 高,酸度较低,酒精含量一般为 13%(体积分数)。因此,必须控制卡曼娜葡萄的生长势,该葡萄果实不太容易成熟,如果未到成熟期采摘,葡萄呈现出的是青涩、充满蔬菜味的口感。要想保持产量和叶片数量之间的平衡确实不太容易,所以要对葡萄生长的肥沃土壤进行精心的管理,以期得到成熟的葡萄。为了实现这个目标,葡萄产量一般限制在 6~8 t/hm²,同时要适当地除去叶片,保持葡萄果穗通风,让葡萄果穗接受充足的光照。

卡曼娜是一种很难管理的葡萄品种。目前,全球最大的卡曼娜葡萄种植区位于南美洲的智利(如果把中国的蛇龙珠看作卡曼娜,则最大的产区在中国),起初全国 13 000 hm² 的美乐葡萄中至少有一半是卡曼娜葡萄,这使其成为智利第三大广泛种植的葡萄品种,其余两大品种为赤霞珠与派斯(Pais)。2003 年智利登记部门确定,全国卡曼娜葡萄种植面积为 6 045 hm²。智利第六大葡萄产区 O'Higgins 拥有 2 707 hm² 卡曼娜葡萄,第七大产区 Maule 拥有 2 368 hm² 卡曼娜,圣地亚哥地区的卡曼娜葡萄种植面积为 539 hm²。自卡曼娜葡萄得到正名后,种植面积不断扩大。2008 年的数据显示,智利的卡曼娜种植面积为 7 054 hm²。

智利的葡萄酒生产者对卡曼娜葡萄的复兴抱有很大期望,希望以此开发更广阔的市场,但并非所有的葡萄种植者都乐意大力推广这一品种。很多人承认卡曼娜葡萄在智利的独特性和重要地位,却不认为卡曼娜葡萄酒会成为当地葡萄酒产业胜出的关键。欧洲的葡萄酒消费几乎占全球的 70%,但卡曼娜葡萄酒在欧洲销量并不好。反之,在不太了解葡萄酒的巴西,卡曼娜深受消费者的宠爱。

从葡萄酒酿造学角度看,还不能确定卡曼娜葡萄酒在瓶内能够陈年多长时间(至少陈年

20年没问题)。不过可以肯定的是,卡曼娜葡萄酒可以在年轻时饮用,其色泽艳丽、香气丰富,品质极佳,中度酒体,单宁丰满,味道浓厚饱满,辛辣。它可以与肉类及比萨等搭配。

4.1.8 神索(Cinsault)

神索在法国普遍被称为 Cinsault,在朗格多克(Languedoc)、罗纳河谷南部(Southern Rhône)产区称为 Picardan,在南非和欧洲的某些地区称为 Hermitage,在加利福尼亚称为 Black Malvoisie,在意大利称为 Ottanvianello。在澳大利亚称为 Black Prince,Blue Imperial,Ulliade。有时还被当成 Oeillade,其实真正的 Oeillade 与神索有很大不同,而且不再种植。此外,别名还包括 Cinq-saou,Plant d'Arles,Picardin noir,Morterille noire,Cuviller 等。其中文译名除神索外,还有星索、先索、仙索等。

神索起源于法国南部,是法国最古老的酿酒葡萄品种之一。不过具体起源在普罗旺斯(Provence)还是在朗格多克至今尚无定论。神索葡萄颇受葡萄种植者喜爱,因为它较抗旱、耐盐碱,对环境的要求不高,适于生长在排水性良好的山坡向阳面。在中国的环渤海湾地区,从葡萄萌芽到浆果成熟大约需要 150 d。葡萄的果柄容易从枝条上分离下来,因此适于机械采摘。该品种结实力强,产量颇高,很容易就达到每公顷 1 500~2 550 kg,而产量过高会影响葡萄风味,因此需要控产,将产量控制在 450~1 050 kg/hm^2 才能保证葡萄质量。此外,由于葡萄果皮薄、果粒紧密度高而容易腐烂,所以在种植过程中对环境湿度要加以控制。

一般来说,神索葡萄颗粒大、糖度高,而且多汁,因此一直作为鲜食和酿酒兼用葡萄栽培。不过神索的果皮颜色较淡,导致酿造的葡萄酒呈桃红色或浅宝石红色。如今神索葡萄在法国、阿尔及利亚、摩洛哥、南非、意大利等国家有较广泛的种植。

在法国,神索主要种植于朗格多克、鲁西荣(Roussillon)、普罗旺斯产区。不过在 20 世纪 70 年代起,该品种在法国的栽培量有所下降。2009 年,神索在法国的种植面积为 20 800 hm^2。神索大多混合酿造的日常佐餐酒,通常被用来与地中海地区的葡萄品种歌海娜、佳利酿混合酿造,以增加酒的柔和度及香气。不过一些杰出的葡萄酒也有神索的加盟,如朗格多克地区的圣·乔治多尔克(Saint-Georges d'Orques)和南罗纳的教皇新堡(Châteauneuf-du-Pape)也将其列为法定品种。此外,由于神索果皮颜色浅,还可以用来单独或混合酿造桃红葡萄酒。普罗旺斯的桃红葡萄酒中就常有神索的身影。

19 世纪中叶,神索葡萄从法国南部引入南非,并且一直是南非种植量最大的红色品种,一度占有酿酒葡萄种植总量的 30%。值得注意的是,在 20 世纪 70 年代以前,神索一直被误认为是 Hermitage,之后才更正为 Cinsault。此后神索的地位开始慢慢衰退,到了 1993 年它的优势地位被赤霞珠所取代。现在,神索通常与赤霞珠混合酿造葡萄酒,种植面积只占 3.6%,而且还在继续减少。不过神索在南非的故事并未就此结束,1925 年贝霍尔德教授将黑比诺的雄蕊花粉轻轻刷到神索的雌蕊上,培育出第一株皮诺塔吉(Pinotage)。它结合了黑比诺勃艮第式的典型细腻和神索的易栽培、高抗病品质。皮诺塔吉葡萄酒具有比其亲本更深的宝石红色,陈酿后具有令人愉悦的草莓、香蕉、巧克力香气。皮诺塔吉已经成为南非最著名、最具本土特色的红色酿酒葡萄品种。20 世纪 80 年代中期,由神索和皮诺塔吉混合酿造的 Tassenberg 酒成为南非销量最好的红葡萄酒。对于神索在南非的未来之路,一种说法是利用其高糖特质来做波特酒的原料。无论如何,相信神索高产、耐干旱的种植优势会保证它在南非葡萄园中占有一席之地。

美国于 1860 年左右引入神索,主要集中在加利福尼亚地区,种植面积很小,2008 年只有 115 hm²。这些神索大部分用来做混酿葡萄酒,个别酒厂曾经出产单品种葡萄酒。近些年来,葡萄酒酿造者对这个古老品种又重拾兴趣。神索在澳大利亚也有种植,但还没有广泛进行。1937 年,神索自日本传入中国河北昌黎。在 1980 年和 1984 年中国又先后从法国引入嫁接苗,在北京和河北昌黎等地种植。

神索酿造的葡萄酒从干红到桃红,可以是混酿葡萄酒也可以是单品种葡萄酒,酿造的酒通常具有新鲜、芳香的特点。在混酿葡萄酒中,神索单宁含量较低使坚硬的酒体柔软清爽,并散发出浓郁果香,让人联想到棉花糖、浆果的感觉。刚倒出的酒,有时表现出一种湿毛巾味,这个味道会在醒酒时迅速消失。在某些地区,还会呈现杏仁的香气。由于神索的品质较难控制,因此酿酒者通常在发酵前延长葡萄的浸渍时间来酿造更有层次、更为平衡的葡萄酒。现在神索的种植量不断下降,反而使神索葡萄酒比以前更为大家注意。

4.1.9 佳美(Gamay)

佳美为欧亚种葡萄,全名是 Gamay Noir à Jus Blanc,原产自法国勃艮第(Burgundy),现在主要产于博若莱(Beaujolais)。有关研究报道表明:佳美的亲本是白古埃(Gouais Blanc)和比诺(Pinot)。白古埃原产地为克罗地亚,比诺是法国最古老的葡萄品种,原产地为勃艮第。

佳美是法国勃艮第南部博若莱产区主要的红葡萄品种。公元 1349 年,欧洲大陆黑死病席卷,多数葡萄园荒芜废弃。但当时一个名为佳美(Gamay)的小村庄栽种的葡萄虽无人管理却幸存下来。后来,这个村庄栽种的葡萄就被命名为佳美,并在勃艮第地区广泛栽种。但瘟疫过去以后,Philip 公爵在 1395 年颁布禁令,仅允许博若莱地区栽种佳美。时至今日,佳美已成为博若莱的代名词,常常以"Gamay Beaujolais"的名称出现。

博若莱南部地区的土壤以沙质、石灰质和黏土为主,土壤较肥沃;北部地区土壤以火成岩为主。博若莱分级系统包括四级:博若莱特级村庄(Beaujolais Crus)、博若莱村庄(Beaujolais-Villages)、优质博若莱(Beaujolais Superior)、博若莱法定产区(Beaujolais AC)。所有博若莱红葡萄酒,包括博若莱新酒,或产自本区顶级的酒庄葡萄酒,都是用佳美葡萄酿造的。

在勃艮第、卢瓦尔河谷、汝拉-萨瓦和法国西南产区也能发现佳美的身影。根据杰西斯·罗宾逊的记述,在法国除博若莱之外,以卢瓦尔河谷种植最多。大约有 15% 的佳美种植在卢瓦尔河谷,在这里随处都可以找到,不过主要还是在图尔(Touraine)地区,在该地区生产的酒标着"Gamay de Touraine"(这是法国极其少数的品种名标签之一)。同时在许多的安茹桃红酒(Anjou Rose)中也可以看到佳美。佳美在较高纬度的地区也能生长得比较好,如瑞士的沃州(Vaud)和瓦莱州(Valais),同时它也是当地普遍的多尔(Dole)酒的主要成分。在东欧,该品种容易和法国蓝混淆。在意大利、克罗地亚和塞尔维亚也有少量佳美栽培。佳美在新世界国家并没有引起重视,加利福尼亚州的葡萄品种博若莱佳美(Gamay Beaujolais)经过加州大学戴维斯分校的奥尔默(Olmo H. P.)教授鉴定,证明这是黑比诺的一个株系,并非真正的佳美种。佳美在加拿大也有少量种植。

中国于 1957 年由保加利亚引入该品种,1985 年由法国再次引入。目前在甘肃、河北、山东等地有少量栽培。国内只有北京龙徽酿酒有限公司出产佳美单品种葡萄酒,青岛华东葡萄酒酿酒有限公司曾出产"华东佳美"。

除用传统方法酿造的葡萄酒外,用佳美酿造博若莱新酒的工艺比较独特,现代称之为二氧化碳浸渍法。首先将葡萄整串放进密封罐中,注满二氧化碳,底部破碎的葡萄利用皮上的天然酵母先进行初步的酒精发酵,而未破碎的葡萄粒内部由于厌氧呼吸也进行酒精发酵,之后葡萄破碎、压榨、取汁,进一步完成酒精发酵。加之二氧化碳的保护,使发酵过程中的酒不被氧化,酿出来的葡萄酒十分新鲜,有浓郁的果香及美丽的浅紫红色,或呈宝石红色,口感新鲜、清爽、柔顺、单宁含量低,所以有人将博若莱翻译成"薄酒来"也颇为传神。博若莱人利用该项独特的技术巧妙地将佳美葡萄酿造成口味清淡、果香浓郁的新鲜美酒,并得到全世界葡萄酒爱好者的广泛欢迎。每年11月的第3个星期四,为全世界葡萄酒爱好者共同饮用博若莱酒的"新酒节"。

佳美带有桑葚、樱桃、草莓的香味。它酿的酒呈淡紫红色,清淡爽口,果香充盈,在清爽细致中有一点热感。用二氧化碳浸渍法生产的博若莱新酒,属于用佳美酿造的葡萄酒中最清淡的一种,适宜年轻时饮用,常带有新鲜的红色水果、西洋梨、香蕉及泡泡糖的香味。而产自博若莱北部地区火成岩、花岗岩、片岩土壤上的佳美红酒,酒体较丰富浓郁,结构紧密,有较强的陈年能力,可以搭配味道较浓重的食物。

4.1.10　歌海娜(Grenache)

歌海娜曾用名为格伦纳什,在法国称为 Grenache,在西班牙的大多数地区称为 Garnacha,在西班牙的加泰罗尼亚(Catalonia)称为 Garnatxa,在意大利的撒丁岛(Sardinia)称为 Cannonau,在法国的地中海地区也被称为 Alicante、Carignane Rouss。它的其他别名包括 Lladoner、Tinto Aragónes、Roussillon Tinto 等。歌海娜分为3种:黑歌海娜(Grenache Noir)、白歌海娜(Grenache Blanc)和桃红歌海娜(Grenache Rose)。单独提到 Grenache 时,指的是黑歌海娜。

一般认为,歌海娜起源于西班牙北部的阿拉贡省(Aragon),后来传播到里奥哈(Rioja),然后穿过比利牛斯山脉(Pyrenees)进入法国南部,最终抵达罗纳河谷(Rhône Valley)。不过也有人认为歌海娜源于加泰罗尼亚或者撒丁岛上的一种叫卡诺娜(Cannonau)的葡萄(历史上撒丁岛曾隶属于阿拉贡省)。在18世纪初,这个品种已经扩大到朗格多克和普罗旺斯。19世纪后期,葡萄根瘤蚜的流行,间接促进了歌海娜在欧洲的种植。在里奥哈,果农们不再选择本土品种而是选择了易于种植的歌海娜。法国南部也是一样,歌海娜种植面积不断上升,并最终取代了曾经数量很丰富、但与抗根瘤蚜砧木嫁接亲和性不好的慕合怀特。

现在,歌海娜是全世界种植最广泛的红色酿酒葡萄品种之一。种植歌海娜最多的国家是西班牙,此外在法国南部、澳大利亚、美国加利福尼亚州、意大利、突尼斯、希腊、智利以及南非都有广泛种植。

全世界约有50%歌海娜种植在西班牙东北部的里奥哈、加泰罗尼亚(Cataluña)、那瓦尔(Navarra)等地区。西班牙的歌海娜主要还是以生产清淡的桃红酒和品质普通的廉价佐餐酒为主。不过普里奥拉(Priorat)产区是个例外,在那里利用老藤葡萄树采摘的果实可以酿造出非常高品质的歌海娜红酒。在里奥哈(Rioja)等西班牙的大部分地区,歌海娜主要与丹魄搭档酿酒。近些年,丹魄的种植面积已经超过了歌海娜。在普里奥拉特(Priorat)和特拉阿尔塔(Terra Alta)等地区,歌海娜则主要与佳利酿搭档酿酒。在特拉阿尔塔地区也有生产者开始将歌海娜与赤霞珠和西拉混合酿造葡萄酒。

法国是歌海娜种植的第二大国,虽然种植面积仅是西班牙的1/3,却是这个品种得以扬名的地方。法国的歌海娜全都种在地中海沿岸,其中有近10万 hm^2 的歌海娜种植在朗格多克-

鲁西荣和罗纳河谷两个著名产区。在罗纳河谷产区,歌海娜常与西拉、慕合怀特、神索等10余个品种一起混酿,也可用来做单一品种的桃红葡萄酒。位于罗纳河谷产区南部的教皇新堡气候干热,土壤上满是大型的鹅卵石,易于吸热且排水性好,非常适合歌海娜葡萄生长。在该地区,歌海娜是酿造红葡萄酒的基本品种。在法国,歌海娜也被酿成强化甜红葡萄酒。这种葡萄酒在果汁酒精发酵进行到一半时就中止,酒精度不会很高,还有大量的糖分留在酒中,再经过相当长的陈酿处理,会比一般的歌海娜葡萄酒更浓、更甜美、香味也更丰富。

歌海娜在新世界葡萄酒国家同样有良好的表现。据有关记载,1832年,歌海娜由詹姆斯·巴斯比(James Busby)从法国带到澳大利亚。不过在澳大利亚,歌海娜最为重要的一次引进是在1844年,克里斯·罗森·奔富(Christopher Rawson Penfold)将法国南部的种条移植到澳大利亚的南部。从此,歌海娜在南澳大利亚州的麦克拉伦河谷(McLaren Vale)、巴罗萨山谷(Barossa Valley)和克莱尔山谷(Clare Valley)等地大规模地种植起来。以往,澳大利亚歌海娜葡萄酒通常是用来生产强化葡萄酒(以波特酒的名义销售)。不过最近生产商们开始推出单一品种的歌海娜酒或者与西拉、慕合怀特混酿的酒(Grenache Syrah Mourvedre,GSM),由于这些酒的原料通常出自环境良好的老葡萄园中,因此品质非常好,受到了很多消费者的欢迎。

19世纪60年代,歌海娜被引入美国加利福尼亚州,并因其抗旱性好而受到当地果农的青睐,曾经是仅次于增芳德和赤霞珠后的第三大红色葡萄品种。但因果农过于注重选育高产品系,因此酒的品质一般。歌海娜在加利福尼亚州的种植数量已有一定的下降,近10年来已被赤霞珠和美乐超过。现在歌海娜在加利福尼亚州的种植面积大约为4 000 hm²,大部分种植在加利福尼亚州的中央山谷中,一般与其他品种一起混酿。

歌海娜虽然是种植很广的品种,但在中国并不多见,国内的消费者对它的认识也不多。自1980年歌海娜引入中国以来,只有新疆吐鲁番盆地的鄯善地区、云南部分地区曾经有一定规模的种植。国内酒厂也尚未推出较为出色的歌海娜葡萄酒。不过,歌海娜和赤霞珠杂交的后代——马瑟兰(Marselan)在中国名气越来越大。

歌海娜的枝条较为坚硬,适于在干旱、多风气候下生长,非常晚熟,必须在有足够的光照和热量的炎热地区种植。相反,阴凉、湿润的环境会使歌海娜感染真菌病害,酿出的葡萄酒也较单薄。正因如此,排水性好、干热的法国南部和西班牙东部的地中海沿岸地区附近是歌海娜最为著名的种植区。歌海娜的生长势旺盛,直立生长;叶片三裂,黄绿色,叶背无茸毛;果穗呈圆锥形,排列紧密,果实结实,含糖量高,自然酒精度可达18%(体积分数),酸度低。不过,歌海娜的产量常出现大小年交替的现象。在大年时产量可达34~40 t/hm²,小年时产量便降到20~25 t/hm²。在种植过程中进行一定的控产,会在一定程度上减小大、小年之间的品质差异。

歌海娜果皮颜色浅、单宁低、易霉变。这些都给葡萄酒的酿造带来一定的麻烦,主要表现为由单品种酿成的葡萄酒在颜色上很难达到宝石红,一般为深红或深橘红色,影响了酒的视觉效果。更重要的是,单宁低不仅影响酒的结构性与层次感,还影响酒的抗氧化能力,使酒易于氧化。不过歌海娜的优点也十分突出,它香气浓郁,以黑色浆果的香气(如黑樱桃、黑醋栗、果酱香)为主,常伴有百里香、茴香的香气,并夹杂着歌海娜所特有的甘蔗汁或甘蔗皮香味。从口感上来讲,歌海娜要比赤霞珠更为温润丰满。为了突出歌海娜的这些特点而规避颜色浅、酸度低和单宁低的缺陷,酿酒师们常常将其与其他品种(如西拉、佳利酿、神索)混合酿造。

歌海娜酿造的葡萄酒一般酒精度较高,可以达到15%(体积分数)或更高,其单宁低,口感细腻柔和。近些年,可以搭配的食物类型比较广泛。

4.1.11 马尔贝克(Malbec)

马尔贝克起源于法国西南,广泛种植于法国凯尔西(Quercy)与卡奥(Cahors)产区,在当地被称为欧塞瓦(Auxerrois)或科特(Cot)。此外,它还被叫作 Noir de Pressac,Gourdoux,Estrangey 等。据《牛津葡萄酒手册》记载,马尔贝克葡萄的名称多达 400 种。

马尔贝克在其故乡法国 Cahors 法定产区种植面积达 80%以上。除卡奥产区外,马尔贝克也是波尔多产区法定允许使用的六大葡萄品种之一,用于混合酿造经典波尔多干红。其他5 种为:赤霞珠、美乐、品丽珠、小味儿多、卡曼娜。然而,由于不适宜波尔多当时的气候(霜冻),马尔贝克在当地的种植面积日趋下降,目前仅有少量种植。此外,在卢瓦尔河谷的安茹(Anjou)和图尔(Tours)及西南部的朗格多克也有少量种植。

马尔贝克在欧洲表现平凡,颜色深,单宁重,一直以来都是个默默无闻的小配角,有时用于调配颜色。在波尔多地区主要用于与赤霞珠、美乐等混合酿造。只有在其家乡卡奥,马尔贝克才算是受到了重视,该地区规定:一瓶卡奥 AOC 葡萄酒一定要有超过 70%的马尔贝克葡萄品种含量,其余用美乐和丹那调配;超过 85%,酒庄将被允许在标签上标上"Malbec"的字样。

19 世纪中叶,马尔贝克被法国移民带到阿根廷后,表现非常出色。如今是阿根廷第一大酿酒葡萄品种。其中门多萨(Mendoza)地区栽培最多,表现也最佳。法国卡奥产区与阿根廷马尔贝克的种植面积几乎占到了全世界的 80%。如今法国卡奥产区与阿根廷计划合作发展马尔贝克,以推进其在全世界的销售。

由马尔贝克所酿造的葡萄酒果味丰厚浓郁,成熟细腻的单宁吸引了无数的爱好者,使马尔贝克迅速走红,成了阿根廷葡萄酒的荣耀。马尔贝克能有如此大的惊人变化,皆应归功于阿根廷独特的地理环境和气候条件。阿根廷的葡萄产区位于安第斯山脉东面,每年从西边吹来的太平洋潮湿季风在横越安第斯山脉前,水汽便已丧失殆尽,因此气候异常干燥,平均年降雨量不足 200 mm。阿根廷人依赖山上融化的纯净雪水而建立了庞大的灌溉系统,从而可以满足葡萄生长的水分需要。并且这里的光照相当充足,早晚温差大,非常有利于酚类物质的积累,所以造就了阿根廷香气浓郁的马尔贝克葡萄酒。

阿根廷门多萨地区将马尔贝克葡萄的品质发挥到了极致,用它可以酿出颜色幽深、酒体柔和、富有浓郁果香和香料香味、耐陈年的单品种酒;也可以与赤霞珠、美乐和西拉等品种混合酿造口感更为复杂的佳酿。该地区的优克谷(Valle de Uco)和卢汉德库约(Lujan de Cuyo)产区可以生产最好的马尔贝克酒。

马尔贝克在与阿根廷仅一山之隔的智利也有种植,品质尚佳。此外,在美国的加利福尼亚州和华盛顿州、澳大利亚的南部、新西兰、意大利、南非等地也有少量种植。在智利、美国加利福尼亚州、澳大利亚,马尔贝克也常被用于混合赤霞珠、美乐、品丽珠等酿造经典红葡萄酒。虽然目前在中国还没有马尔贝克葡萄酒出现,但在山东蓬莱已有少量种植。

马尔贝克葡萄树干健壮,直立向上,结果早,在好的气候下抗病性强。然而对早春的霜冻较为敏感,潮湿的气候易导致果实灰霉病和腐烂。马尔贝克的叶片 3～5 裂,深绿色,边缘略带黄色,上表面光滑,下表面附着白色茸毛。马尔贝克葡萄果穗较大,松散,有副穗,易丰产。浆果果皮呈蓝黑色,圆形,中等大小,果皮薄。马尔贝克酿造出的葡萄酒一般色泽偏黑,果香醇厚,单宁柔和独特。

法国卡奥地区的马尔贝克葡萄酒颜色深重,辛香,常常伴有泥土味,口感圆润饱满,具有典型性。阿根廷的马尔贝克葡萄酒酒体结构丰富,强劲醇厚,颜色幽深,单宁含量高但细腻。酒在年轻的时候有紫罗兰的花香和李的果香,成熟后带有李、覆盆子、桑葚、黑莓等红色浆果香以及茴香等香料的气息,伴有焦油、皮革的香味,还混杂有泥土的气味。如今不管是卡奥的还是阿根廷的马尔贝克在过去十几年都出现不少新的变化,人们寻找具有石灰岩土壤的坡顶或高海拔地方建园,使马尔贝克葡萄酒变得更细腻,并更富有变化。

由于马尔贝克葡萄酒酒体柔和,易让人接受,但又不失个性,因此可以与之搭配的佳肴也较多。其与小牛肉、各种家禽肉搭配都很出色;与奶酪及意大利比萨配合堪称一绝;与中国菜中的小火炖肉、焖肉、煨肉搭配可谓相得益彰。

4.1.12 马瑟兰(Marselan)

马瑟兰(Marselan),中译名又为马赛兰、马瑟蓝等,其名字起源于最初种植地——法国地中海沿岸小镇 Marseillan。从起源上看,马瑟兰由赤霞珠(Cabernet Sauvignon)和歌海娜(Grenache)杂交产生。当初,法国农业研究所的研究人员希望培育出一种新的酿酒葡萄品种,既具有歌海娜的耐热性又兼备赤霞珠的细致感。1961 年法国农业研究中心将歌海娜和赤霞珠杂交,获得了马瑟兰。经过杂交,选出的马瑟兰不但继承了歌海娜坚实有力的结构感,也继承了赤霞珠的优雅,酿酒品质相当不错。所酿葡萄酒颜色深,果香浓郁,具有薄荷、荔枝、青椒香气,酒体轻盈,单宁细腻,口感柔和。

与具有悠久历史的传统酿酒葡萄品种相比,马瑟兰的培育和栽培历史相当短暂,至今不过50 多年。但因种植传统及产量没有达到人们预期等原因,没有推广开来,并被埋没了几十年。第一款商品马瑟兰葡萄酒直到 2002 年才由法国南部卡尔卡松(Carcassone)附近的德弗罗酒庄(Devereux)推出。经过近几年的推广,马瑟兰开始受到一些葡萄酒产区的重视,有望成为酿酒葡萄品种领域的一颗新星。

马瑟兰目前主要种植在法国南部的朗格多克产区,美国的加利福尼亚州也有种植,而且大多集中在北部海岸(North Coast)。如今,除了法国和美国外,阿根廷、巴西、乌拉圭和保加利亚等国家也开始种植马瑟兰葡萄。

马瑟兰于 2001 年被引入中国。2001 年刚刚建成的中法庄园,向法国直接引进了 16 个品种的嫁接苗,其中就包括马瑟兰(Marselan C980 品系),种植面积为 3 hm²,仅次于赤霞珠和霞多丽。马瑟兰在中法庄园表现突出,如今已成为一个极具特色的招牌品种。后来,位于山东蓬莱的中粮长城·阿海威葡萄苗木有限公司也开始重视马瑟兰的引进和繁育。目前,河北怀来、北京房山、宁夏贺兰山东麓、山东蓬莱、新疆焉耆盆地等产区都已引种,而且都表现不错。

从中法庄园引种的马瑟兰生长表现看,其生长势中等,较抗灰霉病,属于中晚熟品种。马瑟兰的果穗较大,呈圆锥形,略松散,果粒较小,出汁率偏低。根据中法庄园的记载,在合理控制产量(控制 750 kg/hm²)的前提下,马瑟兰能够达到很好的成熟度。采收时糖度可以达到23~24°Brix,酸度为 0.5%~0.7%。

马瑟兰葡萄酒推出较晚。目前法国仅有南部朗格多克产区的几家酒厂在生产马瑟兰葡萄酒。在中国,中法庄园于 2004 年推出马瑟兰单品种酒,几乎与世界同步,可以说怀来产区成为世界上第二个推出马瑟兰葡萄酒的产区。有关该品种葡萄酒的评价记录为:紫黑色,中等酒体,荔枝和覆盆子的香气,隐约还有黑巧克力和中药的气味,入口柔顺,平衡不错,贯穿的香气令人愉悦,回味中等。

在法国,根据规定,马瑟兰只能用来生产地区餐酒(Vin de Pays),不能用于生产原产地命名管制(AOC)级别的葡萄酒。马瑟兰葡萄酒仍需要接受时间的检验和人们的挑剔。不过在新世界国家,马瑟兰却受到更多喜欢尝新的爱好者的欢迎。2007年6月,美国烟酒税收与贸易局应进口商的请求决定将马瑟兰葡萄酒加入进口葡萄酒品种之列。美国马瑟兰葡萄品种承办商Steve Maniaci表示,过去3年他们一直向当地种植农推销马瑟兰品种,酒商们都希望这个新品种能够给他们的葡萄酒带来独特的风味。

在中国,马瑟兰由于产量高、抗病性强,所酿造的葡萄酒非常适宜中国人的口味,所以发展很快,而且各地酿造的马瑟兰葡萄酒大多具有很好的品质,有可能成为中国葡萄酒的一个代表性品种。

马瑟兰干红葡萄酒具有丰富的果香和细腻的单宁,可以搭配鸡肉、火鸡肉。因马瑟兰的单宁较柔和,用来搭配较重口味的海鲜类,如糟溜鱼片、油焖虾等,也有不错的效果。

4.1.13 美乐(Merlot)

美乐早在公元1世纪就已经存在了,原产于法国波尔多地区,目前是当地酿造红酒的两大主栽品种之一。1784年历史学家恩加伯特(Enjalbert)通过研究发现,种植在波尔多右岸利布尔纳(Libourne)的美乐表现得很出色,这是美乐第一次在历史上得到肯定。

美乐有很多名称,如Merlot,Petit Merle,Vitraille等。Merlot一词来自法国波尔多地区特有的一种欧洲小鸟Petit Merle,由Merle演变成Merlot。Merlot的中文译名还有梅乐、梅鹿辄、梅鹿特等。1999年,郭其昌等葡萄酒业前辈鉴于葡萄品种命名混乱的情况,提出统一使用"美乐"这一规范译名。

20世纪80年代,美乐开始在法国被大量种植,目前栽培面积在红色品种中排在佳利酿和歌海娜之后,名列第三位。现今,美乐已成为世界第二大酿酒葡萄品种。如在意大利的20个限制原产地命名产区中就有14个可以找到美乐。在匈牙利、罗马尼亚、保加利亚、俄罗斯、美国(有6个州)、阿根廷、智利、巴西、乌拉圭、玻利维亚、新西兰、南非、瑞士、克罗地亚、斯洛文尼亚、西班牙等国也均可找到美乐的身影。

在中国,美乐最早于1892年由西欧引入山东烟台。20世纪70年代后期,又多次从法国、美国、澳大利亚等国引入。虽然美乐进入中国已有100多年历史,但长期以来一直未能受到重视,直到近年来由于受外界影响才开始大力推广种植。目前美乐在中国各主要产区均有栽培,主要分布在甘肃、河北、山东、新疆、四川、云南、山西等14个地区,其栽培面积约占中国总酿酒葡萄栽培面积的10.6%。

美乐果穗中等大,呈圆柱形或圆锥形,带副穗,中紧或松散。果粒中等大,圆形,蓝黑色;果粉中厚;果皮中等厚。果肉软多汁,味酸甜。较丰产,较抗霜霉病、炭疽病和白腐病,抗寒力中等。美乐对气候、土壤的适应力较强,较喜欢寒冷潮湿的土壤,如黏土及石灰质黏土等,在石灰质地、砾石地及沙质地上也可以长得不错。美乐的采收时间通常比赤霞珠早2周,且含糖量较高。由于美乐的根系较浅,所以在干旱和寒冷地区利用自根苗建园的葡萄园中,表现不是很好。如果采用嫁接苗,则可很好地解决这个问题。

葡萄酒鉴赏家用古典严谨、贵族气息等来形容让人难以接近的赤霞珠酿出的红酒,而用浪漫热情来形容平易近人的美乐酿出的红酒。柔和的美乐过去常常是刚烈的赤霞珠的主要配角,用于调整赤霞珠的单宁结构。它们两一刚烈一柔和,配合酿成极佳的干红葡萄酒。20世纪 70 年代,自美国加利福尼亚州的杜克霍恩(Duckhorn)葡萄酒庄园第一次成功推出美乐单品种葡萄酒后,一些葡萄酒商开始尝试酿造美乐单品种葡萄酒。作为美乐的起源地,法国波尔多地区的圣埃米利永(Saint-Emilion)和波美侯(Pomerol)产区,是美乐最著名和最优产区。其中波美侯产区有声名显赫的以美乐为主要成分的柏图斯(Pétrus)葡萄酒和里鹏(Le Pin)葡萄酒。

用单品种美乐酿造出来的新鲜型葡萄酒,呈漂亮的深宝石红色,略带微紫色,果香浓郁,常有樱桃、李和浆果的气味,酒香优雅,酒质柔顺,早熟易饮。但即使在法国波尔多地区,美乐也很少单独装瓶,总是要添加一些赤霞珠或品丽珠葡萄酒,使它显得更有筋骨。

4.1.14 缪尼尔(Meunier)

缪尼尔又名 Pinot meunier,Schwarzriesling,Müllerrebe 等。中文名为缪尼尔、莫尼耶皮诺塔吉(莫尼耶皮诺)、面粉皮诺塔吉(面粉皮诺)等。

"Meunier"在法语里是面粉磨坊的意思,其叶片背面多茸毛而呈灰白色,很像沾有面粉,因此得名。Wrotham Pinot 有时会被误认为是 Meunier,其实 Wrotham Pinot 只是叶片和缪尼尔有相似之处,并不是同一个品种。缪尼尔最早起源于法国,目前的研究认为缪尼尔是黑比诺的一个变种,这也解释了为什么缪尼尔和黑比诺有不少相似之处。

缪尼尔主要分布在法国的香槟区(Champagne)、德国的乌腾堡(Württemberg)和美国的俄勒冈地区。它在法国的其他葡萄酒产区、美国的加利福尼亚州和澳大利亚的一些地方也有种植。目前在法国香槟区以外的地方,缪尼尔的种植面积逐渐减少,但是在德国和美国等地方种植面积有所增加。2009 年的统计数据表明,缪尼尔在法国的种植面积为 11 088 hm²。

缪尼尔是一个红葡萄品种,发芽时间比黑比诺略晚,但是采收时间要早于黑比诺。缪尼尔抗逆性较强,较抗白粉病、顶端枯死病和灰霉病。因为缪尼尔具有较强的抗寒能力,它经常被种植在气候比较恶劣的地方,如法国香槟区的兰斯山区,缪尼尔被种植在山坡的阴面。

缪尼尔果穗呈圆柱形,果粒紧密排列。果皮颜色偏紫红色,果粉偏厚,果粒近圆形,果梗较短。成熟叶片最大特点就是背面茸毛较多,呈灰白色。叶片五裂刻,叶缘上卷,锯齿两侧直或凸,叶柄长度中等,叶柄洼基部呈 U 形,叶柄洼呈宽拱形。

缪尼尔是法国香槟区 3 种主要葡萄之一,也是法定香槟允许使用的葡萄品种之一。在香槟地区之外的地方也主要用来酿造起泡葡萄酒。近年来,缪尼尔对于香槟的酒体和丰满程度的贡献被越来越多的人认可,它可以为香槟提供更丰富的果香,并使酒体明亮。但是缪尼尔相比黑比诺颜色更浅且单宁更少,因此缪尼尔酿造的酒不太适合陈酿。它无法获得特级葡萄园(Grand Cru)的地位,因此单独用缪尼尔酿造的香槟十分罕见。其他地区酿造的起泡葡萄酒中也在尝试加入缪尼尔葡萄酒,使它们的起泡葡萄酒更接近香槟,但是作为单品酒同样罕见。

缪尼尔也可以用于酿造令人愉快的干红葡萄酒。它像是质朴且果香丰富的黑比诺,带有一点点苦味和暗灰色。在美国的俄勒冈(Oregon)地区和德国一些地方,既有用缪尼尔酿造的风格简单、酒体单薄的半干红葡萄酒,也有酒体丰满、香味丰富的干红葡萄酒。最近,在德国缪尼尔也被直接榨汁来酿造新鲜、果味丰富的干白葡萄酒。

缪尼尔酿造的香槟较丰满,果味丰富,可以搭配鱼肉等一些清淡的海鲜,另外一些家禽或者火腿也是不错的选择。缪尼尔酿造的单品种干红葡萄酒则与其他干红葡萄酒一样适合搭配烤肉、香肠等荤菜。

4.1.15　慕合怀特(Mourvedre)

慕合怀特,其他译名为慕尔韦度、慕尔维卓等。目前广泛使用的是"慕合怀特",来自其法语音译。慕合怀特葡萄原产于西班牙,通常认为起源地在巴塞罗那附近的 Mourviedro 或者 Cataluna 的 Mataro(所以一些地区也称其为 Mataro)。5 个世纪前慕合怀特已被广泛种植于西班牙南部地区和法国。慕合怀特的别名较多,有据可查的有 70~80 个。在西班牙被称为 Monastrell,在葡萄牙、澳大利亚及美国等新世界国家则被称为 Mataro,在法国的一些地方还有人称其为 Estrangle-Chien。另外还有 Balzac,Esparte 等。

慕合怀特目前在许多地区都有栽种,其中最重要的地区是西班牙的西南,法国南部的罗纳河谷、普罗旺斯和朗格多克,美国的加利福尼亚州及澳大利亚的巴罗萨、新南威尔士等地。西班牙作为慕合怀特的原产地,拥有最大的栽培面积。10 万 hm^2 以上的种植面积使慕合怀特成为西班牙仅次于歌海娜的第二大红葡萄品种,是当地酿造优质烈性葡萄酒的主力。

2 个多世纪前,旅行者将慕合怀特从西班牙带到了法国南部的罗纳河谷,使之成为罗纳河谷地区的主栽品种,但 19 世纪末期的根瘤蚜彻底摧毁了它。由于该品种与当时用来免疫根瘤蚜的砧木的亲和性不好,该品种的恢复种植受到限制。而歌海娜和神索则将其取而代之。一直到第二次世界大战后,培育出了合适的砧木,慕合怀特才又迅速发展起来,目前在罗纳河谷、普罗旺斯和朗格多克有将近 1 万 hm^2 的栽培面积,是教皇新堡产区的第四大栽培品种,与歌海娜、神索的栽培面积接近。

根据有关记载,慕合怀特在 1853 年被引种到澳大利亚的巴罗萨山谷。如今约有 1 200 hm^2 的栽培面积,大部分栽种在南澳大利亚州。在澳大利亚,葡萄酒新名词 GSM(Grenache Syrah Mourvedre)随葡萄酒的推广而被熟知。目前在美国加利福尼亚州,慕合怀特大约有 1 000 hm^2 的栽培面积,主要分布在南部海岸,尤其容易受到晚霜危害的地区(因为慕合怀特发芽较晚)。圣克鲁兹的山脊葡萄园(Ridge Vineyard)出产的慕合怀特较为著名。除此之外,阿尔及利亚、南非也有部分栽培。在阿尔及利亚,慕合怀特曾经是非常成功的品种,有 2 万 hm^2 以上的栽培面积,但现在的情况不详。中国尚未见到引种栽培的记载。

慕合怀特发芽较晚,生长直立健壮,产量中等。果粒较小,果肉紧实;果皮呈深紫蓝色,较厚,抗腐烂性较强。在法国南部,慕合怀特 6 月上旬开花,10 月上旬成熟。喜好多日照而温暖的气候,因为成熟较晚,因此要求秋季有足够的热量。果穗较紧,需要有良好的通风条件,防止腐烂。对栽培管理的要求不严。慕合怀特有不同的品系,如美国和法国栽培的不同品系表现就很不一样,引种时应注意。

较高的酸度和单宁含量使慕合怀特可以起到为酒体提供骨架、调节结构、增强陈酿能力的作用,因此是一个很好的酿造配角,尤其可与轻快松软的歌海娜、神索进行很好的混合。罗纳河谷的教皇新堡产区和普罗旺斯产区都在酿造红酒时混入慕合怀特。在澳大利亚,慕合怀特则可与西拉很好地配合。

慕合怀特很少单独酿造葡萄酒,也许这是它不出名的原因。法国普罗旺斯的邦多尔(Bandol)规定该地红酒中慕合怀特的比例要超过 50%。在美国、澳大利亚等国,目前已有单品种慕合怀特酒出现。除酿造干红葡萄酒外,慕合怀特在法国南部还用来酿造强化葡萄酒,在澳大利亚则用来酿造波特式高酒精度的葡萄酒。

慕合怀特酿出的葡萄酒颜色重,单宁含量高,酸度高,有陈年潜力。它的香味主要是胡椒味、皮革味、野味、块菌状巧克力味和黑色水果味,陈酿足够时间后酒体会变得更加丰满和复杂。慕合怀特葡萄酒可用来搭配烤肉、块根类蔬菜、蘑菇等。

4.1.16 内比奥罗(Nebbiolo)

一般认为内比奥罗起源于意大利,其文字记载的历史可追溯到 13 世纪末期,有记载表明,14 世纪瓦尔特林纳(Valtellina)产区已开始人工种植内比奥罗。最近的研究结果进一步证实了这一点。美国加利福尼亚州大学戴维斯分校的研究人员通过基因分析发现内比奥罗与其他一些意大利品种,如 Nebbiolo Rosé,Freisa,Negrera,Rossola,Vespolina 以及 Bubbierasco 之间具有亲缘关系。内比奥罗的名字起源于意大利语中"雾"(nebbia)一词。由于受阿尔卑斯山的影响,意大利皮埃蒙特产区巴罗洛(Barolo)与巴巴莱斯科(Barbaresco)产区经常出现大雾天气,到收获季节时,人们又常赶在清凉的早晨采收,采收时田园之中常常弥漫着薄雾,"雾葡萄"可能因此而得名。不过另外一个解释虽然不常被人提到,却似乎更为可信:Nebbia 一词实际上是指葡萄成熟时果面上覆盖的一层如雾般的白色果粉。除内比奥罗外,该品种在意大利还有其他一些名字,如在诺瓦拉(Novara)地区称为 Spanna,在瓦尔特林纳称为 Chiavennasca,其他还有 Brunenta,Marchesana,Martesana 等。

内比奥罗葡萄虽然是意大利葡萄酒业的骄傲,但其种植面积不大,远不及桑娇维塞,种植区域几乎完全集中在皮埃蒙特地区。即使是在皮埃蒙特地区,内比奥罗也仅仅是在特定的区域内栽培,该品种葡萄酒产量仅占皮埃蒙特区葡萄酒总产量的 3%。根据意大利商会及有关媒体提供的资料,皮埃蒙特有 12 个 DOC 与 DOCG 产区使用内比奥罗酿酒,最具代表性的产区不是产量最大的加蒂纳拉(Gattinara),而是巴罗洛与巴巴莱斯科两地,巴罗洛是内比奥罗的代表性产区。

由于内比奥罗葡萄像黑比诺一样对环境极其挑剔,尽管世界上许多葡萄酒产区都进行了内比奥罗的试种,但很少有成功的报道。目前,内比奥罗在澳大利亚、美国加利福尼亚州、新西兰、阿根廷、智利及南非都有种植。但这些地区所酿造的内比奥罗葡萄酒都没有达到其原产地的水准。除了缺乏多雾的小气候外,没有合适的土壤可能是另一个主要因素。不知是因为美国的许多酿酒商为意大利后裔还是他们喜欢挑战困难,美国境内有许多产区都开始种植内比奥罗。中国于 1981 年从意大利引进内比奥罗试种,但目前栽培情况不详。

内比奥罗属于晚熟品种。在意大利,4 月初发芽,6 月上旬开花,10 月底采收。果皮薄却较硬,成熟时果面上覆盖着一层灰白色的果粉,有较好的抗霜性与抗病性。产量较低,果实中单宁的含量特别高,是单宁含量最丰富的酿酒葡萄品种之一。内比奥罗喜欢夏季日照充足、昼夜温差较大,而秋季冷凉的环境条件,以充分地成熟,酝酿香气,平衡其高酸度和高单宁。与砂土相比,石灰质土壤里培植的内比奥罗葡萄的表现更为出色。在皮埃蒙特,内比奥罗葡萄园都位于向阳的南坡,土壤表层为钙质。风土"Terroir"一词的内涵在内比奥罗身上表现得尤为明显,即使是相邻的葡萄园,所酿造的内比奥罗风格往往截然不同。

与大多数红色品种相比,内比奥罗酒颜色更深(相对而言),酒体更厚,单宁更重,酸度更高,甚至苦涩味也更浓。有人称其为三高葡萄:高色素、高单宁、高酸度。不过正是这三者,尤其高单宁,成就了内比奥罗非同一般的陈年能力。通常来说,即便是普通的内比奥罗葡萄酒,都可以陈年 5 年以上,如果是顶级酒庄的好年份,甚至可以陈年 50 年以上。

内比奥罗的香气主要有樱桃、黑色莓果、紫罗兰、玫瑰、薄荷、巧克力、甘草、松露、焦油的香味。年轻时香气并不突出,需要陈酿一定时间后,才能展现出其迷人的风采。届时浓重的苦涩味也逐渐淡去,变得非常圆润和丰满。

内比奥罗生产工艺中发酵和陈酿全用橡木桶。最初,葡萄在 3 m 高的捷克大橡木桶(这种用橡木制造的大桶可以使用 50~80 年,容量为 5 001 L 或 15 001 L)中长时间发酵与浸渍,而后在法国阿里耶或利穆赞的 225 L 小橡木桶中存放 6~7 个月,然后再回到大橡木桶中陈酿 2~3 年,才装瓶出售。这样酿出来的酒,年轻的时候边缘已有黄色调,香气中水果成分较少,单宁强烈,需要继续在瓶中陈酿多年才能享用。

为了改变内比奥罗需要多年陈酿才能饮用的状况,20 世纪 90 年代,以安吉罗·嘉雅(Angelo Gaja)为代表的意大利酿酒业革新派率先使用控温不锈钢罐发酵,减少浸渍的时间以避免酒中有更多的单宁,在法国小橡木桶中进行培养,有些甚至在法国小橡木桶中完成苹果酸—乳酸发酵,以获得橡木桶的香草、咖啡和巧克力的香气。这种内比奥罗酒,年轻时颜色漂亮如宝石,闻起来充满黑樱桃、咖啡等符合国际潮流的香味,单宁也不那么强,可以较早饮用。

由于单宁强劲,品质较好的内比奥罗葡萄酒适合与味道浓重、强劲的野味或炖肉搭配,也适合与味道浓郁的老干酪或意大利面、意大利调味饭(肉汤＋干酪)搭配。

4.1.17　小味儿多(Petit Verdot)

小味儿多,中文又称为小维铎、维尔多、味尔多、魏天子。Petit Verdot 的法语意思是"小绿"(small green),指的是该种葡萄由于成熟期太晚,葡萄浆果常常不能正常地成熟,而呈现出绿色。小味儿多还有另外一些名字,如 Petit Verdau,Verdot Rouge,Carmelin(法国),Verdot(智利)。

小味儿多主要分布于法国的梅多克地区,其起源尚不明确,有人认为起源于法国的西南部。在波尔多地区,小味儿多的历史要早于赤霞珠。除法国的波尔多外,较著名的小味儿多葡萄产区还有澳大利亚、美国加利福尼亚州、阿根廷、智利等。小味儿多曾经是智利第二大酿酒葡萄品种。20 世纪初张裕酿酒公司从欧洲引进酿酒葡萄品种,小味儿多也是其中一种,当时使用的名字是魏天子。小味儿多目前在国内栽种较少,在河北的怀来产区有一定面积。成熟的小味儿多果实呈现深黑色,皮厚。怀来的中法庄园还出产小味儿多的单品种酒,该酒颜色深如西拉,香气浓郁,具有蓝莓和香料的香气,单宁丰富,口感也如西拉一样辛辣。

与大多数品种一样,小味儿多需要炎热的白天和冷凉的夜晚,以形成较大的昼夜温差。排水良好的土质,具有一定肥力的土壤有助于其生长,并形成独特的风味。小味儿多生长较旺盛,修剪量较大,成熟过晚导致其在一些年份无法完全成熟。生产上可以选择一些促早熟的砧木以促进其提早成熟。在葡萄园中,小味儿多的成熟时间晚于其他品种(通常比赤霞珠晚 2 周),有时要到 10 月才成熟。极晚成熟意味着在一些冷凉地区小味儿多葡萄容易受到初秋霜冻的影响而很难达到完全成熟。

小味儿多虽然在波尔多的栽培历史久远,也是法定的六种红色酿酒葡萄品种之一,但是始终处于配角的地位。小味儿多的配角地位主要是由它过晚的成熟期造成的,所以很多葡萄种植者认为将力气花在这种葡萄上是不值得的。因此,在 1960—1970 年间,许多葡萄种植者改种更为可靠、更易生长的赤霞珠品种,小味儿多的种植面积越缩越小,在波尔多的地位也开始下降。不过根据统计数字显示,近年来由于波尔多地区葡萄收获时节越来越暖和,小味儿多种植面积有所扩大。小味儿多本身具有非常深的紫红色和强烈的单宁,可以增加混酿葡萄酒的色泽和结构。此外,葡萄酒在混合小味儿多后需要较长的时间使其丰富的单宁变得柔和,适于进行陈年。一般而言,小味儿多在波尔多混酿葡萄酒中的比例低于5%,很少能达到10%。有记载提到法国的宝玛酒庄(Château Palmer)曾将其比例提高到10%,以充分增强葡萄酒的结构感。

在澳大利亚,小味儿多葡萄也有着较为久远的历史。早在1832年,小味儿多就被列在詹姆士·巴斯比(James Busby)的典籍中。19世纪40年代,麦克阿瑟曾(Macarthur W.)对这个葡萄品种进行测试。到2000年,澳大利亚的小味儿多种植面积达到1 600 hm²,是法国种植面积的4倍以上。小味儿多葡萄在温暖的澳大利亚产区没有了在波尔多时不易成熟的问题,而呈现出新的活力。在巴罗萨和麦克拉伦谷以及在大多数澳大利亚的内陆葡萄酒产区都在扩大小味儿多的种植面积。在澳大利亚,小味儿多单品种酒有着以下令人欣喜的特点:浓烈的紫罗兰红色;年轻时具有香蕉和铅笔屑香;成熟时具有浓郁的泥土、皮革、烟草和雪茄盒香气,柔和而丰富的单宁。

在澳大利亚,生产单品种小味儿多葡萄酒还是一个初级阶段。小味儿多葡萄能否经得起葡萄种植者、生产者、消费者们的重重考验,现在还不能下结论,可能还需要一个漫长的时间才能充分发现这个品种的潜力。

在同样温暖的美国加利福尼亚州葡萄产区,优良的气候条件有助于葡萄成熟的一致性,小味儿多的种植量也在上升,在2003年已达到360 hm²。此外,在科罗拉多州(Colorado)、得克萨斯州(Texas)、弗吉尼亚州(Virginia)和华盛顿州(Washington)小味儿多也开始受到欢迎,已经有几个加利福尼亚州葡萄酒厂开始进行小味儿多单品种酒的酿造。

阿根廷的小味儿多具有浓郁的紫罗兰色,酒体饱满;具有李与樱桃般的红色果香,并混合着巧克力和香料的气味;进入口中则有着优美的结构,回味悠长。

在食物搭配上,小味儿多葡萄酒的深颜色和高单宁含量,使其在与红肉和奶酪一起搭配食用时较为适宜。

4.1.18　小西拉(Petite Sirah)

小西拉这个名称源于美国。19世纪80年代引种西拉的时候,人们将杜瑞夫(Durif)当作西拉的一个株系引入,并称其为小西拉(也有人写作Petit Syrah,Petite Syrah,Petit Sirah)。1997年,加利福尼亚大学戴维斯分校的梅雷迪斯博士(Dr. Meredith C.)通过DNA检测发现加利福尼亚州所谓的小西拉实际上大部分(90%)为杜瑞夫(Durif),它是一个西拉(Syrah,父本)和普露莎(Peloursin,母本)自然杂交的品种,起源于法国的蒙彼利埃,但现在在法国很少见。西拉是起源于罗纳河谷的传统品种。普露莎则是起源于罗纳河谷的另一个地方品种,但栽培面积较少。19世纪晚期,蒙彼利埃大学的植物学家杜瑞夫(Durif F.)在位于学校附近的葡萄园中发现了这个比较特别的株系,并在1880年以自己的名字为其命名。也有地方称其为Plant Durif, Plant Fourchu, Pinot de Romans或Pinot de l'Hermitage。该品种具备抵抗白粉病的特性(西拉易感白粉病),20世纪初期曾经在一些地方得到推广。不过由于果穗比较紧凑,在潮湿的气候条件下容易得灰腐病,加上酒质不够突出,杜瑞夫在法国罗纳河谷没有得到重视,反而在阳光明媚、雨水较少的美国加利福尼亚州和澳大利亚得到广泛种植。

2002年,美国烟酒火器局(United States Bureau of Alcohol, Tobacco and Firearms, BATF)表示,标签上标示"杜瑞夫"与"小西拉"为同义词。BATF认为,尽管这种葡萄最初叫

"杜瑞夫",但长期在美国使用"小西拉"一名已使这两种称呼均合法。在美国一些老的杜瑞夫葡萄园,往往还夹杂着一些西拉、佳利酿、巴贝拉、增芳德等品种。

小西拉名字中的"小"字指的是它的果实,而不是葡萄树。该品种长势旺,叶子大,上表面呈鲜绿色,叶背面灰绿色。果穗为长圆锥形或圆柱形,有歧肩,中等大。果实紧凑,容易受日灼。小西拉产量中等(加利福尼亚州海边和山脚的葡萄园产量为 $7\sim10$ t/hm²,中心山谷为 $12\sim20$ t/hm²),较抗白粉病,但不抗灰腐病,对环境的适应性较好,喜欢排水性好的土壤。在气候炎热的地区,应注意及时采收,否则容易失水皱缩。

20 世纪 50—70 年代,该品种在加利福尼亚州被广泛用于酿造标示为勃艮第的普通红葡萄酒。通常具有黑胡椒和李的香气,口感结实,单宁丰厚,而且酸度较高。因为果实较小,如果发酵时不控制皮渣浸渍时间,所酿造的葡萄酒单宁含量会很高,需要陈酿。

虽然小西拉起源于法国的罗纳河谷地区,但是目前在法国已很少见到。美国和澳大利亚是目前小西拉的主要栽培地区。在以色列、巴西、阿根廷、智利、墨西哥、加拿大也有少量种植。美国于 1884 年引入该品种,目前除加利福尼亚州外,华盛顿州、马里兰州、亚利桑那州、西弗吉尼亚州等也开始种植该品种。部分美国小西拉法定栽培区见表 4.1。20 世纪 70 年代曾经流行一时,但随后开始衰落,面积也有所降低。除酿造单品种酒以外,常与其他品种(如增芳德等)进行调配,以增加其风味和复杂性。在雨水较多的年份,也用来与赤霞珠或黑比诺调配,以增强其结构。

表 4.1 部分美国小西拉法定栽培区

• Paso Robles(AVA)	• Mendocino(AVA)
• Napa Valley(AVA)	• Sonoma County(County Appellation)
• California(State Appellation)	• Sierra Foothills(AVA)
• Lodi(AVA)	• Russian River Valley(AVA)
• Dry Creek Valley(AVA)	• Livermore Valley(AVA)

1908 年,澳大利亚葡萄栽培学家卡斯特利亚(Castella F.)从法国蒙彼利埃引进小西拉,在路斯格兰(Rutherglen)和维多利亚(Victoria)地区试种和推广。该地区的这些老树至今仍然被用来生产广受欢迎的地区餐酒,颜色黑如墨,口感坚实,以耐储藏而著名。另外,也用来生产该地区著名的年份酒和茶色波特型强化葡萄酒。现在澳大利亚其他地区,如滨海沿岸(Riverina)和河地(Riverland)产区也有栽培,2000 年的统计数据表明已有 300 hm² 的栽培面积。

虽然不如赤霞珠、黑比诺和增芳德知名,但小西拉依然有不少追随者。优质的小西拉葡萄酒风格十分鲜明,具有浓郁的黑色莓果和黑胡椒香气,个别会有草本植物香气。经过陈酿的小西拉酒会产生一种类似太妃糖的怡人香气,风味甜美可爱。大多口感醇厚而浓烈,容易让人联想到加利福尼亚州海边炽热的阳光。如果使用新橡木桶陈酿,还会具有一种融化的巧克力香气。如果到美国中部海岸酒厂参观,很容易碰到极为出色的小西拉酒。

4.1.19 黑比诺(Pinot Noir)

黑比诺,欧亚种,原产于法国勃艮第地区,栽培历史悠久,很可能是人们从野生葡萄中选出的,最早的记载为公元 1 世纪,当时被称为"Pinot Vermei"。黑比诺(Pinot Noir)在其家乡法国被称为 Pineau、Franc Pineau 或者是 Noirien；在德国被称为 Spätburgunder；在意大利被称为 Pinot Nero；在瑞士、新西兰则变成 Clevner。中文译名为黑比诺，又名黑彼诺、黑美酿、黑皮诺塔吉、黑匹诺等。

黑比诺在世界各地都有栽培，其中在欧洲种植比较广泛，而在法国栽培面积最大，其次为美国、澳大利亚、新西兰、瑞士、德国、南非等国家。中国最早在 1892 年从西欧引进黑比诺至山东烟台，当时称之为大宛红。20 世纪 80 年代后，又多次从法国引入，目前甘肃、宁夏、河北等地均有栽培，其中甘肃的栽培面积最大。

2009 年 8 月，由法国和意大利组成的科学家团队，在法国国家基因测序中心的遗传学家温克尔（Wincker P.）的领导下，完整分析了黑比诺葡萄的基因序列，黑比诺成为人类完成基因测序的第一种水果和第四种开花植物（其他 3 种分别是小麦、拟南芥和白杨），使人们对这个古老葡萄品种的认识跨入了分子时代。

黑比诺葡萄很容易发生变异，存在着许多性状不同（果粒或果穗的大小、形状、颜色；果实的香气、风味、产量等）的品系，仅在法国的第戎就有 46 个经过认证的品系。品种学研究者估计在全世界范围内有 200～1 000 个品系。这还不包括它的近亲，如灰比诺（Pinot Gris）、白比诺（Pinot Blanc）等葡萄品种。葡萄酒生产者在选择黑比诺克隆时，特别需要考虑的是其酿酒的品质、产量的高低及稳定性、抗病能力和潜在的成熟度（不同克隆差异巨大）。20 世纪 70 年代和 80 年代，勃艮第许多红葡萄酒出现了颜色浅及干浸出物含量低的问题，其主要原因就是克隆选择的失误。尽管当时选择的克隆样本产量较高，但酿造出的葡萄酒个性不足，口感稀薄。在经过多年的尝试后，美国俄勒冈州、澳大利亚、新西兰、南非的一些地区，通过选择适宜的品系、土壤和小气候区，使得黑比诺栽培取得成功。

黑比诺通常被认为是一个非常挑剔而难以伺候的葡萄品种。其对土壤的类型、酸碱度、排水性和气温的变化及空气湿度都极为敏感。温度过高，果实会因成熟过快而缺乏风味物质；雨水过多，果实则容易染病腐烂。黑比诺在排灌良好的白垩质土壤和黏质土壤中以及较凉爽的气候条件下表现最好。世界上许多地区引进过该品种，由于土壤和气候的原因表现一般。

黑比诺为早熟品种，发芽早，这使它成为各种病虫害首先进攻的目标。黑比诺易感白腐病、灰霉病等病害，且易感叶蝉等虫害及卷叶病毒和皮尔斯病毒等。另外，黑比诺的葡萄皮特别细薄，容易受天气影响和病虫害侵袭，产量也较低。

法国勃艮第是黑比诺的原产地，也是最著名的产地。勃艮第的中心地带黄金坡（Côted'Or）是黑比诺的圣地。勃艮第黑比诺葡萄酒的品质主要取决于葡萄园。葡萄园位置不同，葡萄酒品质差别很大。

在香槟地区，黑比诺主要用来混合其他葡萄，如白葡萄霞多丽、红葡萄缪尼尔一起酿造香槟。黑比诺使香槟结构结实，口感强劲。由于黑比诺葡萄只有果皮是红色的，所以香槟地区用它来酿香槟时，将果实直接压榨取汁，酿造出的酒就是白色的。全部用黑比诺酿造的香槟酒称为 Blanc de Noirs，而只用黑比诺酿造的静止葡萄酒在香槟区叫 Coteaux Champenois，或者 Villages。

除了上述两个地区外，法国的阿尔萨斯（Alsace）地区也出产黑比诺单品种酒，并且是该地区主要的红葡萄酒。在瑞士，黑比诺酿造的酒称为多尔（Dole）；在德国，黑比诺酒的名字是斯帕特勃根达（Spätburgunder）；在意大利北部、匈牙利、罗马尼亚和南美多个国家，都会发现它的身影。

黑比诺在新世界葡萄酒国家的主要种植地为美国、澳大利亚和新西兰等。在美国主要分布在较凉爽的区域,如位于加利福尼亚州靠近海岸晨雾笼罩的区域、俄罗斯河谷、中央海岸包围的圣·巴伯拉(Sant Barbara)、俄勒冈州。其中,俄勒冈州已经成为重要的黑比诺酒生产中心,是每年国际黑比诺酒庆祝活动的会址。加利福尼亚州黑比诺在年轻的时候通常有着红色水果、玫瑰花的香气,而成熟黑比诺有着烟熏、香料、蘑菇以及干树叶的气息,果香较勃艮第的黑比诺突出,但平衡性和复杂性略欠缺。在澳大利亚,大部分地区天气比较炎热,只有在塔斯马尼亚州(Tasmania)、维多利亚州的部分地区,如亚拉(Yarra)河谷及阿德莱德山等产区黑比诺有着不错的表现。

近几年来,在强大的市场需求推动下,新西兰黑比诺的出口量增加迅速。黑比诺已经取代霞多丽,成为新西兰继长相思之后的第二大出口品种。新西兰的中奥塔哥(Central Otago)、马尔堡(Marlborough)、马丁堡(Martinborough)等地广泛种植。除此之外,黑比诺葡萄在智利、南非等地也都有不同程度的种植,并且表现都很不错。非洲最南端赫曼努斯(Hermanus)的哈密顿·罗素葡萄园临近南大西洋,受寒凉海洋气候的影响,黑比诺葡萄生长较好,所产的黑比诺酒为南非比较有名的葡萄酒之一。

中国最近几年也生产出不少出色的黑比诺葡萄酒。如河北怀来的迦南酒庄、宁夏贺兰山东麓的西鸽酒庄等都有酿造。

根据有关资料报道,黑比诺的品种香有:黑樱桃、草莓、覆盆子、成熟的番茄、紫罗兰、玫瑰花瓣、檫木(北美的一种樟科植物)、迷迭香、肉桂、香菜、薄荷油、大黄、甜菜根、绿茶、黑橄榄等;发酵香或陈酿香有:蘑菇、松露、动物的野味、皮革、肉、晒谷场、香草、椰子、橡木、烟熏、烤面包、焦油、雪松、雪茄盒等。总的来说,黑比诺酒在年轻时主要以樱桃、草莓、覆盆子等红色水果香为主;中年时期,有着干草和煮熟甜菜头的风味;陈酿若干年后,有时带着隐约的动物和松露(Truffe)香,通常还有甘草等香辛料的香味。

黑比诺酒体中等,单宁细腻平滑,适合搭配的食品较多。不过能够更好地突出黑比诺细致微妙口感的搭配还是烤大马哈鱼、烤小牛排、北京烤鸭或以菇类为主的菜肴。在法国典型的搭配包括:红酒烧鸡肉、豆焖肉等,其他的还有烤或炖小羊排及乳酪等。

4.1.20　皮诺塔吉(Pinotage)

皮诺塔吉是南非独特的酿酒葡萄品种。皮诺塔吉是在1925年由开普敦大学葡萄栽培学教授贝霍尔德(Abraham Izak Perold)用黑比诺与神索通过杂交(异花授粉)培育出的南非特有的葡萄品种。由于神索在南非当地也被称为Hermitage,所以起名为"Pinotage(Pinot＋tage)"。黑比诺轻柔优雅,单宁细致,较难栽培;而神索的单宁相对较粗,香气厚重,但容易栽培及抗病。基于这两种葡萄的特点,人们想通过杂交来获得兼具它们优点的葡萄新品种。在贝霍尔德之前,也有许多人尝试杂交育种试验,但都未取得成功。幸运的是,贝霍尔德教授成功了,所育成的皮诺塔吉兼具黑比诺勃艮第式的经典细腻和神索的易栽培、高产量、抗病性好的优良品质,一面市即受到葡萄种植户的欢迎。

1941年,第一桶皮诺塔吉酒在爱森堡(Elsenburg)酿成。1959年,好景酒庄(Chateau Bellevue)酿造的一款皮诺塔吉(商品名为Lanzerac)在开普敦葡萄酒展览会上一举夺得冠军。从此,越来越多的人开始种植皮诺塔吉。但由于追求高产量,加上多数酿酒师还缺乏对这个新品种的酿造技巧,所生产的多数酒不但缺乏品种的典型性,而且口感较差。另外,皮诺塔吉天生具有一种烧焦的橡胶味,类似丙酮或生锈的铁钉,许多人不太喜欢它的气味。许多种植者开始对皮诺塔吉的前途感到灰心,将大片长势很好的葡萄藤连根拔掉。在随后的 20 多年中,皮诺塔吉的栽培和生产一直处于低谷。尽管如此,还是有少数葡萄种植者和酒商对皮诺塔吉抱有信心,经过不断地摸索和研究发现,主要问题在于果汁内苹果酸的比例较高,后来通过调整酿酒技术解决了这个问题,皮诺塔吉开始重放光芒。

1987 年,酿酒师朱特(Truter B.)在炮鸣之地酒庄(Kanonkop)生产的一款皮诺塔吉葡萄酒参加"Diner's Club Winemaker"年度大奖,一举夺魁。4 年以后,朱特凭借其酿造的 1989 年份皮诺塔吉葡萄酒在 1991 年葡萄酒暨烈酒大赛中被评为国际酿酒大师。终于,在 50 年之后,皮诺塔吉葡萄酒重新获得世人的瞩目。为了保证和提高皮诺塔吉酒的品质,"皮诺塔吉酒联盟"在 1995 年成立,旨在推广先进的皮诺塔吉栽培和酿造技术。并于 1997 年设立了"皮诺塔吉十大杰出葡萄酒大赛",对皮诺塔吉葡萄酒的宣传、推广、普及以及品质的提高都起到了极大的作用。

现在的皮诺塔吉葡萄酒作为单独品种已经广泛得到欧美消费者的青睐。其果香浓郁,口感柔顺,略微带一点甜味,十分讨喜易饮。现在,南非的一些酒庄已不满足于只用它生产单一品种的葡萄酒,而是尝试将皮诺塔吉与一种或者几种其他葡萄品种,如美乐、西拉、赤霞珠、品丽珠、马尔贝克、小味儿多等进行调配。皮诺塔吉可以和其他品种很好地搭配在一起,发挥它自身的优势,酿造出更和谐更有南非特色的酒。现在,南非葡萄酒管理机构将那些用不同葡萄品种调配的含有皮诺塔吉的葡萄酒命名为"Cape Blend"(开普调配酒)。由于特定地区和酿酒厂的偏好,皮诺塔吉可酿造出多种风味的葡萄酒,从口感轻快、果香浓郁的新鲜型红酒到口味较烈的橡木桶陈酿型红酒都有出产。

随着知名度的日益提高,皮诺塔吉得到传播,目前在新西兰、澳大利亚、美国等都可见到它的身影,但中国尚未引进。

皮诺塔吉长势强,早熟,从萌芽到采摘需 160～180 d。果穗中大,100～230 g。果实含糖量高,果皮颜色深,用它所酿的酒呈深宝石红色。较好的皮诺塔吉会有李、樱桃、黑莓的香气。成熟的皮诺塔吉葡萄酒更有黑松露和梅子的香气,如果经橡木桶陈酿过,还会有烟熏及香料的味道。

饮食搭配方面,皮诺塔吉可以搭配一些口感较重的食物,如牛肉、熏制类食物等。

4.1.21　桑娇维塞(Sangiovese)

桑娇维塞,欧亚种,原产于意大利托斯卡纳地区(Toscana),最早的记载可以追溯到 16 世纪。桑娇维塞取名为"Sanguis Jovis",在意大利语中意为"丘比特之血"。"Sangiovese"这个名字可能是托斯卡纳的酿酒师们起的名字,最早的文字记载见于 1722 年。现代基因测试显示"Ciliegiolo"葡萄和"Calabrese Montenuovo"葡萄是桑娇维塞的亲本,其中前者是托斯卡纳地区非常有名的古老品种,后者是几乎绝迹的活化石般的品种。

桑娇维塞较容易发生变异,目前在桑娇维塞家族中至少发现 14 个株系,其中布鲁内罗(Brunello)最为著名。曾有专家试图将桑娇维塞分为 Sangiovese grosso 家族(包括 Brunello)和 Sangiovese piccolo 家族,却没有足够证据支持这种分法。许多地区都培育出了适合当地气候和土壤条件的桑娇维塞,这也使其有许多不同的名字,例如:Brunello,Prugnolo Gentile,Morellino。

　　尽管早在16世纪就有了桑娇维塞的相关记录,但直到19世纪,桑娇维塞才开始在意大利广泛流行,迅速成为意大利种植最广的葡萄品种,目前其栽培面积超过意大利葡萄总栽培面积的10%(约10万hm²)。桑娇维塞在意大利全国范围内都有种植,其中在意大利中部与南部地区最为出色。在故乡托斯卡纳地区,尤其在布鲁内罗迪蒙塔尔西诺(Brunello di Montalcino)和勤地(Chianti)葡萄酒产区,桑娇维塞确立了自己的王者地位。

　　桑娇维塞是意大利勤地、布鲁内罗迪蒙塔尔西诺和蒙塔布奇诺(Vino Nobile di Mohtepulciano)产区的主要品种。在勤地产区,以前通常用桑娇维塞混合其他品种,如白玉霓(在意大利称Trebbiano)酿造酸高味苦的廉价酒。直到20世纪80年代,意大利对葡萄酒实行分级制度并颁布相应法规以提高葡萄酒的总体品质,勤地产区开始重新种植品性良好的桑娇维塞,以此酿造芬芳迷人的美酒。勤地的桑娇维塞经典之作是用至少90%的桑娇维塞葡萄,混合不超过5%的其他葡萄品种(如白玉霓、玛尔维萨)所酿造的酒。在布鲁内罗迪蒙塔尔西诺产区,人们采用100%的桑娇维塞中的布鲁内罗株系葡萄来酿造浓郁的单品种红酒,这种酒是1980年第一个得到DOCG认证的葡萄酒,由于其品质好,产量又小(每年大约只生产33.3万箱),所以是意大利最为昂贵的葡萄酒之一。一般来说,用来酿造布鲁内罗迪蒙塔尔西诺葡萄酒的葡萄精选自坡地上地段和气候条件较好的葡萄园,而品质不太好的葡萄就用来做普通的蒙塔尔西诺红葡萄酒(Rosso di Montalcino DOC)。虽然大部分用桑娇维塞酿造的红酒贮存不过10年,但优质的布鲁内罗迪蒙塔尔西诺葡萄酒是很能经得起陈年的酒,这种好的酒的瓶储潜力约为15～20年,一般这种酒从葡萄采收酿造开始需要4年零2个月才能上市。在蒙塔布奇诺酒产区,80%～100%的葡萄酒用的是桑娇维塞的另一个克隆株系普鲁诺阳提(Prugnolo Gentile),常用的其他混酿葡萄品种是柔和的卡内奥罗(Canaiolo)和香气浓郁的莫洛(Manmolo),现在酿酒商也大量采用国际知名品种赤霞珠或美乐。

　　在其他国家与地区,如美国加利福尼亚州、阿根廷、智利、澳大利亚、罗马尼亚及法国科西嘉岛等,桑娇维塞也占有一席之地。其中美国加利福尼亚州桑娇维塞的优异表现吸引了葡萄酒界越来越多的目光,阿根廷的桑娇维塞表现也不错。

　　桑娇维塞1981年自意大利引入中国。1984年,中国农科院郑州果树研究所又从意大利佛罗伦萨大学引入此品种及其品系。在河北廊坊曾有小面积栽培。

　　桑娇维塞在种植时需要悉心照料。桑娇维塞适合较为温暖的气候,需要充足的阳光,在排水性良好的朝南或西南的坡地上种植表现最佳。如果在海拔过高的地方种植,果实很难较好地成熟。托斯卡纳地区的泥灰质黏土和石灰岩黏土是种植桑娇维塞的最佳土壤。在意大利,由于不注重选择优良株系进行繁殖以及过度种植,桑娇维塞曾经遭受到极大的损害。但自20世纪80年代以来,绝大部分地区通过种植桑娇维塞中表现良好的株系,几乎都可以酿造出醇厚浓郁的葡萄酒,现在这类葡萄酒在世界上受到极大欢迎。

　　桑娇维塞是晚熟品种,具有中等树势,对一般疾病有很好的抗性,产量中等。其果穗较大,呈圆锥形,有副穗,较为松散;浆果中等大,圆形或椭圆形,紫黑色。但由于该品种的果皮较薄,容易在潮湿的天气里腐烂,所以若在成熟期碰上雨季就容易造成葡萄酒品质下降。

　　不同株系、不同产区的桑娇维塞表现差异很大,但总体而言,桑娇维塞酿出的酒颜色不是很深,通常呈干性,一般酒精度为12%～14%(体积分数),也有的高达16%(体积分数),高单宁,高酸,酒体中等,一般带有泥土气息,其中还有较为突出的樱桃、李干、草莓、肉桂和草本的香气,陈酿后还会稍带类似动物的气味,这种气味以后会逐渐转化成柔和的皮革气味。如果经过橡木桶陈酿,还会增添香草、橡木、烟熏、焦油和烤面包的香味。

较为清淡的桑娇维塞葡萄酒,佐以熏肉、烤鱼和小牛肉都是很好的搭配;口感较为厚重的,如古典勤地(Chianti Classico)和布鲁奈罗(Brunello),可与牛排、野猪肉或成熟很好且味道重的奶酪搭配。

4.1.22　西拉(Syrah/Shiraz)

西拉的法语名称为"Syrah",原产于法国的罗纳河谷,是当地传统品种白蒙得斯(Mondeuse Blanc)和都尔查(Dureza)的杂交后代。

除了 Syrah/Shiraz 两个名字外,西拉也称 Schiras,Sirac,Syra 等;中文译名为西拉、席拉、切拉子、施赫、西哈、席哈等。

虽然大部分研究表明法国的 Syrah 和澳大利亚的 Shiraz 是一个品种,但也有人认为两者是不同的,这还有待于进一步研究。有人提出,用 Syrah 还是 Shiraz 表明采用不同的酿造方式,代表了两种不同的风格。Syrah 代表的是一种传统的酿造方式,多用法式橡木桶陈酿,所酿的酒香气丰富淡雅,酒精含量低;Shiraz 则代表了一种新的酿造方式,多采用美式橡木桶陈酿,所酿的酒香气浓郁,酒精含量高。

在法国,西拉的栽培面积约占红葡萄品种总面积的 2%。罗纳河谷是西拉的原产地,也是最佳产地。在罗纳河谷北部有许多产区,包括有名的科特罗蒂(Côte Rôtie)、康纳斯(Cornas)和赫米塔兹(Hermitage)等小产区利用这个品种酿造出顶级红酒。罗纳河两岸陡峭的山坡、花岗岩土壤和冷凉的气候使得这里产出的西拉葡萄酒具有丰富的干胡椒辛香,强劲有力,耐久藏,陈酿后还会发展出各种各样动物性的香气。在罗纳河谷南部西拉则被用来与歌海娜、慕合怀特、佳利酿及其他品种混合酿造,风格简约,使所产红酒的组成更丰富,品质更高,具有更好的结构和陈年潜力。

西拉在全球的栽培面积一直在不断扩大,法国也不例外。在西拉的传统产区沃克吕兹省(Vaucluse)、法国南部的普罗旺斯和朗格多克-鲁西荣,它的种植面积都有较大增加。

除法国以外,澳大利亚是西拉的最主要种植区。西拉传到澳大利亚大概是在 19 世纪早期。悉尼植物园的引种试验表明,该品种能够适应当地气候。19 世纪 40 年代后期的有关资料记载:"西拉,优异的葡萄品种,……易于栽培,品质好,抗病、抗逆力强。"但一直到 20 世纪的 50～60 年代,西拉才得到人们的重视。据澳大利亚统计部门公布的 2002 年澳大利亚各葡萄品种的种植资料显示,西拉约占澳大利亚栽种的红葡萄面积的 40%,栽培面积远远大于其他红色品种,成为澳大利亚最有代表性的葡萄品种。澳大利亚的西拉表现出色,如产自巴罗萨的西拉,丰满浓厚,果香浓郁,甚至带有巧克力香气。大多数澳大利亚酿酒商都生产西拉葡萄酒,风格和品质随着地区、年份和酿酒技术不同而变化。使用不同地区的西拉葡萄酿造的酒,在口感、风格上有较大的差异。南澳大利亚的巴罗萨、库纳瓦拉等地,阳光充沛而干爽,酿造的酒结构复杂,具有香料、胡椒和成熟黑莓的芬芳。在较清凉的气候区,如澳大利亚的维多利亚州及部分西澳大利亚州所出产的西拉酒则具有薄荷及香料味。奔富(Penfolds)酒庄 1953 年推出的格兰奇(Grange)赢得了最多的称誉,酒体浓稠,晶莹剔透,带有黑巧克力、焦糖味道,略微有香草味道。虽然西拉并不需要其他品种来增强其味道,但在澳大利亚或法国南部,常与赤霞珠、歌海娜等品种混酿,为追求一种新的口感。由于维奥妮(Viognier)葡萄在澳大利亚广泛种植,越来越多的葡萄酒制造商开始将西拉和维奥妮混合发酵。实验证明,这两种葡萄的混合使得酒味更加芳香,酒体更加圆润。

除法国及澳大利亚是西拉生长得最好的两个国家外,目前在意大利、西班牙、美国、智利、南非、阿根廷、新西兰等国家都有西拉出产,而且表现不错。

根据资料记载,中国最早是 1955 年由保加利亚引入西拉,由于引入的苗木可能有混杂或是不同品系,其栽培性状表现很不一致。目前,各地仅有少量保存。20 世纪 80 年代又引种试栽,在山东、河北、新疆、宁夏等地种植,但面积不大。1987 年北京龙徽酿酒有限公司从法国罗纳河谷引进西拉,在河北怀来种植,并在 2002 年推出国内首款西拉单品种酒,酒体中等,层次丰富,具有明显的胡椒等香辛料味道。后来,河北怀来的迦南酒庄、红叶庄园和新疆的天塞酒庄、中菲酒庄等都酿造出十分优质的西拉葡萄酒。

从西拉在世界各地表现的相关资料来看,西拉对气候和土壤都有良好的适应,尤其在气候相对温暖的花岗岩或火成岩土壤上生长表现会更好。西拉比较容易栽种,抗病力也相当强(但较容易感染白腐病)。它发芽较晚,但新梢生长速度很快,抗风性差,需要在生长的过程中及时绑缚。西拉的果穗中等,紧实,果粒较小,皮薄而韧,肉软多汁,酸甜适中。需要注意的是,生产中应注意控制产量,若种植过密、产量过大,它特有的果香味就很淡。

总的来看,西拉所酿造的葡萄酒酒体中等,酒色深红近黑,酒质细腻,醇厚,酸度相对较低,具陈年潜力。西拉发酵后产生的复合型果香典型性突出:在冷凉气候条件下,显现出突出的胡椒、樱桃、悬钩子的香气;在炎热的气候条件下又具有成熟的李香气。随着土壤及气候的不同,也会呈现出巧克力、玫瑰、紫罗兰、菇类及泥土香气。同赤霞珠等单宁含量丰富的品种一样,西拉需要时间来充分展现其潜质,而经过陈酿的西拉葡萄酒会有巧克力、烟熏及野味的香气。强劲的单宁和丰富的香气,使得西拉酒很适合搭配牛肉、小野味烤禽等。

4.1.23　丹那（Tannat）

丹那,又名 Harriague,Moustron,Moustroun 等。其中文译名有丹那、丹拿、塔纳和坦娜等。虽然许多学者认为法国巴斯克地区是丹那的起源地,但与其最紧密相关的是在法国西南部的比利牛斯山脚下的马第宏产区。17~18 世纪该地区已有种植,距今已有几百年历史。不过有一点可以确认,即丹那品种起源于法国。

丹那比较容易种植,晚熟,耐寒。不同于其他品种(如歌海娜和西拉),其结果率不是很高,不必抹芽以控制产量。果穗中等大小,中等紧凑,果粒较硬,果梗较粗,果穗较难与之分离,果皮较厚,颜色很深,抗白粉病和灰霉病能力较强。

丹那与单宁读音相近。有趣的是,该品种的果实里确实含有较高含量的多酚类物质。一说认为 Tannat 的命名即是来源于法语单宁酸(Tannin)。伦敦威廉姆·哈维(William Harvey)研究中心的科德(Corder R.)教授在研究葡萄酒与人体健康时发现,丹那葡萄酒中含有大量防治心血管疾病的化合物——原花青素,是其他品种的数倍。深黑的颜色和高含量的单宁,使得酿造出的葡萄酒味道强劲,收敛感超强,酒精度较高,具有一种非常浓的水果、烟草等混合气味,并有较好的陈年潜力。随着陈酿时间的延长,生涩的单宁逐渐沉淀,产生香料、皮革的味道。丹那也常与其他品种混合使用,增强葡萄酒的颜色、香气和陈酿潜质。据有关资料记载,丹那葡萄酒曾被古代罗马统治者选为宫廷御用酒,被诗人 Clement Marot 誉为"有力与美味的液体",路易十六和俄罗斯教皇都曾选用。

从丹那在全球的分布来看,历史上种植在法国南部的马第宏产区,现在在乌拉圭广泛种植,是当地最突出的葡萄品种之一,被称为乌拉圭的"国家葡萄"(national grape)。丹那也种植在阿根廷、澳大利亚、巴西和意大利普利亚(Puglia)等地,和其他品种混合酿造葡萄酒。在美国弗吉尼亚州有小规模的试种,21世纪的最初几年,其在加利福尼亚州的种植面积迅速增加。

在法国,丹那通常种植在马第宏产区。其葡萄酒的特点是单宁的水平非常高,并且往往与赤霞珠、品丽珠、菲尔(Fer)搭配使用,以柔和单宁,使葡萄酒更加细腻柔和。除了马第宏,丹那也产于伊卢雷基(Irouléguy)、图尔桑(Tursan)和贝阿恩(Béarn)。这些地区采用现代酿酒工艺已开始强调其果香,并利用橡木桶陈酿帮助软化单宁。现在,通常要将葡萄酒在橡木桶中陈酿大约20个月。法国丹那葡萄酒的特点是单宁结构感强,有典型的覆盆子香气和优质的陈年潜力。伴随着高酒精度,它们通常呈现深暗色。在伊卢雷基(Irouléguy)生产的桃红葡萄酒通过短暂的带皮浸渍防止单宁过重,酿造出的酒酒体丰满,果香浓郁。在贝阿恩,用60%的丹那和40%的黑芒森或菲尔或黑库尔布(Courbu Noir)混合酿造红葡萄酒和桃红葡萄酒。近几年,一些酿酒师开始用100%的丹那酿造马第宏丹那葡萄酒。1990年,马第宏酿酒师杜科诺(Ducournau P.)向正在发酵的丹那酒中通入一定量的氧气,最终发明了现代葡萄酒酿造工艺中的微氧化技术。

19世纪,巴斯克移民将丹那葡萄带到了乌拉圭(在当地也称阿里亚格),并很快繁殖开来。伴随着该国葡萄酒业的发展,丹那的种植面积在乌拉圭持续增加。今天,丹那在乌拉圭的种植面积比在其故乡法国的种植面积还要大,酿造的葡萄酒已占乌拉圭国内葡萄酒总产量的1/3。乌拉圭生产的丹那葡萄酒在品质上与马第宏葡萄酒有很大的不同,其酒体淡薄,单宁较低,具有巧克力、黑胡椒、香料和黑莓的香气。如今它常常与黑比诺、美乐混合,酿造各种风格的酒,包括波特酒和新酒,也可用来做雅马邑(Armagnac)白兰地和酒体丰满的桃红葡萄酒。现如今,乌拉圭的葡萄园已开始区分新老葡萄树,"老葡萄树"是来自欧洲的扦插苗和今天新无性系繁育的后代。生产的丹那葡萄酒特点是优雅,单宁柔和,有黑浆果的香气,而年轻葡萄树酿出的酒酒精含量较高,酸度较低,含有复杂的香气。一些酒厂利用该特点,将这两种葡萄酒进行调配。

19世纪后期,美国加利福尼亚大学伯克利分校的农业教授希尔加德(Hilgard E. W.)从法国西南部引进丹那葡萄,并开始在该大学的葡萄园里种植。但直到20世纪末,丹那在美国才引起注意。20世纪90年代,一些人开始在加利福尼亚州的帕索罗布(Paso Robles)和圣克鲁兹山(Santa Cruz Mountains)种植丹那,但多用来与其他品种混酿。丹那酿造的葡萄酒酒体强劲,单宁较高,有明显的成熟浆果、烟草、烟熏、香辛料的味道。该酒适合搭配烤牛肉,香肠,肉酱鸭肉蘑菇(Duck and mushroom ragu),红烧或焖鸭肉、鹅肉、野味等味道浓郁的食物,也可以搭配蓝纹奶酪(blue cheese)、帕玛森奶酪(Parmesan)等。

4.1.24　丹魄(Tempranillo)

丹魄的名字来源于西班牙语"temprano"(表示"早"的意思),在词后加上词缀"-illo"(表示"小"的意思)。在西班牙它确实比大多数红葡萄品种都早熟几周,其中文译名有丹魄、当帕尼罗、唐普拉里约、添普兰尼洛等。其中,国内资料称丹魄者较多。

丹魄是一种早熟、皮厚的红色葡萄品种,葡萄果穗呈圆锥状或者圆柱状,果粒着生紧密,果皮颜色非常深。它喜冷凉地区,也可以忍受相对温暖的气候,对病害和虫害的抵抗力差。丹魄不耐湿,根部对于钾的吸收很强。西班牙的杜罗河岸(Ribera del Duero),7月平均气温大约是21.4 ℃,在中午地势较低的谷地温度可以上升到40 ℃,而到了晚上气温会下降到16 ℃,日温差较大。丹魄是少数可以适应这种气温急速变化的葡萄品种之一。

丹魄起源于西班牙,兴于西班牙。目前是西班牙种植最广泛的红葡萄品种。一般被认为是西班牙的"贵族葡萄",有人称其为西班牙的"赤霞珠"。在过去的100年中它渐渐被引种到了美国、南非、澳大利亚和加拿大。

西班牙的葡萄栽培源于腓尼基人在南部省份的定居。根据罗马作家 Columella 所述,葡萄从那时起遍及整个西班牙,对于"Tempranillo"这个名字,只有零星的记载。在许多地方,如瓦尔德佩纳斯(Valdepeñas)地区,它被认为是一种本土的葡萄品种。对它的记录最早可以追溯到13世纪的诗人亚历杭德罗(Alejandro)的一首韵律诗,诗歌描述的地点是杜罗河岸产区,他在诗中写道"这里,每个人都知道 Cardeniellas 好,Tempraniellas 更好。"17世纪之前,丹魄只限于在西班牙的葡萄园里栽种,它们对于西班牙北部省份稍微冷凉一点儿的气候非常适应。在里奥哈(La Rioja)和瓦尔德佩纳斯地区,丹魄是最重要的葡萄品种,时至今日,它仍然是这些地方酿造最优质葡萄酒中最主要的葡萄品种。最好的产地是里奥哈、杜罗河岸及纳瓦拉(Navarra)和佩内德斯(Penedès)地区。在西班牙,传统上丹魄多用美国桶陈酿,但现在法国桶所占的比例越来越高。

到了葡萄牙,丹魄名称变成了红洛列兹(Tinto Rorez)和阿拉贡尼兹(Aragonez),是酿造杜罗(Duero)波特酒的主要葡萄品种之一。

在17世纪,丹魄随着西班牙殖民者来到了美国、智利和阿根廷等美洲国家。在美国,它的性状保持很好,与它的西班牙先祖非常相似。因为它对虫害和病害非常敏感,特别是葡萄根瘤蚜,在19世纪曾经导致大量减产。在西班牙丹魄长时间都被嫁接在抗性更强的砧木上,导致它与今天长在智利和阿根廷的葡萄有一些微小的差异。丹魄在澳大利亚的葡萄酒产区,如麦克拉伦谷、阿德莱德山、拉顿布里(Wrattonbully)也有种植。目前澳大利亚已经有100多家酒商生产这个品种的葡萄酒。

中国河北怀来的迦南酒业,自2009年开始引种丹魄,是国内第一个成规模种植(6 hm²)和酿造单品种丹魄酒的酒庄。该酒的香气浓郁,口感鲜爽,结构感明显。

目前丹魄在全世界的生产还在增长,一方面是因为西班牙种植者的努力,尤其是在西班牙拥有适合它生长的比较冷凉的地区,如里奥哈、杜罗河岸、纳瓦拉和佩内德斯等地区;另一方面是因为丹魄这一品种在全世界被逐渐重视。

丹魄酒呈红宝石色,酒中带有梅子、黑莓、黑加仑、烟草和药草的香气等,酒体比较饱满。年轻时就可以饮用,并有很好的陈年潜力。

在食物搭配方面,丹魄适合搭配一些牛肉、羊肉、野禽和烧烤类食物。

另外,丹魄还具有一白色变种。在1988年,Jesús Galilea Esteban 在里奥哈 Murillo de Rio Leza 的葡萄园里发现了一丛白色的葡萄生长在丹魄之中,他移植了这株葡萄,并且扦插得到了两株白色葡萄。之后当地的研究机构对这两株葡萄做了一些研究,结论是除了叶子和果实稍微小一点儿,这种新的植株与一般的丹魄在其他方面都很一致,DNA检测也支持这一结论。白色和红色的丹魄在基因上有97.8%的相似度。两种葡萄都具有容易辨认的叶片、植株和葡萄形状,同样的有较短的成熟期,并且对病害和虫害敏感。最为显著的区别就是这种葡萄的表皮是黄绿色的,而不是通常的蓝黑色。

研究机构在 1993 年开始对这个品种进行试验,并且在 2005 年灌装了第一瓶白色丹魄酒。酒的边缘呈绿色,有花香和热带水果香,如菠萝的味道,清新但略微缺少酸度。目前栽种的白色丹魄已经通过了里奥哈政府的注册和认证。

4.1.25　本土图丽佳(Touriga Nacional)

本土图丽佳是一个葡萄牙的红葡萄品种,外文别名有 Azal Espanhol, Carabuneira, Mortagua 等。其中文译名有本土图丽佳、国家图利加、土产图力嘉、多瑞佳等。

本土图丽佳的来源不详,据推测可能是由腓尼基人带来的。也有研究认为其起源于葡萄牙杜奥(Dāo)地区,根据 DNA 分析,本土图丽佳和马瑞福(Marufo)是法国图丽佳的亲本。法国图丽佳(Touriga Francesa)和本土图丽佳的关系类似于赤霞珠和品丽珠的关系。另外,RAPD 分析表明本土图丽佳与马德里的 Moscatel Galego 和 Tinta Negra Mole 葡萄也具有亲缘关系。Touriga Fina,Touriga Foiufeira 和 Touriga Macho 则是其不同的克隆品系。

本土图丽佳品种较早熟,长势旺盛,在生产中本土图丽佳葡萄修剪量较大,以控制其生长。果穗圆锥形,较小,果实紧凑,皮厚,味道浓,呈深蓝色。但是该葡萄品种叶多,果穗少,产量较低,不到其他主要葡萄品种的一半,是酿酒葡萄中产量较低的葡萄品种之一。近年来,科学家通过研究培育出了本土图丽佳的品系,将其产量提高 15%,含糖量提高 10%。目前最成功的品系是 R110。

该品种适应性较强,能适应各种生长环境,不过表现最好的是种植在高坡上的岩石土壤中。在葡萄牙的杜罗河(Douro)地区,该葡萄普遍种植在多岩石的葡萄园中。该品种酿出的葡萄酒颜色非常深,果味、芳香与单宁都比较重,口感平滑柔顺,能陈酿多年。

在葡萄牙,本土图丽佳早在 18 世纪就被用来酿造波特酒。到 2010 年,本土图丽佳种植面积大约有 7 268 hm^2,它被很多人认为是葡萄牙最好的葡萄品种。由于其产量仅占杜罗河谷葡萄产量的 2%,比较稀少,所以较昂贵。采用该品种酿造的波特酒比较少,只有上等波特酒才会大量采用该品种。最近在杜罗河和杜奥地区也有酒庄开始用来酿造干型酒。

除葡萄牙以外,在新世界葡萄酒国家也开始种植本土图丽佳葡萄,目的是酿造和葡萄牙一样高品质的波特类型的加强酒。在美国加利福尼亚州,本土图丽佳的种植面积为 220 hm^2(2009 年),主要种植在圣华金山谷(San Joaquin Valley)和纳帕山谷(Napa Valley),用于酿造单一品种的桃红葡萄酒或用于混酿加强型葡萄酒。此外,本土图丽佳在澳大利亚、新西兰、南非、阿根廷等国家也有少量种植。

由于果实中单宁和色素含量较高,本土图丽佳葡萄适合酿造单宁含量高,香气浓郁的葡萄酒。如果混酿,本土图丽佳能够给葡萄酒提供良好的酒体和口感。它具有桑葚、黑莓、黑醋栗等成熟莓果的香气,还有紫罗兰、岩蔷薇等花香,陈酿后会带有麝香及动物香气。该品种酒的口感和谐、圆润,具有丰富的单宁及新鲜的果酸,适合搭配牛肉、羊肉和烧烤类食物。

4.1.26　增芳德(Zinfandel)

增芳德与其他葡萄品种一样,具有众多各具特色的名字,其中以加利福尼亚州的 Zinfandel、意大利的 Primitivo、克罗地亚的 Crljenak Kaštelanski 最为著名,还因此被称为"ZPC"。中文译名为增芳德、辛芳德、金粉黛和仙粉黛等。

增芳德的起源一直是葡萄酒界最具争议的问题之一。起初美国加利福尼亚州一直认为增芳德是本土品种;接着又一度认为意大利南部的普里米蒂沃(Primitivo)是增芳德的祖先,因为除了果粒稍大、成熟期稍晚外,在其他方面增芳德与普里米蒂沃并无区别。日本的大井上康还认为它是卡斯特利亚(Castella)品种的芽变。美国加利福尼亚大学戴维斯分校的相关专家从1967年开始做相关方面的研究,1994年DNA测试的结果显示加利福尼亚州的增芳德和普里米蒂沃在遗传上基本一致。但直到2000年,同样通过DNA测试才得出最终结论:增芳德是克罗地亚的一个不太有名的葡萄品种——Crljenak Kaštelanski的后裔。

虽然增芳德的原产地在欧洲,但加利福尼亚州人还是很自豪地将它视为本土品种。关于增芳德是如何引种到美国的众说纷纭,在此不做讨论。1973年,增芳德在美国加利福尼亚州的栽培面积达到1.1万 hm²,仅次于佳利酿(Carignan),居酿酒葡萄的第二位。到1998年时,增芳德在加利福尼亚州的种植面积达到2万 hm²以上,成为加利福尼亚州主要的红葡萄品种。后来由于赤霞珠在全世界的流行,加利福尼亚州的酿酒商顺应市场潮流,将更多的注意力集中在赤霞珠上面,致使增芳德屈居第二,但在加利福尼亚州人民的心目中增芳德仍然是他们最大的骄傲。增芳德在加利福尼亚州种植面积最广,在干溪谷(Dry Creek)、门多西诺(Mendocino)、索诺玛(Sonoma)、纳帕山谷(Napa Valley)均能见到它的身影。

增芳德在意大利被称作普里米蒂沃(Primitivo),是意大利的葡萄品种中属于较早成熟的,最主要和最知名的产区是普里亚。在这里,普里米蒂沃酿造的葡萄酒具有樱桃、草莓酱、葡萄干、烟草等浓郁香气,酒精度较高,酒体比较饱满。在澳大利亚,增芳德因其耐热、耐干旱的特性受到一些酒庄的青睐,种植地域也从澳大利亚西部的曼达岬(Cape Mentelle)扩展到了南澳大利亚地区。此外,增芳德在南非、新西兰等地也有不同程度的种植。中国于1980年由原轻工业部食品发酵工业科学研究所从美国引入自根苗,栽植在河北沙城的长城葡萄酒有限公司母本园,后来在昌黎葡萄酒厂酿酒原料基地也有种植。其他资料表明,内蒙古乌海和山东蓬莱等地在20世纪90年代有引种,种植面积不详。

增芳德树势较为强壮,根系较发达,相对比较难种植的黑比诺而言,它算是比较容易栽种的。从较为冷凉的气候到较为炎热的气候,增芳德都能很好地适应。总的来说,增芳德在昼夜温差大尤其是地中海气候的环境下生长最佳,较为喜好花岗岩质土壤。

增芳德果穗圆柱形,中等大小;果粒近圆形,红紫色或紫黑色,且着生紧密,果皮薄,因此对酸腐及一些霉烂病害较为敏感。它属于晚熟品种,在河北沙城的成熟时间是9月下旬,部分地区会出现熟期成熟度极不一致的情况。在同一串葡萄果实上,有的浆果早已紫黑变软,有的却还绿色坚硬,这让酒农很难正确把握采摘的时间。于是酒农分成几次采摘,也有的酒农直接晚采来酿造晚采型酒。

增芳德在加利福尼亚州充分发挥了它的潜力——糖度高、香气足、口味浓郁厚实。在它刚进入美国的时候,地位跟中国的玫瑰香葡萄一样,主要用于鲜食和酿造廉价的葡萄酒,其潜力一直未被人们发掘。直到1975年,一个偶然的机会使增芳德声名鹊起。舒特家族(Sutter Home)的酿酒师在用增芳德酿造红葡萄酒时,发酵忽然终止,结果并未得到意料中的红色葡萄酒,而是呈粉红色。该酒因颜色较浅,不同于往常用增芳德酿造的红葡萄酒,所以称其为白增芳德(White Zinfandel),属于桃红葡萄酒类。由于发酵不完全,酒中有不少残糖而稍有甜味。厂家不舍得丢弃,试着通过当地的零售商卖掉,结果出乎意料的是这种酒在市场上竟然大受欢迎。这很可能与当时美国人的饮食习惯有关,由于他们习惯喝冰镇可乐,因此这种微甜、容易入口的增芳德桃红葡萄酒自然也能得到美国人的喜爱。增芳德桃红葡萄酒酒体清淡,颜色粉红,口感新鲜酸甜,富有清新淡雅的果香,冰镇之后特别爽口。由于增芳德所积累的糖分很高,所以用它酿出的酒都有惊人的高酒精度[一般是 14%~16%(体积分数),有的高达 17%(体积分数)以上],酒的色泽较深,有典型的草莓、蓝莓、樱桃、覆盆子等红色浆果的香气,单宁丰富,成熟浓郁,圆润丰腴。但由于人们的口味在不断变化,现在有的增芳德酒开始向着优雅、中等酒体发展。当时增芳德桃红葡萄酒家喻户晓,还给一些不是很懂酒的消费者造成了一种误解,以为增芳德是一个白色酿酒葡萄品种。据资料介绍当时增芳德桃红葡萄酒的销量是增芳德红葡萄酒的 6 倍,而增芳德红葡萄酒大概在 20 世纪 90 年代才开始流行起来。

在加利福尼亚州,增芳德可以酿出很多不同风格的酒。从晚采甜酒、桃红酒、带清新果香的法国博若莱式的新酒到香郁浓烈的红酒、波特酒风格的加强型酒,甚至还可以酿造起泡酒。加利福尼亚州圣塔巴巴拉以北的帕索罗布是增芳德的老产区,至今区内还保留着许多 70 多年以上的老树。该区一些酒庄生产的增芳德具有浓厚的浆果香气与胡椒香气,而且结构宏大,口感均衡。

除此之外,增芳德还可以混合小西拉、佳利酿、歌海娜、弥生和麝香等品种,以加强这些品种葡萄酒的颜色和酒体。

ZAP(Zinfandel Advocates and Producers,增芳德倡导者和制造者)俱乐部每年为增芳德举行隆重的品酒会,规模之大,被认为是世界上最大的单品种葡萄酒会议。

4.2 主要白色酿酒葡萄品种

4.2.1 艾伦(Airén)

艾伦是欧亚种,起源于西班牙,占西班牙葡萄种植面积的 30%。在西班牙国内,艾伦(Airén)就有多种别名,如它在阿尔巴塞特(Albacete)被称为 Aidén,在科尔多瓦(Córdoba)被称为 Lairén,在雷阿尔(Ciudad Real)被称为 Valdepeñera 或 Valdepeñas,在加泰罗尼亚(Catalonia)被称为 Forcayat。其中文音译为艾伦或阿伊伦。

艾伦幼芽呈现红棕色或者黄绿色,表面附有茸毛,边缘呈现淡红色。叶片大小均匀,为五角形。果穗较大,呈圆柱形或圆锥形;果粒着生中等紧密,果粒较大,呈球形,黄绿色。果实晚熟,一般每树产量为 4.5~6 kg。该品种枝条基部芽眼成枝力强,因此在修剪较重的情况下仍然可以有较高的产量。艾伦葡萄抗旱和抗虫性较强,这也是根瘤蚜危机后该葡萄被广泛种植的原因。

艾伦葡萄最早的历史记载出现在 1615 年。1807 年克雷门特(Clemente R.)在他的书中也描述过艾伦。到 1954 年,艾伦已经成为拉曼恰(La Mancha)地区的典型葡萄品种,在其他地区几乎没有种植。该葡萄非常适合拉曼恰的干燥气候和石灰岩土壤。

艾伦葡萄品种最主要的栽培地区是西班牙,其中栽培面积较大的是拉曼恰、瓦尔德佩纳斯、雷阿尔和托莱多(Toledo),在阿尔巴塞特也有栽培。除了西班牙,在美国也有少量栽培。艾伦葡萄的种植密度通常较低,由于西班牙开始流行红葡萄酒,大量的艾伦葡萄被拔掉。因此,目前艾伦葡萄主要用于酿造白兰地。截至目前,艾伦仍然是世界上栽培面积最大的白葡萄品种,栽培面积超过 20 万 hm²,也是世界第四大葡萄品种,位于赤霞珠、美乐和丹魄之后。

艾伦葡萄发芽和成熟都较晚,一般酒精度在 13%～14%(体积分数),在比较好的年份可以达到 15%(体积分数)。一般来说,艾伦葡萄酿造的葡萄酒颜色较淡,带有成熟水果的香气,如香蕉、菠萝或者浆果,口感令人愉悦,但是缺乏酸度,优雅度不够。最优质的艾伦葡萄酒有玫瑰的香气,平衡性较好。

艾伦葡萄酒比较适合搭配开胃菜饮用,也适合搭配奶酪。

4.2.2　阿里高特(Aligote)

阿里高特也称为 Aligotay,Alligotay,Alligoté 等。其中文音译为阿里哥特、阿里戈特、阿里高特等。

关于该葡萄品种的最早记载是于 18 世纪的法国勃艮第地区。不过也有人认为它最早出现于旧扎格拉省(Stara Zagora)的奇尔潘(Chirpan)城。DNA 鉴定的结果表明它的亲本是黑比诺和白古埃,与霞多丽、佳美等的亲本一致。

阿里高特叶片中等,边缘略微自卷,生长迅速,成熟较早,产量中等。成熟时果粒呈椭圆柱形,黄白色,较霞多丽果粒要小,但酸度更大。这个品种比一般品种更加耐冷,容易种植。它广泛种植于法国勃艮第地区以及俄罗斯、乌克兰、摩尔多瓦和保加利亚等东欧国家。在北美和澳大利亚也有一定面积的栽培。2004 年的统计资料显示,该品种的种植面积约为 45 000 hm²,当时列世界第 22 位。

法国既是阿里高特的起源地也是其主产区之一。该品种在勃艮第地区已经种植了几个世纪,广泛用于酿造干白葡萄酒。虽然其种植面积和知名度无法与霞多丽相比,且在勃艮第的栽培面积不断减少(到 1979 年其面积已经减少了 1/3 以上),但它仍是当地继霞多丽之后的第二大白葡萄品种。阿里高特曾经与霞多丽间种混酿干白葡萄酒,以提高整体的酸度和结构感。不过现在它们分开种植很长时间了。由于无法与霞多丽抗衡,阿里高特多种植在斜坡的顶部或底部等比较贫瘠的葡萄园中。法国近 2/3 的阿里高特种植于金丘地区北部边缘山顶,其他种植于马孔内(Mâconnais)和夏隆内丘(Côte Chalonnaise)的部分地段,在卢瓦河谷也有小面积种植。虽然大部分阿里高特只能酿造廉价的日常餐酒,但当地一种非常流行的餐前鸡尾酒基尔(Kir)是以阿里高特酒和黑醋栗浓缩汁(Creme de Casis)调配而成的,而著名的勃艮第起泡葡萄酒(Crémant de Bourgogne)也是用阿里高特作原料的。

在勃艮第有 2 种 AOC 级别阿里高特葡萄酒,分别为:Bourgogne Aligoté 和 Bouzeron Aligoté,一个为地区级 AOC,另一个为村庄级 AOC。Bourgogne Aligoté 中可以混合不超过 15%的该产区霞多丽葡萄酒,限制产量为 6 000 L/hm²。Bouzeron Aligoté 是在 1998 年才申请成为村庄级 AOC 的葡萄酒,也是法国唯一的阿里高特村庄级 AOC 葡萄酒。INAO 在 1998 年 2 月 17 日正式确立单独的 AOC 名号"Bouzeron"。在酒标上 Bouzeron 这个名字后面可以带上葡萄品种阿里高特的字样,只是要在 Bouzeron 的下面,而且字的大小不能超过"Bouzeron"字样的一半。整个 Bouzeron 名号内的葡萄园只有 61 hm²,单位产量不超过 5 500 L(有的资料显示是 4 500 L)。

在保加利亚,阿里高特因其优秀的间种特性和较高的酸度得到大面积种植,其种植面积比家乡法国要多 1 倍。在罗马尼亚,阿里高特同样很流行,其产量要远远高于法国。为了降低酸度,人们习惯在葡萄完全成熟后采摘。在俄罗斯,由于阿里高特的抗寒能力高于霞多丽而得到小面积种植,并且它也可以与其他葡萄混合用于酿造起泡酒和优良餐酒。

在北美,阿里高特优秀的抗寒能力使它在加拿大的安大略省和不列颠哥伦比亚省及美国的华盛顿州得到种植。而在气候适宜的美国加利福尼亚州也可以看到它,在那里它通常用来混酿。在南半球的澳大利亚,根据记载,莫宁顿半岛(Mornington Peninsula)西津波坦(Hickinbotham)酒庄用其与霞多丽混酿。

用阿里高特酿造的白葡萄酒颜色浅黄,具有柠檬、菠萝和苹果等水果香气和矿物气息。它的酸度较强,酒体轻盈,果香充裕,清新爽口,适合在年轻时期饮用,不宜陈年(个别例外)。这种酒适于与奶酪、略酸的蔬菜沙拉、海鲜等搭配在一起。因其较高的酸度,同样适合作为开胃酒饮用。

4.2.3 霞多丽(Chardonnay)

霞多丽为欧亚种,原产自法国勃艮第。霞多丽最初并不叫这个名字,曾经叫 Aubaine、Beaunois、Melon Blanc 和 Pinot Chardonnay。有资料记载,公元 3～5 世纪,人们发现马孔(Macon)附近的 Cardonnacum 村的白葡萄品种优异,在这里修行的本笃会修士便将优异的白葡萄带向各地。后来人们为了表明该葡萄的来源,而将这种葡萄叫作"Chardonnay"。它的中文译名有查当尼、莎当妮、夏多利、夏多内和沙尔多涅等。

"Pinot Chardonnay"这个名字,表明了霞多丽葡萄的来源。美国加利福尼亚大学戴维斯分校的梅雷迪斯(Meredith C.)博士于 1999 年对霞多丽葡萄的 DNA 进行鉴定,证实霞多丽是由世界上最古老的白葡萄之一白古埃(Gouais Blanc)和比诺(Pinot)家族(黑比诺、白比诺、灰比诺)的葡萄通过漫长岁月自然杂交而成,与佳美、阿里高特等品种的亲本一致。

霞多丽葡萄适应性很强,现在几乎在每个种植葡萄的国家都能见到它的身影。但是在1930 年前,霞多丽仅在西半球种植,其他地区此品种种植的面积十分小。而目前它已跃居世界第 5 大酿酒葡萄品种,种植面积高达 20.2 万 hm^2。美国和法国是该品种种植面积最大的国家;在澳大利亚、新西兰、意大利、南非、智利、摩尔达维亚等国家也均有霞多丽的存在。中国于20 世纪 80 年代从法国和美国引种,分别在山东、河北、新疆、甘肃、宁夏等地区栽培。

霞多丽为早熟品种,果粒小,皮薄而极易破碎,成熟时呈浅黄色,有时带琥珀色。虽然带泥灰岩的石灰质土壤是霞多丽葡萄生长最理想的土壤,但相对于其他白葡萄品种而言,它的适应性很强,能广泛适应世界各产区的气候,从凉爽的山区到温暖的平原,乃至较干热的地带都可以见到它。霞多丽的产量高,较易管理,花费较少,较受果农们的偏爱。

因为霞多丽有近 400 个不同的品系,不同的品系可酿出不同风格的酒,所以选择合适的品系显得尤为重要。霞多丽葡萄酒因为产地不同口感不同,具有很好的可塑性。霞多丽可能是世界上最受欢迎的白葡萄品种,近年来许多优质的白葡萄酒都是用霞多丽酿造的。

霞多丽葡萄酒以法国勃艮第最为著名,这类酒多经过苹果酸—乳酸发酵,将口感尖锐的苹果酸转化为柔和的乳酸,并降低酸度,带酒泥陈酿(lees contact)一段时间以及在橡木桶中陈酿后,口感变得圆润、醇厚,具有桃和柑橘类等果香以及奶油、香草、烘焙及坚果等香气,是一类香型复杂、酒体丰满、层次丰富的葡萄酒。一般人认为白葡萄酒是经不住陈酿的,然而产自勃艮第的优质霞多丽干白葡萄酒却非常具有陈酿能力,大部分可以陈酿 5～10 年,一些非常好的酒可以陈酿 20 年甚至更久,酒质也能随着时间的延长不断得到提升。

起泡酒是霞多丽的另一个重要舞台。用于酿造香槟或者其他起泡酒的霞多丽通常生长在偏冷地带,在未达到完全成熟前就采摘,以保证其高酸爽口的特点,也由此赋予了起泡酒清新的香气和活跃的口感。一般而言,霞多丽比例越高,风味越清新爽口,越带有浓郁的果香与蜂蜜香。由霞多丽所酿的起泡酒以法国香槟区所产最佳,其中以白丘(Cote des Blancs)产区最为著名。

法国勃艮第的朋丘(Côte de Beaune,也译作伯恩丘)是最著名的顶级霞多丽产区,产自该区的霞多丽浓郁丰满,世界闻名的蒙哈榭(Montrachet)及高登-查理曼(Corton-Charlemagne)即产自本区。而夏布利(Chablis)则出产细致清雅,有迷人矿石气和以青苹果等白色水果香为主的霞多丽酒。墨索(Meursault)的霞多丽白葡萄酒也非常出色。

新世界葡萄酒国家酿造的霞多丽,与旧世界的勃艮第酿造的完全不一样。其中美国加利福尼亚州和澳大利亚的霞多丽表现最为出色。由于加利福尼亚州的葡萄酒产区通常比法国诸多产区更加温暖干燥,所酿出的酒酒精度高,呈现如桃、哈密瓜等成熟浓郁的果香,但酸度相对低。当地多采用不锈钢容器进行发酵,然后在橡木桶中陈酿(有的发酵和陈酿都是在橡木桶中进行),通常该品种葡萄酒具有烤面包、黄油、香草、热带水果(杧果、菠萝等)和坚果的香气,层次丰富。其中,经典的霞多丽葡萄酒主要产自索诺玛的俄罗斯河谷(Russian River)和纳帕谷南部的卡内罗斯(Domaine Carneros)等地。

澳大利亚的霞多丽也有着显著的特色,有的可以陈酿数年,如阿德莱德山(Adelaide Hills)和玛格丽特河谷(Margaret River)的酒。新西兰的霞多丽清新爽口。南非霞多丽也很吸引人,带有烟熏味。在中国,河北怀来迦南酒庄、山东蓬莱龙亭酒庄、新疆天塞酒庄等企业酿造的霞多丽酒品质突出,果香浓郁迷人,与国外的高品质霞多丽葡萄酒相比毫不逊色。

值得注意的是,为了保持霞多丽葡萄酒的酸度,目前新世界的许多产区在酿造时不再进行苹果酸—乳酸发酵或仅小部分进行。

霞多丽葡萄酒年轻时,呈麦秆黄微泛青绿,散发出浓郁迷人的果香和花香,口感清新活跃,属脆爽型;陈酿后,呈金黄色,晶莹剔透,有香草香、蜂蜜香、新鲜的奶油香和烤面包香,属丰厚浓郁型。而且随着产区环境及酿造工艺的改变,其特性也随之变化。

在饮食搭配方面,一般霞多丽干白葡萄酒可与鸡肉、鱼类或海产品搭配。

4.2.4 莎斯拉(Chasselas)

莎斯拉在不同的地区有不同的名称。在法国称为 Chasselas de Moissac,在瑞士称为 Fendant、Perlan,在德国称为 Weisser Gutede,在澳大利亚称为 Master 或 Walscher,在意大利称为 Marzemina Bianco,在美国加利福尼亚州称为 Palomino。其他还有 Abelione,Abelone,Albilloidea 等近 200 多个名字。它的中文音译名有莎斯拉、沙斯拉、夏瑟拉等。

莎斯拉是人类最早种植的葡萄品种之一,有证据表明,早在 5 000 多年前的埃及已有栽培。关于其来源,一直没有确切的证据。曾有学者认为该品种是在埃及开罗附近的法尤姆绿洲发现的早熟黑色浆果莎斯拉的无性变异。有学者则认为它起源于现今的土耳其,在那里莎斯拉还在作为鲜食葡萄被广泛种植。其他学者,尤其是乾勒(Galet P.)认为其起源于瑞士本土。而其广泛使用的名字"Chasselas"则是起源于法国卢瓦尔地区索恩河旁的一个小村庄。还有人提出资料证明,莎斯拉可能起源于勃艮第地区南部的马孔(Mâcon),但现今的马孔已没有莎斯拉栽培。还有人认为其起源于小亚细亚,由腓尼基人从地中海带到西班牙,而后跨越法国南部传入意大利。

莎斯拉在欧洲广泛种植,多数用于鲜食而不是酿酒。而作为酿酒品种使用主要在法国的阿尔萨斯、卢瓦尔河地区,瑞士的芬德州、沃州和瓦莱州(Valais),德国的巴登、普法尔茨地区,美国的加利福尼亚,葡萄牙,智利和新西兰。在匈牙利,它是第二重要的白葡萄品种。此外,在罗马尼亚、乌克兰、加拿大、墨西哥等国家都有莎斯拉的种植。

莎斯拉对土壤非常敏感,它在德国、法国的阿尔萨斯和卢瓦尔河谷地区虽栽培多年但并无多少特色和声望。唯有在瑞士,莎斯拉的潜能和特质被充分发掘并利用,酿出精致且风格多样的白葡萄酒,占瑞士葡萄酒产量的 60%,堪称是瑞士白葡萄酒的形象大使。值得一提的是,瑞士的葡萄酒法规是参照法国原产地命名控制制度(AOC)制定的,也称为 AOC。在德国,莎斯拉大部分都种植在巴登地区,普法尔茨地区也有较大面积种植。

中国于 1892 年从西欧引入烟台,目前仅在个别科研单位有栽培。

莎斯拉属于欧亚种,比较耐寒。嫩梢呈红色,有稀疏茸毛。幼叶呈绿色,较薄,叶脉间有红色。叶片五裂,上裂刻深,下裂刻浅。叶柄洼闭合缝形或开张矢形。果穗中等,穗长 16 cm,宽 10 cm,重 196 g,呈圆锥形或圆柱形,中等紧密。果粒近圆形,中等大小,百粒重约为 240 g,呈黄绿色或金黄色,果皮薄嫩,果肉细腻,籽少。在瑞士,莎斯拉每年 8 月初收获,易受天气影响造成落果现象,成熟时糖度较高。适合在土层深、有机质丰富的土壤上栽培。它的耐盐碱和抗炭疽病能力较强。

莎斯拉可以酿出饱满清爽、柔和、富有果香的干白葡萄酒。卢瓦尔河谷产区 Pouilly-sur-Loire AOC 级的酒使用该品种葡萄与长相思混酿。在阿尔萨斯,它有时会和当地的其他品种一起混酿,一般不经橡木桶陈酿。酒体呈浅黄色,有时轻微起泡,闻上去有一种甜甜的蜂蜜味,还有柠檬、薄荷、榛子的香气。酒体丰满,有时带有矿物质和泥土的气息,细致、微酸、柔顺宜人。在法国阿尔萨斯和瑞士,有时莎斯拉也被酿成稻秆酒——一种金色的甜葡萄酒。在新西兰,人们也用莎斯拉葡萄来酿造受大众喜爱的甜白葡萄酒。

莎斯拉葡萄酒的颜色呈白色至浅黄色,具有花香、蜂蜜香和果香,有时会有矿石的味道,较为清爽。一般来说,莎斯拉葡萄酒适合早饮,但优质的莎斯拉葡萄酒可以陈年 30 年以上。

莎斯拉葡萄酒常和沙拉、奶酪、肉类或甜瓜等搭配。在瑞士,它被认为和瑞士特产拉克莱特(Raclette,一种干奶酪)、芝士火锅(fondue)是最理想的组合。这也是莎斯拉在瑞士广受欢迎的主要原因。莎斯拉葡萄酒也可以搭配当地产的淡水鱼,如日内瓦湖的鲈鱼片,或者与略微辛辣的泰国菜搭配。

4.2.5 白诗南（Chenin Blanc）

白诗南,其他音译为百诗难、白肖楠、白轩尼、白舒年等。白诗南原产自法国卢瓦尔河谷一带。1652 年,白诗南葡萄随着荷兰东印度公司传入了南非。在南非,白诗南的种植面积是卢瓦尔河谷的 2～3 倍,为目前世界上该品种种植面积最大的国家。美国加利福尼亚州、阿根廷、澳大利亚和新西兰都有种植白诗南。1980 年白诗南由德国引入中国,目前在河北、山东、陕西、新疆等地均有栽培。

白诗南嫩梢绿色,有时带桃红色,有中等茸毛。叶片中等大,近圆形,3～5 裂,上侧裂刻浅或中等,开张或稍重叠,叶面平滑无毛,叶背密生灰白色茸毛,叶缘锯齿双侧凸,叶柄洼开张。果粒着生紧密,平均粒重约为 3.75 g,近圆形或椭圆形,呈绿黄色,皮薄,肉软多汁。

白诗南种植条件比较苛刻。因为发芽早,白诗南容易受到春霜影响,晚成熟,而且产量高。对品质要求较高的生产者,往往要花费许多精力来控制产量。在气候温暖的地方,经常会有很好的收成。过去白诗南成熟度不够的产区,现在由于气候变暖,解决了该品种在这些产区的先天性缺陷。不过,全球变暖也只能解决成熟度不够的问题,白诗南较容易受霉菌侵染。很多年份为了收获成熟的果实,推迟采收,而最后得到的可能是受贵腐菌影响的黄金果实或者被灰霉肆虐后的满地烂果。

白诗南的适应性很强,不同的土壤和气候,可以酿造不同类型的葡萄酒,风土表现比较突出。白诗南可以酿造成甜型或干型、静态或起泡型的葡萄酒,风格相当多样。初期采收的葡萄,通常用来酿造干白葡萄酒或起泡酒,至于在采收晚期,感染贵腐菌或接近风干的葡萄,则可以酿成具有陈年潜力的甜型酒。

白诗南的高酸有利于酿造包括起泡葡萄酒和平衡很好的甜酒在内的各种白葡萄酒。白诗南干白葡萄酒、起泡酒和甜型酒的品质都不错,口感明快、酸度活跃,并且充满果香,大多适合年轻时饮用,较优者也可陈年。优质的白诗南葡萄酒有馥郁的香味,常带有桃、核桃、杏仁、蜂蜜等味道,随着陈酿逐渐变为羊毛脂和腊质香。有些干型的白诗南还会带些青苹果、青梅的味道,加上些花香、矿物质和干草的气息。比较特别的是,即使是干型白诗南酒,闻起来也会令人联想到一点儿甜味。另外,白诗南也适合酿造晚采和贵腐甜白酒。白诗南甜酒口感丰富、甜美,且酸度持久、悠长,可耐久存。但多数产区常用白诗南酿造较无特性的一般餐酒,此品种酿造的酒较少使用橡木桶陈酿。

在法国的卢瓦尔河谷,多种多样的天气和土壤使白诗南酒风格各异。黏质土生产出的葡萄酒,香气馥郁、有质感;而白垩土或石灰石,则产出口感明快、带有酸味的葡萄酒。被贵腐菌感染的白诗南葡萄酿成的甜酒,有浓郁的蜂蜜质地和绵延的酸味,足以让该酒拥有数十年甚至百年的陈年实力。位于卢瓦尔河上游的武弗雷(Vouvray),可依照各年的气候状况生产出干型酒或贵腐酒,甚至起泡酒。而接近下游的莱昂丘(Coteaux du Layon),则因为受到更多海洋的影响而容易产生被贵腐菌感染的葡萄,因此主要生产甜酒。同样在附近却因为多风而不易酿造贵腐酒的萨维涅尔(Savennières),主要生产的则是干型酒,富有矿物质风味,品质突出。虽说白诗南可以酿出各种不同类型的葡萄酒,却经常与其他品种混酿,由于白诗南具有明显的酸度,因此在混酿酒中,大多只把白诗南作为酸度的“调节剂”使用。

由于白诗南具有较高酸度,因此其干型酒较适合搭配清淡的鸡肉及海鲜料理,此外搭配生蚝,亦有相当不错的效果。甜型酒可与一些辛辣食物相配或搭配甜点。半干型的酒则可与一些稍微厚重油腻的食物相配。

4.2.6　福明特(Furmint)

福明特的名字来源于“froment”一词,法文意思是“小麦”,表示它可以酿造出具有小麦般金黄色光泽的葡萄酒。中文音译为福明特、福尔明、富明特、富尔民特等。在奥地利称为Mosler,在斯洛文尼亚称为Sipon,其他名称还有Moslavac Bijeli,Zapfner,Posip等。

福明特的原产地不明,有人认为是意大利南部,有人认为是斯雷姆(Srem),还有人认为可能就是匈牙利的原生品种。不过有证据表明,福明特是在13世纪引入托卡伊(Tokaji)的。在19世纪初,发展到法国南部。DNA遗传分析表明该种葡萄的亲本之一为白古埃是霞多丽的亲本之一。目前,福明特广泛种植于匈牙利,少量种植在奥地利、斯洛伐克、克罗地亚、罗马尼亚、俄罗斯、摩尔多瓦和格鲁吉亚等。

福明特有两个品系,一个品系的果实是青色,另一个品系的果实是黄色,其中黄色品系较优质。其果穗大小中等,较紧密;果粒近圆形,大小粒严重;果皮薄,呈绿黄色,上有斑点;果肉多汁,无香味,品质中等。

福明特易于在贫瘠的土壤中生长,发芽早但成熟晚,一般于10月中下旬成熟,因此在发芽和越冬过程中容易受到冻害。另外,由于福明特的果皮极薄,所以抗病性弱,容易感染黑痘病、白腐病等。由于天气和灰霉菌孢子多年积存的原因,它们还很容易受到灰霉菌(*Botrytis Cinerea*)的感染。在特定的天气条件下,葡萄可能受到贵腐菌的侵袭,失去葡萄表皮的防水功能,使葡萄在枝条上干萎变蔫。勤劳智慧的匈牙利人就是用这些受霉的蔫葡萄来酿造著名的托卡伊甜葡萄酒。

托卡伊位于匈牙利布达佩斯东北部,这里的山麓地带具备优质酿酒葡萄酒生长的自然条件:特有的沙性土壤,典型的大陆性气候,良好的自然生态条件。这些都使得这里自16世纪中叶起就成为世界上最卓越的甜白葡萄酒"托考伊奥苏"的产区。完全成熟的福明特葡萄具有高糖高酸的特点,所酿造的葡萄酒不但具有天然的高酒精度,还带有一种蜂蜜和杏仁的香气。除福明特外,托考伊奥苏葡萄酒常常混合一部分哈勒斯莱维露(Harslevelu)或麝香(Muscat)葡萄酿造,哈勒斯莱维露葡萄能够使酒的口感变得更加平滑和富有个性,并带来一种优雅的烟熏和香料气息。托考伊奥苏葡萄酒甜润醇美,琥珀色的酒液晶莹剔透,较高的自然酸度使得该酒均衡适口,果味浓郁,回味绵长。出众的品质和稀缺性使其被誉为匈牙利的"国酒",也是匈牙利人最为珍视的民族品牌。作为甜型葡萄酒,托卡伊奥苏葡萄酒在8～10 ℃饮用最佳,是适合搭配餐后甜点或单独品赏的葡萄酒。

不过,福明特并不是只适合酿造甜葡萄酒。托卡伊福明特(Tokaji Furmint)就是由百分百健康的福明特葡萄酿造而成的,酒味并不甜。由于酿造甜型葡萄酒的传统,在匈牙利干型福明特葡萄酒难以酿造。原因很简单,酿造干型葡萄酒的葡萄是那些未感染贵腐菌的,要等已经感染贵腐菌的葡萄采收结束后再采收,这与其他产区的做法相反。但是,这种等待是值得的,由于采收很晚,所酿造的干型福明特葡萄酒具有很强的特色,酒体饱满,口感具有层次性,有着浓郁的白色水果香和矿物气息。

4.2.7　琼瑶浆(Gewürztraminer)

琼瑶浆原产于意大利北部。1 000多年前,琼瑶浆的祖先就已经在意大利提罗尔(Tyrol)的特梅内(Termeno),即特勒民(Tramin)村庄附近地区安家落户,随后在漫长的历史中变异为琼瑶浆。

琼瑶浆的名称"Gewürztraminer"被认为是最难读写的葡萄名称,其中"traminer"来源于特勒民(Tramin)村庄的名称,也是"Traminer"葡萄家族的名称;"Gewuerz"在德文中意为"辛香的""强烈香味的"。曾经有一段时间,人们将"Gewürztraminer"和"Traminer"混淆为同一种葡萄,而实质上前者只是后者经过品种改良和演变后的一种葡萄,现在"Gewürztraminer"是"Traminer"葡萄家族中最知名的品种。

在琼瑶浆被正式命名前,浓烈的香气使其在法国被称为Traminer Musque, Traminer Parfume, Traminer Aromatique等。在意大利被叫作Traminer Aromatic, Termeno Aromatic, Traminer Rose等;在法国阿尔萨斯地区叫作Traminer, Rotclevner, Rousselet等;在法国的其他地区还被叫作Savagnin Rose, Fromenteau Rouge, Fermin Rouge等;在德国又被称为Roter Traminer, Clevner, Klavner等。除此之外,在匈牙利、南斯拉夫、罗马尼亚、保加利亚、

瑞士等也有多个各具特色的名称。也正因其名称种类繁多,后经品种改良和演变,1973 年在法国阿尔萨斯正式将其命名为"Gewürztraminer"。在中文名称中,除了琼瑶浆这个颇具诗意的名称外,还被音译为特拉密、格乌兹特勒民那、杰乌兹拉米那等。

琼瑶浆在世界各地均有种植,尤其在欧洲各国种植较多。历史考证认为它是由罗马人带到欧洲的希腊品种的后裔。琼瑶浆在其家乡意大利普遍种植,但是种植面积最大的却是在法国,其特性在那里也得到最佳表现,其次是美国、德国。除此之外,在澳大利亚、新西兰、阿根廷、奥地利、匈牙利、保加利亚、乌克兰等国也有少量种植。中国于 1892 年从西欧引入山东烟台。1980 年前后又多次从法国引入山东、河南等地。目前在中国的山东、河北、甘肃等地有栽培。

琼瑶浆葡萄果粒小,呈粉红色,皮较厚。由于其发芽较早,所以容易遭受霜冻的危害,生长势较弱,产量较低(在德国也有经过品种改良后,提高其产量的品系)。其含糖量较高,然而酸度时常不足。琼瑶浆对栽培条件要求较高,喜好冷凉、干燥气候,因在较温暖的地方成熟较快,其品质得不到很好发挥。它适于向阳坡地,偏好中性偏酸性土壤,不耐石灰质土壤。琼瑶浆的抗寒性、抗病性较好,对果实病害不敏感,但易感白粉病和虫害。

用琼瑶浆酿的酒,酒精度可高达 14%(体积分数)或以上。琼瑶浆的主体香气源于一种萜烯类化合物,但直到成熟之前琼瑶浆葡萄几乎没有香味,因此采摘时间的确定非常重要。另外,生长在多砾石和高地的葡萄中含有较多此类物质。在发酵之前进行冷浸渍,采用低温发酵,有利于萜烯类化合物和其他香气成分的提取。

法国东北部的阿尔萨斯地区因其独特的地理和气候造就了世界上最优质的琼瑶浆葡萄酒。在该地区葡萄的成熟期长,香气浓郁,酸度相对较高,琼瑶浆经常被用作酿造单一品种的酒。和雷司令一样,该地区的琼瑶浆较耐陈年。上好的酒适饮期为 3~10 年,晚采摘型(VT 型)和贵腐颗粒精选型(SGN 型)则可存放至 20 年。该地区的琼瑶浆葡萄酒香气浓重丰厚,入口圆润丝滑,将热带水果香、花香和干性的口感及丰富的质感结合得非常完美,使它成为全世界琼瑶浆葡萄酒的标准。因为与阿尔萨斯相邻,产自德国的琼瑶浆葡萄酒也有类似的品质,不过酒的类型要丰富得多,从干型、半干型到甜型酒都有。

国内用琼瑶浆做单品种酒的有山东烟台的张裕酿酒公司、河北沙城的桑干酒庄等葡萄酒企业。酒的类型也是从干型酒到甜型酒都有。它们的香气和口感都不错,颇有区域和品种的代表性。

用琼瑶浆酿的葡萄酒以其甜美的浓烈香气闻名于世。酒色从浅黄色到深金黄色。酒体结构丰厚,口感圆润。该品种葡萄酒通常酸度低,其酒精度很高,可感其甜味。不同品酒者对其别具一格的香气给出了各自的评价,报道过的香气有玫瑰、忍冬、芍药、紫罗兰、天竺葵、香蕉、杧果、柠檬、荔枝、刺槐花、马鞭草、姜饼、丁香、桂皮、水蜜桃甚至麝香等。也有人曾经撰文说该酒冷藏存放数年后,玫瑰与马鞭草成了主角。如果在较温暖环境存放,水果香就会突出。

琼瑶浆可以做开胃酒,配合各种酱肉、熏鲑鱼都很出彩。它与原产自阿尔萨斯的乳酪、鹅肝酱是颇为经典的搭配。琼瑶浆还被公认为是亚洲美食的最佳搭档,尤其是搭配那些用许多香料烹调的菜肴,如川菜、印度菜、越南菜和泰国菜等。其浓郁的香气可与各式香料交相辉映。

4.2.8 格雷拉(Glera)

格雷拉(Glera)原名普罗赛柯(Prosecco),为了保护地理标志名称 Prosecco,避免与地名混淆,改为现名。格雷拉是意大利古老的葡萄品种,起源于罗马帝国时代,在意大利 2 000 多个葡萄品种当中占有很重要的地位。它的别名有:Briška Glera,Števerjana,Teran Bijeli。被误认为格雷拉的品种有:Malvasia Bianca Lunga(有时也被称作 Prosecco Nostrano in Conegliano),Perera,Prosecco Lungo 等。DNA 分析表明格雷拉和 Terah Bijeli(Bijeli 是克罗地亚语中"白"的意思)是同一种葡萄。它的中文音译为格雷拉、普罗塞克等。格雷拉是以意大利北部的一个称为格雷拉的村庄的名字命名的,那里被认为是格雷拉葡萄的起源地。目前,格雷拉葡萄主要种植在意大利威尼托大区。1981 年由意大利引入中国,在北京通州和河北廊坊曾有小面积栽培。

格雷拉嫩梢呈绿色,茸毛中等密。成龄叶片呈心脏形,较大,3~5 裂,叶柄洼开张为椭圆形。果穗较大,呈圆柱形或圆锥形,平均穗重可到 500 g 以上。果粒颜色为黄绿色,中等大,着生紧密,柔软而多汁。植株生长势较强,较晚熟,产量较高。它耐瘠薄,抗寒力和抗病力较强。格雷拉适宜棚架或篱架栽培,以中、短梢修剪为主。

格雷拉可以酿造干白葡萄酒,但在意大利主要用来酿造起泡葡萄酒,是酿造 Prosecco 的主力品种。格雷拉起泡葡萄酒香气清新,口感清爽并且价格低廉,所以现在在起泡酒中消费量增长很快。直到 20 世纪 60 年代格雷拉一般只是酿造的甜起泡酒,很难与皮埃蒙特地区所生产的阿斯蒂起泡酒区分。随着生产工艺的改变,现在意大利大量生产的格雷拉干型起泡酒。据纽约时报的统计,格雷拉葡萄酒在意大利以外的市场占有相当重要的地位。1998 年以来,每年以两位数的百分比增长。因为它价格低廉,2000 年进入美国市场,现在美国是格雷拉葡萄酒最大的进口国。

在以前,格雷拉葡萄酒在意大利被定为 DOC 级,从 2009 年开始升级为 DOCG 级,使它的知名度有更大的提升。

格雷拉酒呈稻草黄色,果香浓郁,优雅,有一种黄苹果、梨、白桃和杏的香气。它的气泡细腻持久,入口绵软圆润,清爽舒畅。格雷拉往往酿造单品种酒,也有部分与其他品种进行混酿。

格雷拉起泡葡萄酒一般作为餐前开胃酒,可搭配各类清淡食品、海鲜饮用。

4.2.9 贵人香 (Italian Riesling)

贵人香在意大利称为 Riesling Italico,在澳大利亚称为 Welschriesling,在斯洛文尼亚称为 Laski Riziling,在匈牙利称为 Olasz Rizling,在克罗地亚称为 Graševina。另外,还有 Aminea Gemela,Biela Sladka,Bielasladka Grasica 等名称。它在中国音译为贵人香、意斯林、薏丝琳、意大利雷司令、威尔士雷司令等。

贵人香属于欧亚种,是一个古老的酿酒葡萄品种,广泛分布于欧洲西部、中部,包括法国、意大利、奥地利、匈牙利、罗马尼亚、斯洛文尼亚等国家。其起源不明,一说它原产于意大利、法国南部,也有人认为它起源于罗马尼亚或巴尔干东部的某些地区。

贵人香嫩梢底色绿,有暗紫红附加色,茸毛中等。叶片较小,心脏形,平展,浅五裂,叶面光滑,叶背有中等黄白色茸毛,叶缘锯齿锐,双侧直,叶柄洼闭合,具椭圆形空隙,或开张,呈底部尖的竖琴形。花两性。果穗中等大,平均重约为 253.4 g,最大穗重约为 550 g,圆柱形或圆锥形,有副穗。果粒着生紧密或极紧,平均粒重约为 1.79 g,近圆形,绿黄色,果脐明显,出汁率约为 79%,含糖量可达到 24%,含酸量 0.42%~0.72%。贵人香植株生长势中等。在北京 9 月上中旬成熟,沙城 9 月下旬成熟,为中晚熟品种。

贵人香的适应性强,各地栽培均表现较好,抗白腐病能力较强。在沙质壤土、丘陵山地生长结果品质较高。在缺钾缺硼的葡萄园中易出现营养不良和大小粒现象。多雨地区,贵人香易得炭疽病。

贵人香是酿造优质白葡萄酒的良种,所酿干白葡萄酒呈浅黄色或麦秆黄色,具有水果糖香气,清新爽口,适合早饮。晚采型葡萄酒适合陈酿,陈酿后酒体丰满柔和,回味较长。贵人香也可酿造甜酒、起泡葡萄酒,或生产葡萄汁。

贵人香主要分布在中欧地区,尤其是在奥地利、匈牙利,而在克罗地亚和意大利等也有广泛种植。在奥地利主要分布在南部与东南部的施第里尔(Styria)和布尔根兰(Burgenland),这两个产区人们用贵人香酿造干白葡萄酒、起泡葡萄酒。新锡德尔湖(Lake Neusiedl)附近还用作酿造干果颗粒精选级别的甜白葡萄酒。贵人香是克罗地亚种植最多的白葡萄品种,分布在克罗地亚所有葡萄种植区。在克罗地亚的库杰夫(Kutjevo)区和伊洛克(Ilok)贵人香表现尤其良好,当其产量控制在适当范围时,酿出的酒带有迷人的花香,入口后略带苦涩的余味十分舒适。贵人香也是匈牙利种植很广泛的酿酒葡萄品种。在意大利,贵人香主要生长在意大利北部的特伦蒂诺(Trentino)、克里奥(Collio)和费留利(Friuli)等产区。有时贵人香与雷司令混合酿造,标记为雷司令。贵人香在罗马尼亚有着优良的种植历史,罗马尼亚人用其酿造起泡葡萄酒和晚采型甜白葡萄酒。在斯洛文尼亚主要分布于东部,用于生产半干型葡萄酒。

从贵人香在各地的表现看,所酿葡萄酒能够很好地体现地域间的差别,即具有地域性。需要注意的是,贵人香需要控制产量。当产量在 10 000 L/hm²(高产)时,浆果品质中等;但当产量控制在 5 000 L/hm² 或 3 000 L/hm² 时,就可生产出高品质的白葡萄酒。

贵人香早在 1892 年便由西欧引入山东烟台,20 世纪五六十年代再次从欧洲引入。现在山东、河北、陕西、天津、北京、甘肃等地有较多栽培,以山东的青岛和烟台居多。目前已有多家酒厂,如张裕、王朝、长城、西夏王等推出单品种的干白型葡萄酒、半干白型葡萄酒,甚至甜型白葡萄酒。

与雷司令类似,作为白葡萄酒,贵人香可以搭配清淡的海鲜,也可搭配奶酪等。

4.2.10　龙眼(Longyan)

龙眼葡萄,属欧亚种,原产于中国,是中国分布最广的古老品种之一,为极晚熟的鲜食和酿造兼用品种。别名:秋紫、老虎眼、紫葡萄、狮子眼。龙眼葡萄除在河北怀涿盆地栽培以外,在全国其他地区,如山东平度、河北秦皇岛、山西清徐、陕西榆林等也有栽植。1958 年郭沫若到涿鹿,赞其为"北国明珠"。

龙眼嫩梢为绿色,有稀疏的白色茸毛,幼叶呈绿色带红褐色,叶面有稀疏的白色长茸毛,成叶较大,较厚,深绿色,肾脏形,五裂片,裂刻浅,中裂片较短而宽,叶面有光泽,叶边缘稍向下卷曲,叶柄短,基部红褐色,叶柄洼开放呈宽拱形,锯齿大,顶部尖锐。它的花为两性花。果穗大,单穗重 1~2 kg,最大可达 3 kg,呈圆锥形,带歧肩多呈五角形。果粒着生较紧,果粒中大,重 4~6 g,微椭圆形紫红色,皮较厚,果粉厚灰白色,果肉柔软多汁,易溶,含糖量为 19%~23%,含酸量为 0.7%~0.9%。

龙眼树势强,结实率较低,果实成熟期一致。在河北沙城,龙眼 4 月中旬萌芽,6 月上旬开花,果实 9 月上旬始熟,10 月上旬成熟,生长期为 160 d 以上。

20 世纪 40 年代,日本酿酒师就以沙城地区龙眼葡萄进行酿酒,60 年代沙城就已生产龙眼葡萄甜酒。1976 年,原轻工业部、农牧渔业部、经贸部等单位在沙城共同实施轻工业部重点科研项目,研究龙眼的酿酒特性。1983 年以龙眼葡萄为原料酿造的长城牌干白葡萄酒在英国伦敦第 14 届国际评酒会上获奖,并 4 次蝉联国家金奖,在国外有“东方美酒”之称。

龙眼酿造的白葡萄酒颜色微黄带绿、晶亮,具有新鲜怡人的果香,味道醇和细柔,舒顺爽净,酒体丰满。

另外,1975—1977 年在张家口老葡萄产区进行的龙眼品种芽变普查中,发现了果皮由紫红色变为黄绿色的芽变——“白龙眼”。根据随后多年的观察,白龙眼除果皮色泽变异外,其他主要特性变化不大。

4.2.11 玛尔维萨(Malvasia)

玛尔维萨英文别名 Malvazia,属于欧亚种,起源于希腊,该葡萄家族还包括其他葡萄,如 Malvasia Bianca, Malvasia di Schierano, Malvasia Negra 等。在这里描述的是白玛尔维萨。

玛尔维萨葡萄果粒小,呈黄绿色椭圆形,果穗大,手感柔软,成熟期一般在 9 月或 10 月。它比较喜欢干燥气候,排水性较好的土壤,适合在阳光普照的山坡上生长。其中玛尔维萨在意大利弗留利(Friuli)表现较好,品种成熟迅速,能长期停留在藤上不腐烂。在潮湿的环境中,玛尔维萨容易感染霉菌或者腐烂。

玛尔维萨葡萄现在全世界多数酿酒地区均有栽培。该品种在意大利西西里岛、撒丁岛等地区,斯洛文尼亚,克罗地亚,法国科西嘉、伊比利亚岛,西班牙马德拉岛、加那利岛,美国加利福尼亚州,澳大利亚和巴西都有种植。它主要用于酿造餐酒、甜型酒和加强型酒。

这个品种有着芬芳的香气和温和低酸的口感,常用于与其他品种混酿。在意大利中部,玛尔维萨与白玉霓混合酿造增加了葡萄酒的风味和口感的复杂性。在西班牙里奥哈地区,玛尔维萨与维尤拉混合酿造。在 19 世纪和 20 世纪早期,玛尔维萨酿造的帕赛托(Passito)葡萄酒享有很高的声誉,并被认为是意大利最好的葡萄酒之一。在“二战”期间,葡萄酒市场的萎缩导致玛尔维萨葡萄种植的减少,现在只有少量的厂家酿造玛尔维萨甜酒。

在葡萄牙,以玛尔维萨命名的葡萄多至 12 种,但是它们有的属于这个家族,有的和玛尔维萨家族完全没有关系。有记载认为是领航员亨利(Henry P.)在 15 世纪把玛尔维萨葡萄从希腊移植到马德拉。现在主要用于酿造马姆齐(Malmsey)马德拉酒,味甜,有焦糖、柑橘、坚果的香气,气味香甜醇厚,颜色相当深,与奶油雪利酒相似,但比它的个性更明显,是最出色的马德拉酒。该酒又分 4 个级别:A. Vintage,同一年份的酒,在桶中陈酿 20 年,瓶中陈酿 2 年,级别最好;B. Extra Reserve,桶陈 15 年,瓶陈 2 年;C. Special Reserve,桶陈 10 年;D. Reserve,桶陈 5 年。

玛尔维萨葡萄带蜂蜜和梨的美妙芳香,并有很高的含糖量,大部分使用玛尔维萨酿造的葡萄酒有显著的香味,颜色较深,略甜。玛尔维萨葡萄风干后发酵,置于橡木桶中陈酿,酿造成的甜白葡萄酒口感浓郁芬芳,酒精度高,残糖度高,别有风味。其中最有名的玛尔维萨葡萄酒产自葡萄牙的马德拉岛。根据欧盟的议事规则,只有马德拉岛生产的白葡萄酒才能称为“玛尔维萨”(法语为 malvoisie,英语为 malmsey,德语为 malvasier),其中必须含有 85% 的玛尔维萨葡萄汁。

玛尔维萨酿造的葡萄酒类型较多,干型葡萄酒适合搭配海鲜类食品,甜型葡萄酒和加强型葡萄酒则适合作为餐后酒,搭配甜点、巧克力等饮用。

4.2.12 玛珊(Marsanne)

玛珊是一种白葡萄,有一种说法是玛珊起源于波斯,后由罗马人传入法国。但由于证据不足,目前普遍认为是起源于法国罗纳河谷北部地区一个名为 Montelimar 的小镇。玛珊在法国也称 Marsanne Blanche,Grosse Roussette 或 Avilleran,在瑞士也称作 Ermitage 或 Ermitage Blanc,其中文译名为玛珊。

玛珊在罗纳河谷北部有着广泛的种植,是法国赫米塔兹(Hermitage)、克罗兹-赫米塔兹(Crozes-Hermitage)和圣·约瑟夫(Saint-Joseph)法定产区白葡萄酒的主要酿造原料。在罗纳河谷南部是罗纳丘产区(Côtes du Rhône,AOC)法定的八大品种之一。玛珊在法国的萨瓦(Savoie)、普罗旺斯和朗多克地区都有种植。DNA 分析表明,玛珊和胡桑(Roussanne)之间有亲缘关系,这或许可以解释为什么它们经常被混淆。

玛珊在 1832 年传入澳大利亚,从 19 世纪 60 年代开始在维多利亚种植,因此维多利亚现在有世界上最古老的玛珊。过去 10 年在澳大利亚,人们对玛珊的兴趣又重新燃起。在澳大利亚,玛珊的栽培面积大于法国,世界上 80% 的玛珊都是在该国种植的。在瑞士瓦莱州种植的玛珊能酿出具有高酒精度的强劲的白葡萄酒。玛珊于 20 世纪 80 年代传入美国加利福尼亚州,它不常以单品种酒出现,而是与胡桑(Roussanne)和维奥妮两种葡萄混合酿造成罗纳风格的调配酒。

玛珊的叶片大、圆形且厚,一般 3～5 浅裂,表面凹凸不平,上表面为深绿色,下表面颜色更浅且有簇生茸毛。果穗中等大而长,常有歧肩或副穗,较松散,多为锥形;果粒小,皮薄,为白绿色或中等金黄色或琥珀色的球形;果肉柔软,多汁且甜。

玛珊萌芽较晚,中晚熟,长势旺盛,适合短枝修剪。它适合在温暖、干燥和多石的环境中生长。如果气候太凉,葡萄就不能完全成熟,酿出的酒酒体薄、平淡;气候太热也会失去其平衡的口感。由于它不容易产生高的酸度,容易氧化和褐变,酿酒师为了保持它的高酸一般会在它将要成熟之前采摘;也有的酿酒师更喜欢晚采,以提高它潜在的酒精度和陈年潜力。玛珊的抗病性较弱,容易染上白粉病而导致果穗腐烂、裂果。

用玛珊酿造的葡萄酒酒体丰富,有着坚果、梨和辛辣的味道。玛珊有一种吸收土壤中矿物质风味的倾向,通过不锈钢罐发酵可以把这种品质显现出来。法国和澳大利亚酿造的该品种的酒风格有所不同,一般法国酿造的酒酒体较轻,口感较酸;澳大利亚的酒有着瓜和金银花的香气,这种酒酒精度较高且能放在橡木桶中陈酿以提高其骨架感。伴随着玛珊的陈酿,酒体颜色会变深,香气更加复杂,有更集中的润滑与蜂蜜的口味,有时坚果的香气也会散发出来。在生长条件适宜时,玛珊能酿出具有杏仁或柑橘夹杂着香水气息的酒。

用该品种酿的酒,瓶装后久存会发生显著变化,一般的白葡萄酒很少会在瓶中陈酿,用以提高其品质,但玛珊是个例外。随着存贮时间的推移,玛珊酒能逐渐呈现出金黄色并且散发出像烤苹果的香气。

玛珊常常能弥补白葡萄酒的清淡和需橡木桶陈酿的酒的不足。低酸的玛珊酒适合在年轻时饮用,而年轻的玛珊酒最适合与海鲜或白肉(如煮鸡肉)搭配,而陈酿后的玛珊可以和烤鸡、小牛肉或用浓酱烹调的海鲜搭配,过度成熟的玛珊还非常适合配蓝纹奶酪或野浆果甜点。

4.2.13 米勒(Müller-Thurgau)

米勒是一种人工杂交培育的酿酒葡萄品种。资料记载该品种是在 1882 年由来自瑞士吐尔高(Thurgau)的赫尔曼·米勒(Hermann Müller)博士通过杂交选育出来的,Müller-Thurgau 的名称就是为了纪念他。

米勒有许多名称,如 Miler Turgau, Müller, Müller-Thurgaurebe 等。在不同国家称呼不一样,如在瑞士和新西兰就根据其亲本而命名为"雷司令-西万尼"(Riesling-Sylvaner),在德国、奥地利、卢森堡和南斯拉夫称为 Rivaner,在匈牙利使用 Rizlingszilváni,实际上还是 Riesling 和 Sylvaner 的变形组合。不过,西万尼是否是米勒-吐尔高的母本一直是值得争论的问题。以前便有不少人认为米勒-吐尔高是两个不同品系的雷司令的结合体,在 1997 年人们一度认为 Chasselas de Courtillier 是其母本。直到 2000 年,研究人员利用 DNA 检测技术才确认该种葡萄实际上是雷司令和 Madeleine Royale 的杂交后代,而不是西万尼。Madeleine Royale 现在则被认为是 Chasselas 的一个株系。虽然对米勒-吐尔高母本的误解已经纠正,不过很多人还是习惯称其为雷司令-西万尼。在中国,米勒拥有许多译名,如米勒-吐尔高、米勒-特高、米勒特劳高等,后来在郭其昌等专家的倡议下,统一简称为米勒。

米勒葡萄果粒小,黄白色而多汁。当初杂交产生此品种时,创造者希望它能继承雷司令的复杂性和 Madeleine Royale 的早熟性,然而结果不尽人意。它未能拥有雷司令的优点,特别是缺乏育种者所希望的高雅性,甚至相较于其他杂交品种,如茵伦芬瑟(Ehrenfelser)、肯纳(Kerner)和邵瑞博(Scheurebe),米勒也略逊一筹。米勒对气候的要求不高,对光照的要求低,在寒冷多水的环境下也能生长良好,因而主要种植在德国、奥地利、瑞士、卢森堡、英国、意大利北部、捷克、匈牙利等较为湿冷的中欧和东欧地区。另外,还有大洋洲的新西兰和亚洲的日本、中国等。目前全球大概有 4.2 万 hm^2 的栽培面积。米勒是 19 世纪晚期以来人工选育的"新"品种中栽培面积最广的。

根据有关资料,米勒是 1955 年自匈牙利首次引入中国。1980 年中国原轻工业部食品发酵研究所通过美国士鉴公司从德国引入嫁接苗(砧木为河岸葡萄),栽植在河北省怀来县沙城长城葡萄酒公司母本园。零星分布在河北、北京、天津、陕西,但并没有得到广泛发展。目前为止,在中国还没有单品种的米勒葡萄酒。

约在 1920 年,开始有米勒商品苗生产。到 20 世纪 70 年代初,米勒已经成为德国种植最广泛的葡萄品种,用于酿造高酸、清爽型白葡萄酒,栽培面积约为 22 700 hm^2。它在德国受欢迎的原因可能是其早熟,高产,有些时候产量是雷司令的 2 倍。另外,米勒对气候和土壤的适应性强,因此适种范围广。米勒过去通常用于酿造价格低廉的中等甜度的葡萄酒——"圣母之乳"(Liebfraumilch)和皮斯伯特(Piesporter)等。不过到了 1979 年,米勒的种植出现了转折点。在那一年的冬天温度急转而下,很多地方达到了-4 ℃,寒冷的天气影响了大部分葡萄品种的生长,但没有影响诸如雷司令这样抗寒的葡萄。自那以后的几十年,葡萄酒酿造商开始种植更多的雷司令葡萄,米勒的种植范围有所减少。还有人认为米勒是过去德国葡萄酒长期衰落的罪魁祸首,因为它极为沉闷而软弱,虽然一直与 Bacchus 或者少量的 Morio Muscat 混合酿造,以增加其风味,但还是成了低廉、低品质葡萄酒的代名词。之后很少在标签上写出它的品种名称,即使是 Liebfraumilch 酒也要采用 30% 的雷司令而不完全采用米勒。虽然如此,截至 2006 年,米勒还是德国第二大种植品种,仅次于雷司令,面积约为 1.4 万 hm^2,占总体面积的 13.7%，主要集中在 Baden、Rheinhessen 和 Rheinpfalz 地区。

米勒在德国的地位有所下降，但无可否认最好的米勒葡萄酒还是来自德国的 Mosel 地区，此外便是意大利的 Alto Adige 地区。他们通过在葡萄园中限制产量来达到提升葡萄风味的目的。现在人们发现新西兰的米勒葡萄酒有很高的酸度，并且要比德国的酒具有更多的香气，可能会是该品种发展的理想之地。在新世界葡萄酒国家中，米勒葡萄并不受葡萄酒酿造者的喜爱，主要因为它生产的葡萄酒结构松散、表现一般。不过，在美国的俄勒冈州和华盛顿州，这种葡萄却表现出难得的良好品质。

米勒葡萄酿造的葡萄酒平衡、低酸、中等甜度并有一点麝香葡萄的特点。典型的米勒酒会展现出非常特别的花香，有橘子的味道，最适宜在新鲜时期饮用。不过，它的高产使得所酿造的酒很难体现典型特征，通常酒体较单薄、缺乏特色，并且不适宜陈酿。总之，米勒葡萄的结构较为单薄且特点不突出，因此很难在推崇鲜明个性的葡萄酒国家中占据领导地位。

4.2.14 麝香家族(Muscat)

麝香家族的葡萄在世界各地种植，以温带国家为主，包括罗马尼亚、保加利亚、塞尔维亚、以色列、法国、德国、葡萄牙、希腊、西班牙、澳大利亚、美国、匈牙利、加拿大、意大利、阿尔巴尼亚、土耳其、斯洛文尼亚及其他地方。很多的麝香家族品种表明，它也许是最早被驯化的葡萄品种，有种理论说，大多数酿酒葡萄家族的祖先是麝香家族。麝香家族葡萄颜色从白色到近黑色，用于鲜食、制造葡萄干和酿造葡萄酒。

麝香家族葡萄普遍具有明显的甜花香味、麝香味。麝香葡萄含有许多不同的化合物，所酿造的葡萄酒具有其独特的"muscat"的味道。麝香家族葡萄中已发现有高浓度的抗氧化物质类黄酮，其含量和许多红葡萄酒一样高。

麝香家族葡萄品种有很多，主要有以下几种：

（1）Muscat Blanc à Petits Grains 也称 Muscat Blanc，Muscat Canelli，Muscat Frontignan 等，中文译名为小粒白麝香，是品质最细腻的一种。

（2）Muscat of Alexandria 也称为 Moscatel，Moscatel Romano，Moscatel de Málaga 等，中文译名为亚历山大麝香，用于酿造雪利酒，Moscatel de Valencia 和 Muscatel Passito，也作为制干葡萄和鲜食葡萄。

（3）Muscat Ottonel 也称为 Moskately，中文译名为昂托玫瑰，在罗马尼亚、奥地利、斯洛文尼亚和克罗地亚用于酿造甜型葡萄酒，在阿尔萨斯和匈牙利用于酿造干葡萄酒。

（4）Muscat Hamburg 也叫作 Black Muscat，Moscato di Amburgo，中文译名为玫瑰香或汉堡麝香，在东欧用于酿造甜型葡萄酒，在意大利和澳大利亚主要作为鲜食葡萄，在中国主要作鲜食兼作酿酒葡萄。

（5）Orange Muscat 中文译名为橙花麝香，有一定的橙香味，在美国加利福尼亚州和澳大利亚用于酿造甜型葡萄酒。

麝香家族的葡萄品种在不同的国家、产区的利用与特点呈现一定差异性。在意大利它被广泛用于甜型起泡酒；在立陶宛，它被用来酿造起泡酒；在秘鲁和智利，麝香葡萄酒是酿造皮斯科白兰地的基酒；在希腊，它则是酿造麦塔瑟利口酒的基酒。在西班牙，主要做甜型加强葡萄酒，特别是马拉加(Malaga)和雪莉地区(Jerez)，而且有时使用索来拉(solera)系统。法国还采用自然方法制作了一些甜加强麝香葡萄酒，如 Muscat de Beaumes-de-Venise、Muscat de

Rivesaltes 等。在澳大利亚路斯格兰(Rutherglen)地区用于生产甜型加强麝香葡萄酒。

4.2.14.1 玫瑰香(Muscat Hamburg)

玫瑰香又名汉堡麝香、麝香、马斯卡特、穆斯卡特等。在国内还有紫玫瑰香、紫葡萄、麝香葡萄、红玫瑰等名称。

玫瑰香属于欧亚种,原产于英国。一说是 1860 年由英国育种家斯诺(Snow)用黑汉堡(Black Hamburg)作母本与亚历山大玫瑰(Muscat of Alexandria)杂交育成。一说是由亚历山大玫瑰与黑色 Muscat 品种自然杂交而成。不同地方玫瑰香名称也有所不同,如在美国称为黄金汉堡、玫瑰香、黑汉堡;在法国称为 Muscat de Hambourg;在意大利称为 Moscato di Amburgo;在俄罗斯称为 Muscat Gamburgskiy。

目前玫瑰香主要种植在美国的加利福尼亚州、弗吉尼亚州,太平洋西北地区,温哥华岛,中国,东欧诸国等国家和地区。

玫瑰香的嫩梢呈绿色,茸毛稀少。幼叶绿色附带紫红,有光泽,叶背有茸毛。成龄叶片中等大,心脏形,五裂,锯齿锐,叶柄洼闭合椭圆形或楔形,卷须间隔,秋叶黄色。两性花。果粒中等大,椭圆形,着生疏松至中等紧密,呈紫红色至紫黑色。百粒重 330～420 g,每果有种子 1～3 粒,最大粒重 6.2 g,平均粒重 4～5 g。果穗中等大,圆锥形,最大穗重 1 000 g 左右,平均穗重 350～403 g。肉软多汁,具浓郁的麝香味,果皮略涩。浆果含糖量 160～195 g/L,含酸量 7～9.5 g/L,出汁率 75％～80％。植株生长中等,二次结果率高,且丰产。浆果耐贮藏与运输,对白腐病、黑痘病抗性中等,抗寒力中等。从发芽到浆果成熟需 130 d 左右,有效积温 2 680 ℃左右,属于中晚熟品种。

玫瑰香植株生长势中等,芽眼萌发率中等,结实力中强,多次结实力强。幼树开始结果早,产量高丰,喜肥水,适于立架或小棚架,混合修剪,负载量过大或肥水不足时落花、落果严重,易产生大、小粒及转色病。该品种适应性强,各地均有栽培。玫瑰香所酿造的酒质优,柔和爽口,浓麝香味(但陈酿后易消失),滋味较淡。玫瑰香除做浓甜红葡萄酒外,还是做干白葡萄酒的好原料,也是用于鲜食、制汁及罐头等的良种,进行各种加工时必须采取独特的加工工艺,否则很难获得优质产品。

玫瑰香于 1871 年由美国传教士首先引入山东烟台,1892 年又从西欧引入。该品种是中国分布最广的品种之一,各主要葡萄产地均有栽培,主要产地为山东烟台、青岛,河北昌黎、正定,天津汉沽,河南郑州、民权,安徽萧县,江苏宿迁、连云港,北京等。它是中国的主栽鲜食葡萄品种之一。玫瑰香葡萄常常被用于酿造甜型酒,虽然有些晚采酒和贵腐酒也是由其酿造,但是玫瑰香葡萄酿造的酒大多数属于加强型葡萄酒。

4.2.14.2 小白玫瑰(Muscat à petits grains)

小白玫瑰有很多不同的名字:在澳大利亚被称为 Muscat à petits grains,Brown Muscat 或 Frontignac。小白玫瑰在法国有 Muscat Blanc (de Frontignan),Muscat à petits grains 或 Muscatel 等名称;在葡萄牙有 Muscatel Branco,do Douro 等名称;在西班牙有 Moscatel Menudo Branco,Bruno 等名称;在意大利有 Moscato Bianco,d'Asti 等名称;在德国和奥地利还被称为 Muskat,Muskatel,Muskateller。

小白玫瑰属于欧亚种,为麝香家族中栽培面积较大的品种。小白玫瑰的果粒在麝香家族中偏小且果穗紧实,所以被称为小白玫瑰,被认为是最古老的酿酒葡萄品种之一。可能其发源地是古希腊,由希腊人引入意大利和法国的马赛一带,在罗马侵入高卢时被带入纳博内。在查理曼大帝时期,它主要在法国西南部弗龙蒂昂(Frontignan)的港口进行贸易输出。小白玫瑰12世纪就已在德国种植,16世纪在阿尔萨斯开始流行。小白玫瑰在1832年被引入澳大利亚,曾被誉为是最适合在澳大利亚种植的品种。据资料记载,20世纪30年代中国从国外引入该品种,1955年中国农业科学院果树研究所又从罗马尼亚引入中国。小白玫瑰在东北、华北、西北等地均有栽培。

小白玫瑰广泛分布于世界各地,但都没有较大的种植面积。小白玫瑰最早被种植在法国地中海地区,但在根瘤蚜暴发后,它的种植面积大大减少。目前,小白玫瑰仍能在土耳其、澳大利亚、美国加利福尼亚州、匈牙利、南非、阿根廷、西班牙、意大利等地见到。

小白玫瑰成熟期长,萌芽早,成熟晚。它对霉菌敏感,易受葡萄卷叶蛾侵害,易感卷叶病、灰霉病。藤蔓生长势旺,匍匐生长。嫩梢绿色带紫红色。幼叶黄绿色,下表面密生茸毛。成龄叶片中等大小,薄且光滑,3~5浅裂,正面为深绿色,背面灰绿色无毛,锯齿锐,叶柄洼矢形。果穗中等大小,呈细长的圆柱形,紧凑,有时有歧肩。浆果中等大小,呈球形,果皮薄、透明,成熟后变得不透明,呈金黄色略带红色。该品种早熟且容易干透,果肉甜、紧实,有独特的麝香味,出汁率78%,每果粒含种子2~4粒。在山东济南地区,大约4月5日萌芽,5月13日开花,8月13日浆果成熟,生长期约为130 d,在此期间活动积温为3 050 ℃。小白玫瑰为中熟品种,抗病能力中等,易感白腐病,适应性强。其果实易被日灼,夏季修剪应适当保留叶片。它喜肥水和温暖气候,宜在少雨地区种植,可棚篱架栽培,以中短梢修剪为主。

小白玫瑰可与其他品种混合酿造具有麝香气味的起泡酒。也可单独酿造干白、甜白葡萄酒。目前它被认为是酿造高质量麝香葡萄酒最好的品种,所酿造的葡萄酒酒体圆润,有麝香和杏仁的香气,甜型酒中还有蜂蜜的香气。

法国阿尔塞斯产的阿尔萨斯起泡酒(Cremant d' Alsace)中有小白玫瑰的成分,这是一种干性、带有果味的酒。阿尔萨斯的晚采酒(Vendanges tardives)与贵腐酒(Selection de Grains nobles)中也会有小白玫瑰的成分。甜酒颜色金黄,有浓郁的麝香和蜂蜜香气,略微有矿石和青草味,稍有些酸,余味悠长,可放置10年后再饮用。在法国的西南部用小白玫瑰酿造天然甜型酒。弗龙蒂昂地区(Frontignan)小白玫瑰与白歌海娜和亚历山大玫瑰(Muscat of Alexandria)混合酿造天然甜型酒,如班努(Banyuls)。罗纳河谷产区的小白玫瑰与其他品种混合酿造具有麝香气味的起泡酒。

小白玫瑰还是意大利阿斯蒂起泡酒(Asti Spumante)和阿斯蒂麝香葡萄酒(Moscato d' Asti)的主要组成成分。澳大利亚南部的巴罗莎山谷用小白玫瑰酿造干白葡萄酒,在南部小白玫瑰被用来酿造利口酒。在南非小白玫瑰也有良好表现。

小白玫瑰酿造的干白葡萄酒香气浓郁,适合搭配口味清新的菜式,如清淡的海鲜、蔬菜沙拉、水煮芦笋等。小白玫瑰酿造的甜酒香气丰富、浓郁,适合搭配甜食,如苹果派、草莓蛋糕等。

4.2.15 小芒森(Petit Manseng)

小芒森,中文译名也叫小满胜、佩特蒙森。它的英文名为Petit Manseng,在法国还称为Manseng blanc、Petit Mansenc和Mansegnou,在西班牙叫作Ichirota Zuria Tipia。小芒森是芒森家族(Manseng)中的一员,之所以冠以"小"字,一是因其果粒小而皮厚;二是因其产量小,每公顷小芒森大约只能酿造1.5 t的酒(部分地区的产量较高,如北格鲁吉亚);三是有大芒森(Gros Manseng)冠名在前。虽然"小",但小芒森的酿酒品质在"芒森"家族中是最好的。值得注意的是,虽然小芒森是白葡萄品种,但是真正的芒森则是红葡萄。

小芒森起源于法国西南部的比利牛斯-大西洋省,并在那里受到高度的重视,产出具有很高质量及香气浓郁的小芒森葡萄酒。近年来,小芒森跟随着维奥妮的脚步在美国加利福尼亚州及澳大利亚的白葡萄酒饮用者之间流行起来。目前在美国加利福尼亚州和澳大利亚也有了一定的栽培面积。

在法国,小芒森主要集中在比利牛斯-大西洋省、朗格多克山坡(Coteaux du Languedoc)和维克-毕勒-巴歇汉克(Pacherenc du Vic-Bilh)地区,其中比利牛斯-大西洋省的小芒森最为突出。该地种植者通过松散果穗和严格的架势管理,来提高果实质量,所酿造的小芒森甜白葡萄酒香气浓郁宽广,包括了蜂蜜、柠檬、金银花等白色花卉、柑橘、肉桂、桃、菠萝等香气,其中以丰富的水果香为主,浓度高却又十分精美,同时拥有出色的层次感和平衡性。最优质、最著名的小芒森酒是该地区的朱朗松甜酒(Jurancon Moelleux)。

在美国,小芒森主要种植在较为温暖的加利福尼亚州和弗吉尼亚州。弗吉尼亚州潮湿的气候条件有利于小芒森的生长。不过,由于生长期延长,早春的霜冻情况是选择小芒森种植地点的关键因素。澳大利亚和格鲁吉亚等地也有小芒森栽培,但面积不大。

在中国,中法庄园是国内最早引进小芒森的酒庄,虽然栽种的时间并不长(从 2001 年始种),但其小芒森的表现足以令人惊叹。中法庄园的小芒森在采收时自然糖度可以达到 $31°$Brix,4 hm^2 地的总产量控制在 1.125 t 左右。这样酿造出的天然甜白葡萄酒酒精度可达到 14%(体积分数),残糖仍然保持为 $8°$Brix。其杏仁、柑橘类果香突出,酸甜平衡,口感宜人。

小芒森葡萄成熟期晚,挂果时间长,是一种高糖、高酸的酿酒葡萄品种,即便没有被贵腐菌感染也可以达到极高的糖度($25\sim26°$Brix),同时不失酸度(酒石酸为 12 g/L),因此是酿造天然甜酒的理想品种。小芒森果实的外皮很厚,果穗疏松,抗灰霉病性和保鲜性很强,所以可以在葡萄树上保留相当长的一段时间,坚持到 12 月"过熟"后再采收(passerillage)。比利牛斯-大西洋省地区有时候在第一场雪后采收,此时有的葡萄已经干瘪得近似葡萄干。晚采使小芒森得到充分的成熟,香气丰富、精致、优雅,同时保留良好的酸度。采收时间晚使小芒森对春天的早霜和疾病非常敏感,需要细致的田间管理。晚采的小芒森送达酒厂时,一般采用气囊轻柔压榨,果汁在低温下进行长时间发酵以保持新鲜水果的香气,在糖分完全发干之前停止发酵,以保留天然的甜度。

小芒森酒呈淡绿色,具有非常明显的花香,余味微辣。充分成熟的小芒森带有丰富的甜桃与金银花香气。由于酒中高酸度的存在,使酒的口感并未因丰富的香气、很高的糖度而显得油腻,相反,它给人以干爽、余味纯净的感觉。这种甜白葡萄酒可以放置很多年,不过在新鲜时香气更突出一些。除了单独酿造天然的甜白葡萄酒外,小芒森还可以与维奥妮、霞多丽混合酿造,以弥补这两种葡萄酸不足的缺陷。

小芒森酒可以搭配鱼类、贝类以及家禽等。干型小芒森可以与清香的亚洲菜肴搭配,而甜白型小芒森则可与辣味菜,如泰国咖喱搭配,或与陈年切达等辣味奶酪共同享用。

4.2.16 白比诺(Pinot Blanc)

白比诺,中文音译名还有白根地、白美酿、白皮诺、白品乐等。在法国的阿尔萨斯,它也被称为 Clevener 或 Klevner。在德国和澳大利亚,它被称为 Weisser Burgunder。在奥地利,它被称为 Weissburgunder 或 Klevner。匈牙利称之为 Fehér Burgundi。在西班牙和意大利它被称为 Pinot Bianco。在捷克,它被称为 Rulandské Bílé。

白比诺属于欧亚种,原产于法国,是从灰比诺的无性变异中选出来的,不过也有人认为是黑比诺基因突变而产生的。这一点倒是可信,因为黑比诺的基因不够稳定,有时基因会发生点突变。从上述描述也可以看出白比诺在欧洲出现的时间要比黑比诺和灰比诺晚一些,有专家推测白比诺可能最早于 16 世纪栽培在法国阿尔萨斯。

白比诺的嫩梢绿色,有暗紫红附加色。叶片较大,浅五裂。果穗中等大,平均重 247.2 g,最大穗重 430 g,呈圆锥形或圆柱圆锥形。果粒着生紧或极紧,果粒重 2 g 左右,近圆形,绿黄色。白比诺浆果皮有非常高的单宁含量,使酒容易褐变。

总的来看,白比诺比黑比诺要容易栽培,植株的生长势中等,叶幕较小,产量中等。从萌芽到果实充分成熟的生长期为 150 d 左右,为中熟品种,抗病力中等。由于白比诺的叶结构、浆果、果穗很像霞多丽,以至于在欧洲的许多葡萄园将两个葡萄种植混杂,并导致一些混乱和错误,而将葡萄命名为"黑比诺霞多丽"(霞多丽绝对不是黑比诺家族的)。因此,很多种植者将它作为霞多丽的替代品。

目前,白比诺主要种植在法国的阿尔萨斯、德国、卢森堡、意大利和匈牙利,在乌拉圭和阿根廷,以及一些东欧国家有一定数量的种植。不少国家和地区将它列为酿造白葡萄酒和起泡葡萄酒的标准品种。

在法国,2000 年约有 1 300 hm² 的白比诺种植,其中阿尔萨斯最多。此外,它还是酿造起泡酒 Crémant d' Alsace 最常见的品种。不过值得注意的是,Alsace AOC 白比诺葡萄酒并不一定意味着由纯的白比诺葡萄酿造而成(这与灰比诺不同,在阿尔萨斯它完全是由灰比诺酿造而成)。有可能它是一款由白比诺混合其他白葡萄或比诺葡萄[奥塞尔白(Auxerrois blanc)、灰比诺或黑比诺]酿造的,其中与奥塞尔的混合最常见。

在德国,2006 年白比诺有 3 491 hm²,其中巴登地区较多。而在意大利,许多酒商利用白比诺酿造出相对中性味道、清脆、高酸度的原酒,用于混合在起泡酒 Spumante 中。在美国,白比诺主要种植在加利福尼亚州,约有 405 hm² 的种植面积。不过许多所谓的白比诺葡萄,其实是其他的品种,比如勃艮第香瓜、马斯喀特(Melon de Bourgogne、Muscadet)。这个错误大约在 20 世纪 80 年代中期被发现。在其他一些国家也出现过把霞多丽和白诗南误认为是白比诺的情况。

白比诺 1951 年从匈牙利引入中国,现在河北、山东、辽宁、河南及北京等地有栽培。但尚未见有单品种葡萄酒的生产。

白比诺是酿造起泡葡萄酒和白葡萄酒的优良品种。在法国阿尔萨斯、德国、意大利和匈牙利,用这个葡萄酿造的葡萄酒一般为干型,而在德国和奥地利可以酿造干型或甜白型葡萄酒。如果与黑比诺、灰比诺搭配酿造,可酿出极高档的起泡葡萄酒。事实上,在今天的香槟地区,仍然有个别酒庄采用白比诺酿造起泡酒。

白比诺酒呈现淡金黄色,澄清发亮,白比诺葡萄酒通常会呈现苹果、桃、梨等水果香味,并略带坚果味,特色不明显。由于白比诺跟霞多丽风格相似,经常被混淆。但与霞多丽相比,白比诺酒酒体更清淡,果味更突出。因此,白比诺白葡萄酒通常是即时饮用,很少进行陈酿。

白比诺适合新鲜时饮用,可以搭配鱼、白肉、家禽、鸡蛋(煎蛋等)、洋葱馅饼以及软奶酪。

4.2.17 灰比诺(Pinot Gris)

灰比诺属欧亚种,原产于勃艮第。人们在名字上易将灰比诺(Pinot Gris)和黑比诺(Pinot Noir)及白比诺(Pinot Blanc)相混淆,而实际上灰比诺和白比诺是由黑比诺芽变而来的,灰比诺是黑比诺变异品种中较为知名的白葡萄酒品种。

Pinot Gris 发音为"pee-no gree",在法文中意思是"gray pinecone"(灰色松果),这个名字主要来源于灰比诺葡萄果穗的性状,因灰比诺果穗与松果果穗的构造一样,颜色从略带粉红的灰色到浅蓝灰色,再到略带粉红的棕色,甚至在同一棵树上生长的果穗也可能有不同颜色。在它整个生长成熟过程中,灰比诺葡萄外表皮的颜色也会经历众多的改变,不同环境下生长的葡萄,更可能出现不同颜色。如在山东济南它的果粒为紫褐色,而在新疆鄯善则表现为灰蓝色。

灰比诺(Pinot Gris)与其他葡萄品种一样,名称多而复杂,在其故乡勃艮第被称为 Pinot Beurot 或 Berot;在阿尔萨斯曾被称为 Tokay d'Alsace;在艾因河(Ain)和卢瓦尔河谷称为 Malvoisie;在德国则变成 Ruländer, Grauer Burgunder, Grauklevner 等;在意大利称为 Pinot Grigio。此外,灰比诺在瑞士、匈牙利、罗马尼亚、捷克、斯洛伐克等地也有多个各具特色的名称。在众多名称中,以 Pinot Gris、Pinot Grigio 最为知名。在中文名称中,除了灰比诺之外,还有灰皮诺塔吉、李将军、灰皮乐、灰彼诺等名称。

一般在有黑比诺种植的地方都能找到灰比诺的身影,特别是在法国的阿尔萨斯、勃艮第、卢瓦尔河谷地区,其中尤以阿尔萨斯的灰比诺表现最佳。另外,在世界上的很多国家都有灰比诺的种植。灰比诺在中世纪已经获得欧洲人的广泛认可。有关记载表明,法国国王查理四世曾将它从法国带到气候温暖的匈牙利栽培。灰比诺在意大利有大量种植,尤其在意大利东北部的弗留利-威尼斯朱利亚地区(Friuli-Venezia Giulia)。这里的人们对灰比诺的栽培和酿造具有很好的经验。1711 年,德国 Palatinate 地区一个名为 Johann Seger Ruland 的商人注意到灰比诺这个与众不同的品种,并将其引入德国,称其为 Ruländer。现在灰比诺占德国所有葡萄种植面积的 3.5%,且表现不错。

在新世界葡萄酒国家中,灰比诺已经在美国的俄勒冈州成功种植,并且越来越多的加利福尼亚州酿酒商也开始使用这种葡萄。早在 1832 年,灰比诺已经被澳大利亚引种,但是直到 20世纪 90 年代,灰比诺才被当地的葡萄种植者和消费者们认可,目前在维多利亚州、塔斯马尼亚(Tasmania)和南澳大利亚州都有少量种植。除此之外,在新西兰、瑞士、卢森堡、罗马尼亚、匈牙利、捷克、斯洛伐克等国也能见到灰比诺的身影。

中国于 1892 年将灰比诺从西欧引入山东省烟台,除山东烟台曾有栽培外,河北、新疆、河南、安徽、陕西等地都曾引进栽培,但栽种面积不详。目前仅在一些育苗中心、研究单位和资源圃里有保存或繁育。

灰比诺为早中熟酿酒葡萄品种,长势中等,适应性较强。在山东地区成熟期需要 130~150 d。它的产量中等,以中短梢修剪为主,可用于酿造多种类型葡萄酒。如果酿造干型葡萄酒,应该注意采收时间,因为其果实成熟后酸度下降较快,另外也会加重果汁的颜色。

灰比诺是葡萄酒界公认的受地理位置影响最大的葡萄品种,因此不同地区的灰比诺所酿造的酒风格迥异,从白葡萄酒到桃红葡萄酒、起泡葡萄酒,从清淡干型酒到浓郁甜型酒,都有不俗的表现。

阿尔萨斯地区独特的地理和气候条件,造就了世界上最为优质的灰比诺葡萄酒。受益于该地区的冷凉气候,灰比诺成熟期较长,因而酸度较高,香气较为浓郁,适宜用于酿造较为醇厚香浓的 Tokay-Pinot Gris(目前已停止使用该名称)干白葡萄酒。此外,灰比诺可与雷司令(Riesling)混合酿造世界上最好的贵腐甜酒(SGN),或者晚采型(VT)的甜或半甜型葡萄酒。阿尔萨斯地区的灰比诺葡萄酒结构丰富,酒体饱满,香气浓重丰厚,带有蜂蜜、野花和烟熏味,还有轻微的黄油味,成为全世界灰比诺葡萄酒的典范。阿尔萨斯的灰比诺葡萄酒虽然诱人,但价格昂贵,因此实际上最受消费者青睐的是意大利东北部的灰比诺葡萄酒,该地区的灰比诺酒酒体中等,清淡新鲜,不耐久存,属于即饮型餐酒。

除此之外,灰比诺在德国也表现不错。在德国南部的大部分葡萄园里,名称为 Ruländer 的灰比诺可酿出芬芳味美并伴有蜂蜜香甜的优质葡萄酒,平实易饮,适宜与中餐搭配。

北美的俄勒冈地区虽然引种较晚,但这里的威廉密特山谷(Willamette Valley)却非常适合种植灰比诺。该地区所酿的灰比诺葡萄酒的风格介于法国阿尔萨斯和意大利东北部产区之间,酒体中等,颜色浅金黄色,带有悠长的柠檬、梨和苹果的香气,有时还有香瓜的香气,它的浓度和烈度较为惊人,尽管有时候稍有甜味。这种葡萄酒很适合作佐餐酒,尤其是在食用海鲜和鲑鱼的时候。

灰比诺葡萄酒可以作为开胃酒,与之搭配的食物众多:从猪、羊、牛等红肉到鸡、鱼等白肉,从扇贝、牡蛎等海产品到蔬菜沙拉,搭配起来都很出色。

4.2.18　雷司令(Riesling)

雷司令葡萄属欧亚种,是一古老的优良酿造品种,原产于德国莱茵地区。最早提到雷司令且经过证实的文件是一份莱茵高艾伯巴赫地区西妥教团修道院 1392 年 3 月 13 日的酒窖清单。足见在那时,莱茵的僧侣就开始栽种白葡萄,其中也种植了雷司令。雷司令的种类和名称多样而复杂,在其故乡德国叫 Riesling;在美国加利福尼亚州称为 Johannisberg Riesling;在澳大利亚称为 Rhine Riesling;南非则称为 Weisser Riesling。而日常所见的 Welschriesling、贵人香(Italian Riesling)、加利福尼亚州的灰雷司令(Gray Riesling)和翡翠雷司令(Emerald Riesling)与真正的雷司令毫无亲缘关系。

全球 65% 的雷司令在德国种植,95% 的德国好酒都是用它酿造的,它对塑造德国葡萄酒的世界形象起着举足轻重的作用,非任何其他品种可比。此外,雷司令在法国、奥地利、美国、澳大利亚、加拿大等国家也均有种植,且表现得相当不错。中国是在 20 世纪 80 年代从德国引进的雷司令,目前分布于山东、河北、宁夏、甘肃等地。

雷司令葡萄植株生长势较强,结果早,然而产量偏低,抗病性弱,管理稍有疏忽就易导致真菌性病害的发生。在国内栽培,尤其要注意灰霉病的发生。雷司令比较偏爱在有着漫长寒冷秋冬季的地方生长。目前,世界上最为出色的雷司令主要种植在德国、法国的阿尔萨斯和奥地利的瓦豪(Wachau)地区。长时间的缓慢成熟不但保持了雷司令极高的自然酸度,而且孕育出丰富诱人的细腻芳香。

雷司令的成熟十分缓慢。在德国,一般从 10 月中旬到 11 月底才开始采收。正是由于漫长的成熟期造就了雷司令葡萄在香味方面的突出表现。在酿造过程中通过轻柔的处理,尽可能少地干扰自然发酵,使葡萄和葡萄汁尽可能保持其细腻清新质朴的特征。由雷司令葡萄酿造的酒风格多样,从干型酒到甜型酒,从优质酒、贵腐酒到冰酒及干浆果酒等各种级别的酒应有尽有。此外,由于气候和土壤的特点,使其到成熟采摘时的糖酸比比较低,通常多酿成低酒精含量、略带甜味的葡萄酒,以加强其奇妙的果汁味道。在合适的年份果农会晚采葡萄酿造甜酒。但在法国阿尔萨斯地区,其成熟度非常高,酿出的酒酒精度也较高,有效地综合了干白葡萄酒的高酸。

年轻的雷司令葡萄酒,从干型酒到甜型酒,都相当适宜于夏天饮用。因为它具有丰富的果香(如柠檬),伴有淡雅的花香、混合植物香、蜂蜜与矿物质等清新宜人的香气。陈酿使雷司令葡萄酒的颜色由淡绿色变成深金色,而且香气更加复杂,在花香基础上带有轻微的汽油味(在品酒中这种味代表酒的品种特点,而非缺点)和非常迷人的熟水果香与蜂蜜香。它与清淡美味的鱼肉、鸡肉、贝类及软奶酪等搭配都很不错。雷司令甚至可以搭配辛辣的中餐。

4.2.19　长相思(Sauvignon Blanc)

长相思属于欧亚种葡萄,或音译为索味浓、白索味浓、苏味浓、颂味翁等。原产于法国波尔多和卢瓦尔河谷,已有几百年的栽培历史。经 DNA 研究表明,长相思是当今世界种植最广泛的葡萄品种——赤霞珠的两大亲本之一。

长相思,在法国被称为 Sauvignon Jaune,Blanc Fume,Surin 等;在德国和澳大利亚被称为 Muskat-Silvaner;在美国加利福尼亚州被称为 Sauvignon Musque;在南非、新西兰等地又被称 Fume Blanc。

长相思在世界各国广泛种植。其中种植最多的地方当数其家乡——法国,尤其是在波尔多、卢瓦尔河谷地区。在法国,长相思葡萄主要用来酿造适合年轻时饮用的干白葡萄酒,或混合赛美蓉(Semillon)以酿造昂贵的贵腐甜酒。

长相思和赛美蓉是波尔多主要的白葡萄品种,大部分的波尔多白葡萄酒都是由这两个品种按不同比例混合酿造而成。长相思和赛美蓉的结合可称为天作之合,长相思葡萄酒清淡,酸度高,有草本的芳香;而赛美蓉葡萄酒圆润,酸度低,具有羊毛脂和无花果的芳香。因此,长相思很好地弥补了赛美蓉葡萄酒的这些缺点。混合后的葡萄酒在刚酿成时口感较清新,在瓶中陈酿后口味会更为丰富,具有烟熏和蜂蜜的味道。为了加强赛美蓉葡萄酒烟熏烘烤的特点,使混合后的葡萄酒口味更复杂,有生产商在橡木桶里陈酿葡萄酒。

经典的波尔多白葡萄酒是由长相思和赛美蓉两种葡萄混合酿成,不同的生产者使用的葡萄比例有所不同。桑赛尔(Sanccere)和普宜(Pouilly-Fumé)位于卢瓦尔河上游,由于这个地区的特殊气候条件以及山坡葡萄园的特殊土壤——主要是石灰岩,还有不同数量的黄土、砾石或火石,而赋予了长相思葡萄浓烈的辛辣气味、清新的酸度和矿物质的口味。该地区的长相思葡萄酒多不经过橡木桶陈酿,也不经过苹-乳发酵,因此酸度较高,气味浓。在法国的苏玳和巴尔萨克(Sauterne-Barsac)以及梦巴兹雅克(Monbazillac)地区,用长相思葡萄和赛美蓉作贵腐酒,长相思葡萄所占比例并不固定。在苏玳地区,有葡萄栽培者常采用传统方式种植长相思葡萄,即将长相思葡萄与赛美蓉葡萄按一定比例间隔种植,以便在采收时两个品种的葡萄都达到适宜的成熟度。然而由于长相思葡萄一般比赛美蓉早熟 1~2 周,且成熟后仍不采摘,会使其香气物质有所损失,因此这又使得越来越多的栽培者将长相思葡萄单独栽培。

在新世界葡萄酒国家,美国是种植长相思最多的地方。19 世纪 80 年代,Charles Wetmore 将长相思葡萄引进加利福尼亚州,它的品性在利弗莫尔山谷(Livermore Valley)得到了比较好的表现。20 世纪 80 年代,美国著名的酿酒师罗伯特·蒙大卫(Robert Mondavi)以其为原料,利用橡木桶酿造了一款果香浓郁、宽阔复杂的"Fumé Blanc",使之一举成名。现在长相思在加利福尼亚州发展极其迅速,栽培面积已超过了 5 200 hm²,在白葡萄种植中仅次于霞多丽。

新西兰引进长相思比较晚,并且是以调和米勒-吐高(Muller-Thurgau)葡萄酒的身份被引入试种的,起初发展缓慢。1985 年,云湾酒庄(Cloudy Bay)的长相思葡萄酒在世界上得到认可,使人们开始关注新西兰葡萄酒。今天新西兰的长相思葡萄酒,特别是位于凉爽干燥的南岛马尔堡产区所生产的长相思,备受赞誉。长相思葡萄目前已经成为新西兰栽培面积最大的品种。来自马尔堡地区的长相思,具有辛辣的芳香和青草、绿瓜、酸橙、番茄叶、百香果和芦笋等的香气,同时还混有热带水果及各种草药的香气,清新活泼,酸度较高。此外,在智利、澳大利亚、南非、意大利等地也能见到长相思的身影。

中国最早于 1892 年由西欧引入长相思至山东烟台,20 世纪 80 年代又多次从法国等国家引进,目前在山东、甘肃、北京等地有小面积栽培。虽然中国引进长相思历史较长,但由于白葡萄酒的销量和消费者的口味喜好等原因,一直未能在生产上推广,目前各酒厂原料基地正在试栽中。

长相思具有适应性强、早熟等特性。它对土壤、气候的适应力均较强。长相思在多种土壤中都能生长,但它最喜欢石灰石、黏土-石灰质或贫瘠的沙砾土壤。它还比较喜欢冷凉气候,因为在这种气候条件下可延缓葡萄的成熟时间,使其糖酸比达到平衡,从而酿出香气协调、浓郁的美酒。由于长相思的果实在即将成熟时典型香气成分会达到最高,而当葡萄完全成熟后,这些香气成分会迅速减少。因此,长相思葡萄多在接近成熟时采摘。

用熟透的长相思酿造的葡萄酒具有柠檬、青苹果或草药的香气,有时带有胡椒的气味。而用未熟透的长相思酿造的酒,青草气息颇为浓郁。在石灰质土壤中种植的长相思酿造的酒常有火石味和白色水果香,当青草味突显时,则更接近野草味,会让人联想起黄杨木的气味,也有人称之为猫尿味。在法国卢瓦尔河谷的桑赛尔和普宜两个产区,长相思葡萄酒还带有一种特殊的矿物质以及烟熏味;在新西兰和智利的凉爽地带,陈酿 2～3 年后的长相思会有芦笋的味道;美国加利福尼亚州气候炎热,出产的长相思葡萄酒果香浓郁,但有时较为油腻,缺乏清新感,橡木味过重,带有燧石的味道。

优质的长相思葡萄酒酒体清淡,呈极度干性,是一种活泼爽口的白葡萄酒,非常适合与多种食物搭配,尤其是贝类海鲜、新鲜的山羊奶酪等。

4.2.20 赛美蓉(Semillon)

赛美蓉,为欧亚种,原产于法国波尔多格拉夫(Graves)区及苏玳(Sauternes)地区。赛美蓉在法国被称为 Semillon Blanc,Semillon Muscat,Semillon Roux 等;在罗马尼亚被称为 St-Emilion;在南非被称为 Green Grape,Greengrape,Wine Grape 或者 Wyndruif;在澳大利亚又被称为 Hunter River Riesling。Semillon 中文又可译为森美戎、赛米蓉、雪米浓、三米雄等。

目前,赛美蓉栽培面积最大的国家是智利(35 万 hm²),其次才是法国(23 万 hm²)。除此之外,在澳大利亚、阿根廷、南非、美国加利福尼亚州等地均有栽培。中国在 20 世纪 80 年代引进种植,目前在河北、山东、甘肃等地有栽培。

赛美蓉,属早熟品种,可以生长在世界不同土质的土地上,但是比较适合的是石灰质黏土及石灰岩地土壤,这样才能确保它含有较高的酸度。它生长势旺,易丰产,须严格控制其产量,修剪枝条时不能留太多芽眼。赛美蓉的抗病性中等,但因其果皮较薄,在生长季节中果实容易感染白腐病、灰霉病、黑腐病,并易遭遇红蜘蛛的危害。所以生产上要重视,并及早防治。同时,在适合的地区可以酿造甜美浓郁的贵腐甜酒。

赛美蓉是个表现相当两极化的酿酒葡萄品种。在大部分地区,用赛美蓉酿出的葡萄酒都过于油腻丰腴且酸度低,黯然无色,所以被评为毫无风格的中性品种并不让人意外。但是在少数地区,如法国波尔多和澳大利亚猎人谷,酿酒师却利用赛美蓉葡萄酿出了世界上杰出的白葡萄酒。

赛美蓉葡萄的酸度不如长相思,但是却有更高的甜度,所以酿出的干白葡萄酒酒精度高,口感浓郁,且酒色也较为金黄;在香味方面,赛美蓉新酒也不如长相思香浓,但是陈酿之后却有非常特别的蜂蜡与干果的香气。尽管如此,赛美蓉还是有它不可避免的缺点——含酸量低,缺乏活力。而拥有浓郁果香的长相思酒体清淡,酸度高,很好地弥补了赛美蓉葡萄酒的不足。将两者混合后,刚好有互补效果,年轻时由长相思主导,陈酿后由赛美蓉接替,不同阶段的葡萄酒都各有特色,这也正是波尔多混合酿酒的精髓所在。大部分的波尔多白葡萄酒都是由这两个品种按不同比例混合酿造而成的,不同生产者使用的葡萄比例有所不同。

赛美蓉以酿造贵腐甜酒最为著名。由于其皮薄,在潮湿的环境下,适合灰绿葡萄孢霉菌的生长,是酿造贵腐甜酒的最佳对象。此霉菌不仅可以吸收葡萄果实中的水分,增加赛美蓉的糖分含量,且因其葡萄皮上所发生的化学变化,提高葡萄的酸度,所酿的酒可经数十年乃至百年的储藏。苏玳地区的伊甘庄园(Château d'Yquem,或称滴金堡)所酿造的贵腐甜酒被誉为世界上最好的甜葡萄酒。在该地区所酿贵腐酒中赛美蓉通常占80%,除了赛美蓉外,酿酒师们常添加一小部分的长相思,它可增添酒的丰富性与均衡感,特别是加强酒的酸度和香味。另外,有些酒庄还会添加小比例的密斯卡岱勒(Muscadelle),让酒有更丰富的水果香气,但添加太多常会让酒变得过于俗艳。

在引进澳大利亚之初,赛美蓉并不能很好地被接受。然而在猎人谷的赛美蓉葡萄表现非常出色。在波尔多,赛美蓉最理想的伴侣是长相思,但在猎人谷,赛美蓉与霞多丽配合也相当默契。这里的新酒一般有轻微的青草和烤面包的香味,陈酿数年后,会呈现出特有的风味。

由赛美蓉酿出的葡萄酒颜色金黄,酒精含量很高,酸度较低,果香较淡。新鲜的赛美蓉葡萄酒会散发出一种淡淡的柠檬和柑橘类香气,隐约表现出药草、蜂蜜和雪茄的香气;经过橡木桶陈酿后,该酒又会拥有一种羊毛脂的味道。用赛美蓉酿造的苏玳贵腐甜酒呈亮丽的金黄色,具有蜂蜜、干果、果脯、蜜饯、杏、桃、柠檬、香瓜、香料和香草的复杂香气,酒的口感非常丰富,酒体醇厚、圆润、丰满,酸味持久而柔和,甜而不腻。

赛美蓉与贝类,尤其是牡蛎,堪称绝配,与软奶酪搭配也是很不错的选择。而甜美丰腴的贵腐酒,因为其浓甜,在波尔多人们习惯拿它当餐前的开胃酒。除了单饮外,配上蓝莓乳酪及肥鹅肝也是相当古典的美味组合。

4.2.21 舍西亚尔(Sercial)

舍西亚尔为欧亚种,原产于葡萄牙,此品种以酿造马德拉酒著称于世。它的葡萄牙语名为Cerceal,英文名为Sercial,也写作Sersial,其英文名并非根据品种起源而命名,而是和马德拉酒分类有关。舍西亚尔是马德拉葡萄酒的一种,它的特点是干、高酸。根据欧盟规定带有舍西亚尔商标的马德拉酒至少要用85%的舍西亚尔葡萄。其中文译名有雪尔西阿、舍西亚尔、塞尔斜等。在葡萄牙,舍西亚尔还有更有趣的俗名——Esgana,Esgana Cao 翻译过来为"狗呛"(choker)。据说是因为舍西亚尔葡萄的酸度高,狗在吃它时会被呛。

根据资料记载,舍西亚尔葡萄是从德国带到马德拉岛(Madeira,木之岛)的,它在种植方式上与德国的雷司令相似,然而舍西亚尔在味道上与雷司令是截然不同的。舍西亚尔和雷司令的亲缘关系尚待考证。近年来的 DNA 研究认为,与舍西亚尔基因最接近的是科拉雷斯地区的 Ramisco,也有认为它起源于莱茵河岸。

马德拉岛位于大西洋中离摩洛哥海滩大约 360 英里处,是 1418 年一位葡萄牙探险者首先发现的。在历史上,马德拉岛的地理位置很重要,欧洲的船只要通往美国,都需要在这里补充给养。马德拉酒因此产生和闻名。

舍西亚尔品种多栽培在马德拉岛海拔最高的地区,其中在岛南端的种植面积逐渐减少,而内陆的种植面积逐渐增多。历史上马德拉岛的葡萄栽培曾遭到过两次大的病虫害,19 世纪末重新恢复。

舍西亚尔的果穗中大或较大,宽圆锥形,常有副穗或分歧,果粒着生紧密度较稀或中紧。果粒中大或偏小,重 2~3 g,微椭圆形或倒卵形,淡绿色,阳面为淡黄色,并有褐色晕斑,皮薄,易腐烂。果肉柔软多汁,味甜带香味。它的生长势中等或较旺。该品种糖分积累能力强,产量中等或较高,适于篱架、小棚架栽培。该品种晚熟,较抗白粉病和霜霉病。

除了可以用于酿造普通白葡萄酒外,舍西亚尔主要用于酿造马德拉酒。酿造马德拉酒的葡萄采摘期自 8 月 15 日起至 10 月底止。酒在发酵时需导入空气,且容器需时常保持冰凉的状态。

马德拉酒之所以拥有其独特的味道,是因为它的酿造方法比较特殊。通常是在葡萄汁发酵到一定阶段加入白兰地中止发酵并提高酒精度,酒精度在 17%~20%(体积分数),然后将酒放入罐中,在一个特殊的高温屋子(热房)或依思图法室(Estu-fas)贮存 3~6 个月,加速酒的成熟和老化(缓慢加热的方式熟化)。这些地方把酒加热到 40~50 ℃。如果是 6 个月,一直加热 5 个月,到第 6 个月时,温度降到 22 ℃左右。高温同时也具有杀菌的作用。比较甜的马德拉酒是在加热贮存过程之前(酒中还保留着残余的糖分)加蒸馏酒强化的。与甜马德拉酒相反,舍西亚尔这种干马德拉酒在完全发酵之后在强化之前完成加热贮存的过程。这种独特的酿造方法是被出口商发现的,当把马德拉酒装上大船经过回归线时,到岸时它的品质比它刚从岛上出发时好多了。后来人们尝试人工加热,发现确实能够提高酒的品质,"依思图法室"应运而生。

酿造马德拉酒的葡萄品种还有维德和(Verdelho)、黑莫乐(Negra Mole)、布尔(Bual)、马尔维萨(Malvasia)等,其中舍西亚尔属于干性酒,味道清淡,酸度高,需要三四十年的时间才能使其醇化柔和。它拥有一种特别的味道,尝起来富含坚果味、烟雾味和葡萄干味,有"香魂"的美称。该酒尝起来有焦糖的味道,酒体丰满,回味类似干性雪莉酒。

马德拉酒很有特色,它特别抗氧化,开瓶后放两三个月都不容易变质。马德拉酒是强化酒精的酒,其性质跟一般葡萄酒不太一样,由于酒精度高,不容易变质,且会随着时间变得醇厚。

舍西亚尔酒一般要在冰箱中冷藏(不用冰桶也不加冰)之后饮用,可搭配橄榄、杏仁和其他小食品饮用。此外,舍西亚尔酒在西餐中常作为料酒用来烹调食物。

4.2.22　西万尼(Silvaner)

西万尼为欧亚种,在不同地区还有其他一些名称,如 Johannisberger,Sylvaner,Gros-Rhin 等。它的中文译名为西万尼、西瓦娜等。西万尼被认为起源于欧洲中部,很可能是奥地利。DNA 分析表明西万尼是由 Traminer 和 Österreichisch-Weiβ(意为"奥地利白")杂交而成。

西万尼曾经是德国最重要的一个古老葡萄品种。有资料记载,西万尼于 1659 年 4 月 5 日从奥地利引种到德国弗兰克尼(Franconia)。所以,德国在 2009 年的时候庆祝了西万尼 350 岁的生日。"二战"后西万尼在德国和法国阿尔萨斯被大量种植,在 20 世纪 60~70 年代,分别达到过两地葡萄园种植总量的 30%和 25%。在 70 年代被米勒取代以前,它一直都是德国种植最多的酿酒葡萄品种。在德国大多数的葡萄被混入"圣母之乳"(Liebfraumilch)里,但是过多的产量使得人们对它的评价不高。此外,人们口味的变化也导致了一些葡萄园改种其他品种。然而,在弗兰克尼,不允许出产"圣母之乳",于是西万尼得以一直专门用来生产干白葡萄酒。在那个年代德国大多数产区都生产半干型葡萄酒,所以西万尼干白葡萄酒依旧受到欢迎。

近期,该品种被允许和其他的 4 个"贵族葡萄"一样用于阿尔萨斯特级园(Alsace Grand Cru)葡萄酒的生产。现在它渐渐在德国的普法尔茨(Pfalz)、莱茵黑森(Rheinhessen)和弗兰肯(Franken)产区受到更多的欢迎。大约有 5%的德国葡萄酒产区栽种西万尼。

1955 年,原华北农业科学研究所从匈牙利将西万尼引入中国。在北京、河北昌黎有少量栽培。

西万尼的嫩梢绿色带红褐色。幼叶黄绿色,茸毛中等密。成龄叶片中等大,近圆形或肾形,波浪状,无茸毛。叶片浅五裂,锯齿钝。叶柄洼开张呈椭圆形。两性花。果穗中等,圆锥形,带副穗,果粒着生紧密。果粒较小,圆形,黄绿色。果粉薄,果皮较厚。果肉软,果汁有类似雷司令品种的独特果香。每果粒含种子 2 粒。植株生长势强,芽眼萌发率较高。该品种结实力强,产量较高,为中熟品种。其适应性较强,抗寒抗旱,喜沙质肥沃土壤,适合在温凉地区种植。该品种抗病性较弱,易染灰霉病、白粉病、白腐病。它宜篱架栽培,中短梢修剪为主。

西万尼比雷司令酸度低,因此显得口感更加平和。酒的颜色通常很浅,一般不经过橡木桶陈酿,香气淡雅而且充满土壤的气息,有罗勒草、棉花、蕨类植物、成熟浆果的香气。该酒适合和海鲜搭配,有一些非常适合和芦笋搭配。甜型酒可以搭配开胃菜或者甜品。

4.2.23　威代尔(Vidal)

威代尔属于白色葡萄品种类,欧美杂种,又称为 Vidal Blanc 或 Vidal 256。中文译名为威代尔、维达尔等。

威代尔在 1930 年由法国葡萄育种工作者 Jean Louis Vidal 培育完成,是 Ugni blanc(白玉霓)和 Rayon d'Or (赛必尔,Seibel 4986)的杂交后代。他最初的目的是想要培育出一种适合法国夏朗德地区(Charente)气候并用于酿造干邑葡萄酒的品种。

威代尔虽然起源自法国,但是在法国几乎已绝迹,因其抗严寒能力较强,以及对白粉病有一定的抗性,在加拿大广泛种植,已成为加拿大的标志性葡萄品种。目前主要分布在加拿大的安大略省、不列颠哥伦比亚和美国的五大湖地区。

辽宁本溪桓仁县于 2001 年从加拿大引进威代尔在当地浑江水库旁的北甸子乡进行栽培试验并获得成功,且成功生产出符合国际标准的冰酒,已成为中国主要的冰酒生产地区。该地区也是目前中国威代尔栽培面积最大的地区,约有 4 000 hm²。随着冰酒的畅销,威代尔已在北京、新疆、甘肃、宁夏等地引种栽培。

威代尔树冠紧凑,幼树生长健壮,主蔓褐色,一年生枝条黄褐色。叶片近圆形,较小,颜色较浅,锯齿尖锐,三裂,上裂刻较深,叶柄洼闭合呈圆形,叶表绿色、平滑,有光泽,叶背绿色、无茸毛。花序为复总状,卷须分叉,果穗多为圆锥形,较大,穗重为 400～1 000 g,果皮颜色为黄绿色,果穗紧实。果粒近圆形,平均粒重 2 g 左右,果皮厚,果粉薄。较抗白粉病。威代尔较晚熟,但比雷司令早熟一些,抗寒能力明显强于一般欧亚种。它的突出特点是霜冻后葡萄穗轴及果梗干枯、果粒干缩的情况下果粒不易脱落,自然脱水可使其质量减少 1/3 以上,可长时间留存树上,延迟采收期达到 40 d 以上,因此是理想的酿造冰葡萄酒的原料。

威代尔葡萄果皮厚实,成熟缓慢且稳定,含糖量高,果汁丰富,由于成熟葡萄具有较高的酸度和馥郁的果香,使威代尔非常适合酿造甜酒。威代尔葡萄酿造的葡萄酒果香浓郁,但不够丰富细腻,酒质酸度高,酒味略呈平淡。经过橡木桶陈酿的威代尔冰酒,呈现亮丽的金黄色泽,有馥郁的香气及细腻柔滑的口感,常有柑橘、菠萝、柚子、杏干以及蜂蜜的香气。酒体丰硕饱满,回味持久,富有层次。1984 年加拿大安大略省的云岭(Inniskillin)酒庄首次使用威代尔酿造冰酒,并贴上了"Eiswein"(冰酒)的标签。在 1991 年波尔多国际葡萄酒及烈酒博览会(Vinexpo)上,云岭酒庄酿造的 1989 年份威代尔冰酒夺得展会最高奖,把大家的目光重新吸引到这个葡萄品种上。

加拿大有 4 个冰酒产区:安大略省、大不列颠哥伦比亚省、魁北克省和新斯科舍省。符合VQA(Vintners Quality Alliance,酒商质量联盟)冰酒标准的产区只有安大略省和大不列颠哥伦比亚省,其中安大略省最为重要,占全国冰酒产量的 80% 以上。安大略省较为著名的酒庄有希勒布兰德庄园(Hillebrand Estates)和云岭酒庄。

作为甜酒,威代尔冰酒适合搭配香煎鹅肝、餐后甜品、水果、干果、重味芝士、雪糕、巧克力等饮用。

4.2.24 维奥妮(Viognier)

维奥妮为欧亚种,中文译名为维奥(欧)涅(妮/尼)等。在其他国家或地区,该品种又被称为 Bergeron, Barbin, Rebelot 等。Viognier 的名字可能取自邻近罗马的法国城市 vienne。另一个说法认为它是根据罗马语 via gehennae 而来,意指通向地狱之路,可能暗示着这种葡萄栽培比较困难。

维奥妮是个古老的葡萄品种,它的起源尚没有明确的定论。2004 年,在美国加利福尼亚大学戴维斯分校进行的 DNA 检验测试表明,维奥妮和皮埃蒙特高原的弗雷泽(Freisa)关系最近,基因上和内比奥罗是近亲。

多数的专家认为维奥妮是由罗马人带到了法国的罗纳河谷地区。在罗马时代维奥妮就已经种在孔德里约(Condrieu)这个地方。在 5 世纪罗马人被赶出高卢,之后的几个世纪,葡萄园荒废。在 9 世纪,当地居民使其复兴,这个品种扩展到相邻的 Château Grillet。在 14 世纪维奥妮又传到了阿威尼翁的教皇新堡。后来由于战争的破坏、根瘤蚜的肆虐,再加上自身生长的困难,到 1965 年这种葡萄品种几乎灭绝,全法国剩下不到 15 hm²。

由于该葡萄品种酿出的酒具有鲜明特性和复杂性,20 世纪 90 年代以后维奥妮酒又渐渐地成为一种人们喜爱的白葡萄酒。随着名声和价格的上升,种植的数量也在增长。现在罗

纳河谷地区的种植面积已经超过 740 hm²，而朗格多克-鲁西荣和普罗旺斯地区已超过了
1 500 hm²。美国加利福尼亚州则超过了 800 hm²。此外，意大利、澳大利亚和南非等地区也
引进了该品种。

从栽培性状来看，维奥妮叶片中等，果穗长呈圆柱形，果粒紧密。果粒小，呈卵圆形，成熟
时为黄色或者琥珀色，酿造的葡萄酒颜色类似于小麦的金黄色。这个品种适合种植在较温暖
的地区，完全成熟的时候糖度可达到 24°Brix 以上，风味也最好。维奥妮较为"矜贵"，栽培起
来有一定的困难。其一是葡萄树长势稍弱，在法国浅层的含有花岗岩的土壤上，或是在美国加
利福尼亚州北岸淤积的深厚土壤上表现良好，而在浅而干旱的土壤则不易种植。同时种植时
还需要注意种植密度。其二就是维奥妮比其他的品种更易染病，特别是白粉病，导致其产量低
而且不可预测。在法国，维奥妮被嫁接在 110R 砧木上繁殖。在美国，它被嫁接在 Teleki 5C、
SO4、3309C、101-14 Mgt 砧木上。维奥妮难以种植的第三个原因，在于其特殊的物候期，它的
开花和成熟都比较早。也正因如此，维奥妮对早霜非常敏感。同时在葡萄成熟的时候，需要精
心挑选。采摘过早，会导致酒味淡，不均衡；采摘过晚，葡萄酒会失去该品种特有的杏、桃和金
银花的香气。虽然维奥妮在种植上有以上几点不足，不过维奥妮对干旱有一定的抵抗力，它能
够在非常干旱的地区生长。

成熟的维奥妮葡萄酿造的酒呈金黄色，酒精度高，酸度低，和谐，圆润，带有强烈花香（紫罗
兰、金合欢、橙花），而且能发展成蜂蜜、麝香、桃和干杏的香气。对于那些从来没有体验过维奥
妮的人来说，该品种葡萄酒是非常有特点的。首先是它的浓烈香味，混合了金银花、柑橘花、荔
枝、成熟的白瓜、新鲜的桃、杏、成熟的刚被切开的梨的香气，风格有点类似琼瑶浆。它比霞多
丽的味道更加丰富并富有黏性，余味也很清新。维奥妮通常是酿成干白葡萄酒，即使和其他的
葡萄混酿，也很难掩饰维奥妮的香气。那些用来酿造霞多丽的技术如橡木桶发酵、苹-乳发酵、
酒脚陈酿等，可能会掩盖住该品种特有的香气。但是一些酿酒师为了追求另一种风格，会选择
橡木桶发酵。即使这样，他们也不会选择全新的橡木桶，而是选择一些老的中性的橡木桶，这
样可以早些使香味显现。在一些地区，人们在酿造西拉葡萄酒的时候会添加一些维奥妮，不但
可以使西拉酒显得柔和，而且使酒的香气更浓更高雅。另外，由于酒精度高，有的酿酒师会在
酿造时留下一部分糖，以减轻酒精度过高带来的灼热感。

作为法国罗纳河谷的法定品种，最好的维奥妮酒来自该地的孔德里约和格里叶堡
（Château Grillet）地区。法国北罗纳地区的气候对维奥妮的葡萄园有很大的影响。该地的风
可以缓和当地的地中海气候，在夏季的时候，可以降低葡萄园的温度。通常而言，维奥妮主要
是由于其清新和芳香的特质，适合年轻时饮用。不过在格里叶堡，维奥妮在装瓶前要在橡木桶
中陈酿数月，该酒竟可以存放 20 年之久。在罗纳河谷北部，这种葡萄有时与霞多丽混合在一
起。在罗蒂丘（Côte-Rôtie）产区，20% 红葡萄酒中会混有维奥妮，尽管大部分种植者添加的量
不超过 5%。这是由于维奥妮比西拉成熟得早，一般都单独采收。在发酵过程加到西拉中，可
以辅助着色，使红葡萄酒的色泽更加稳定。在法国，维奥妮的产量相对于其他品种而言是很低
的，每公顷平均产 3.2 t。在有些地区，该品种还用来酿造晚采甜酒，也颇具一番风味。

在美国和加拿大部分地区，维奥妮的种植自 1980 年后期呈曲线型增长。在美国，加利福
尼亚中心海岸的种植面积最大，超过了 809 hm²，产量达到每英亩 3.7～9.9 t。加利福尼亚与
其他地区的维奥妮的明显不同在于它的高酒精度。加利福尼亚的葡萄酒厂正在研究混合品
种，如霞多丽和维奥妮混合等，这也许会是它未来的发展方向。不过葡萄酒的品质参差不齐，

有的橡木味过重,有的青草味过重。该地区维奥妮近期有下降的趋势,除了由于品质不均衡外,还在于它的高价格。此外,它还种植在华盛顿、科罗拉多州、纽约、弗吉尼亚、哥伦比亚等地,其中华盛顿地区维奥妮的品质较为突出。在澳大利亚,御兰堡(Yalumba)是生产维奥妮白葡萄酒最早的酒庄。而且大量与西拉混合酿造。

最近的确切记载,维奥妮进入中国是 2001 年由中法庄园从法国引进的。不过由于面积小,在中法庄园一般与霞多丽、雷司令混合酿造成干白葡萄酒。

维奥妮独特的香味和风味,使得很多人怀疑这种酒是否适合搭配食物。其实这种外向的元素使维奥妮搭配地中海式的烹饪风格最佳,尤其是贝壳类食物、海鲜、家禽的菜肴。辛辣的亚洲食物也可以和维奥妮搭配,甚至是咖喱饭菜,尤其是越南和泰国的菜系,再加一些椰子汁,和维奥妮相互呼应。除此之外,它也可搭配烧烤的鸡肉和法国的奶酪一起饮用。

4.3　中国自主选育的部分酿酒品种

4.3.1　北冰红(Bei Bing Hong)

北冰红是山欧杂种,由中国农业科学院特产研究所育成,亲本是左优红×84-26-53(山-欧 F_2 葡萄品系)。它于 1995 年进行杂交,1999 年进入初选,2002 年进入区域试验,2008 年通过吉林省农作物品种审定委员会审定。它在中国东北地区大面积栽培。

北冰红果穗呈圆锥形,平均穗重 159.5 g。果粒圆形,蓝黑色,果粒重 1.30 g。果皮较厚,韧性强。果肉绿色,无肉囊,可溶性固形物为 18.9%～25.8%,总酸为 1.32%～1.48%,出汁率为 67.1%。每个果粒含种子 2～4 粒。嫩梢黄绿色,有茸毛。幼叶浅绿色,成龄叶片深绿色,近圆形,中等大小,具褶,深三裂。叶上表面呈网状皱纹,叶缘锯齿锐,叶柄洼开张,叶背茸毛密。一年生成熟枝条黄褐色,有茸毛。两性花。二倍体。结果枝率为 100%,结果系数 1.87。它是中熟品种,从萌芽至浆果成熟需 138～140 d。抗寒力近似贝达葡萄,抗霜霉病。适宜在年无霜期 125 d 以上,活动积温(≥10 ℃)2 800 ℃以上,最低气温不低于−37 ℃的山区或半山区栽培。沈阳以北地区植株越冬需下架简易防寒。该品种适宜采用小棚架种植,超短梢修剪,主蔓龙干形整枝,宜在开花前 5～7 d 摘心。

北冰红可用于酿造冰红葡萄酒,酒质好,呈深红宝石色。

4.3.2　北醇(Bei Chun)

北醇为欧山杂种,原产地为中国,是 1954 年由中国科学院植物研究所北京植物园以玫瑰香和山葡萄为亲本育成。它曾在北京、河北、山东、河南、辽宁等地大面积栽培。

该品种果穗中等大,圆锥形,穗长 16～19 cm,宽 7～10 cm,穗重 250 g。果穗大小整齐,果粒着生紧密。果粒小,呈圆形或近圆形,紫黑色。果粉厚,果皮中等厚,果肉较软,果汁淡红色,味酸甜,无香味。出汁率为 75%左右。每果粒有种子 2～4 粒,种子小,为棕红色。

北醇嫩梢黄绿色,密生茸毛,呈灰白色。幼叶黄绿色,叶缘鲜紫红色,茸毛多。成龄叶片大,近圆形,叶片五裂,缺刻中等深,上表面粗糙,下表面有灰黄色短刚毛,锯齿锐,叶柄洼拱形,主脉分叉处有 2 个浅紫色斑点,微向外突起。新梢生长直立。卷须分布不连续,2 分叉。两性花。

北醇植株生长势强,芽眼萌发率高。每结果枝平均有花序2.3个。结实力强,幼树进入结果期早,产量高。在北京地区,4月上旬萌芽,5月中旬开花,8月底至9月上旬成熟,从萌芽至浆果成熟约156 d,在此期间活动积温为3 481 ℃。该品种为晚熟品种,适应性极强,抗旱、抗寒、抗湿力均强,适宜南方较潮湿与北方寒冷地方栽培。它不抗霜霉病、白粉病。该品种宜篱架、小棚架栽培,中短梢修剪。

该品种抗逆性特别强,丰产,含糖量高,酿造的葡萄酒为宝石红色,澄清透明,柔和爽口,酒香良好,回味长,具有山葡萄酒的风味。

4.3.3　北红(Bei Hong)

北红为欧山杂种,1954年由中国科学院植物研究所北京植物园以玫瑰香和山葡萄为亲本育成。它与北醇、北玫为姐妹系品种,在北京、辽宁、山东等地有少量栽培。

其果穗较小,呈圆锥形。果粒小,圆形,蓝黑色,着生紧密。果粉果皮厚。果肉软,果汁较少,红色,味酸甜。每果粒含种子2～4粒,椭圆形,红褐色,种子与果肉不易分离。出汁率为62.9%。

北红嫩梢呈黄绿色,幼叶呈黄绿色,上表面有光泽,下表面有茸毛。成龄叶片较大,呈心脏形,上表面光滑,下表面有稀疏茸毛和少量刚毛。叶片三裂,裂刻浅,锯齿大而锐。叶柄洼矢形或拱形。两性花。

北红植株生长势强,芽眼萌发率较高,隐芽萌发的新梢结实力强,夏芽副梢结实力弱。早果性好。在北京地区,4月上旬萌芽,5月中旬开花,9月中上旬浆果成熟,从萌芽至浆果成熟约160 d,在此期间活动积温为3 639.9 ℃。它为晚熟品种,抗寒性强,在华北地区不需埋土防寒。该品种抗病性强,易栽培,但产量和出汁率较低。它宜篱架栽培,水平整枝,短梢修剪。

此品种酿造的酒有类似山葡萄的香味,味浓厚,回味长,是酿造山葡萄类型酒的优良品种。

4.3.4　北玫(Bei Mei)

北玫是欧山杂种,原产地是中国。它是1954年由中国科学院植物研究所北京植物园以玫瑰香和山葡萄为亲本育成,与北醇、北红为姐妹系。该品种在北京、辽宁、河北、山东、江苏等地均有栽培。

北玫果穗中等大,圆锥形,有时带副穗。果穗大小整齐,果粒着生中等紧密。果粒中等大,呈圆形或近圆形,紫黑色。果粉中等厚,果皮厚,果肉软,果汁红褐色,味酸甜。每果粒含种子2～4粒,种子椭圆形,较小,暗褐色。种子与果肉不易分离。出汁率约为77.7%。

该品种嫩梢为绿色,带浅紫红色,密生灰白色茸毛。幼叶黄绿色,下表面有黄白色茸毛。成龄叶片较大,心脏形,浓绿色,上表面较光滑,下表面有稀疏的黄白色短茸毛,混生少数刚毛。叶片五裂,上裂刻深,基部圆形,下裂刻深或中等深。锯齿大而钝。叶柄洼狭小拱形。新梢生长直立,卷须分布不连续,2分叉。两性花。

北玫植株生长势强,芽眼萌发率高。隐芽萌发的新梢结实力强,夏季副梢结实力弱。在北京地区,4月中旬萌芽,5月中旬开花,8月下旬至9月上旬浆果成熟,从萌芽至浆果成熟约为144 d,在此期间活动积温为3 347.5 ℃,为晚熟品种。北玫抗寒性较强,在北京地区一般年份不埋土防寒可安全越冬,但个别年份会引起萌芽率下降。它的抗白腐病、炭疽病能力较强,但叶片易染霜霉病。篱架、棚架栽培均可,宜中短梢修剪。

该品种酿造的酒呈宝石红色,澄清透明,麝香味浓,较爽口,酒体丰满完整。通常作为辅助品种与北醇配合栽培,并混合酿酒,也可榨汁酿造白葡萄酒。

4.3.5 北全(Bei Quan)

北全为欧山杂种,由中国科学院植物研究所北京植物园以北醇和大可满为亲本育成。北全在北京、河北、江西、广西等地有少量栽培。

其果穗较大,呈圆锥形或圆柱形。果粒较大,近圆形或椭圆形,紫红色,着生紧密。果粉果皮中等厚,易碎。果肉质地中等,味酸甜。每果粒含种子2~4粒,种子为黄褐色,椭圆形,中等大,易与果肉分离。出汁率为80%。

北全嫩梢绿色。幼叶黄绿色,上表面有稀疏茸毛,下表面密生灰白色茸毛。成龄叶片中等大,心脏形,下表面密生茸毛。叶片多为五裂,少数为七裂,上裂刻深,下裂刻中等或较浅,锯齿大而钝。叶柄洼闭合尖底椭圆形,少数为开张矢形。两性花。

该品种植株生长势强,隐芽萌发的新梢结实力强,夏芽副梢结实力弱,早果性好。在北京地区,4月中旬萌芽,5月中下旬开花,9月中上旬浆果成熟,从萌芽至浆果成熟150~153 d,在此期间活动积温为3 379 ℃。它为晚熟品种,抗霜霉病、黑痘病能力强,抗白腐病能力较弱,抗旱性强。与北醇相比,北全果穗与果粒较大,生长势较弱,抗寒性相对较差。该品种棚架、篱架栽培均可,中短梢修剪。

此品种酿造的酒澄清透明,柔和爽口,可酿造白葡萄酒。

4.3.6 北玺(Bei Xi)

北玺是欧山杂种,由中国科学院植物研究所北京植物园以玫瑰香和山葡萄为亲本杂交育成。它在中国东北、华北及西北葡萄产区均可栽培。

该品种果穗呈圆锥形,平均质量137.9 g。果粒大小、形状整齐一致,无小青粒。果粒近圆形或椭圆形,紫黑或蓝黑色,平均质量2.24 g。果粉厚,果皮厚,果肉与种子不易分离,肉质中等。果汁中等多,呈绿黄色。果实香味中性,果实可溶性固形物含量23.8%,可滴定酸含量0.52%。出汁率67.4%。每果粒种子数3~4粒,多为3粒。

北玺嫩梢黄绿色,密布灰白色茸毛。幼叶黄绿色,下表面有中等密度白色茸毛。成龄叶片五角形,叶背有稀疏白色茸毛。成熟枝条黄褐色。两性花,二倍体。

该品种芽眼萌发率78.15%,枝条成熟度好。结果枝占芽眼总数的94.44%,平均每一结果枝上的果穗数为1.92个。早果性好,丰产。它是适合中国气候条件下的特色酿酒用优良葡萄品种。在北京地区,它4月上旬萌芽,5月中旬开花,9月底浆果成熟。北玺抗寒性强,抗炭疽病、白腐病能力强,抗霜霉病能力较强。它适宜进行有机葡萄的生产,可采用棚架或篱架栽培,中短梢修剪。它的产量宜控制在1.2 kg/m² 左右。北玺在华北地区种植冬季不用埋土防寒,入冬前灌足冻水,少量施肥。

此品种酿造的葡萄酒颜色呈深宝石红色,具有黑醋栗、蓝莓等小浆果气息,玫瑰香气不明显。该酒入口柔和、协调,酒体厚实,回味长,无论是颜色还是厚重度方面的品质均优于'北红'。

4.3.7　北馨(Bei Xin)

北馨由中国科学院植物研究所北京植物园以欧亚种品种与山葡萄的杂种一代筛选而来，其母本不详，可在中国华北、东北、西北及南方部分地区栽培。

该品种果穗圆锥形，平均质量155.5 g。果粒近圆形或椭圆形，紫黑色，平均粒重3.62 g。果皮厚，果粉厚，果肉与种子不易分离，肉质中等。果汁绿黄色，果实具有极微玫瑰香味，果实可溶性固形物22.4%，可滴定酸含量0.64%，出汁率67.9%。每果粒种子3.2粒。

北馨植株生长势较强。嫩梢黄绿色，成熟枝条黄褐色。幼叶浅红色，成龄叶片五角形。叶片五裂，上裂刻中等深，上裂片开张。锯齿两侧直，叶柄洼半开张。两性花。二倍体。

北馨芽眼萌发率80.64%，枝条成熟度好。结果枝占芽眼总数的91.98%，平均每一结果枝上的果穗数为1.99个。早果性好、丰产及稳产性能强，成年树产量宜控制在1.20 kg/m² 左右。北京地区4月上旬萌芽，5月中旬开花，9月下旬浆果成熟，为晚熟品种。抗病性及抗寒性强。棚架、篱架栽培均可，中短梢修剪。在中国大部分葡萄酒产区冬季可不埋土，但不埋土地区入冬前需灌足冻水。控制施肥量防止枝条旺长。休眠季做好清园工作，果实发育期可不喷施化学农药，适宜进行有机葡萄的生产。

此品种酿造的葡萄酒呈鲜亮的宝石红色，香气清新，具有玫瑰香气，入口甜美，酒体平衡，口感协调。

4.3.8　爱格丽(Ecolly)

爱格丽为欧亚种，它由西北农林科技大学葡萄酒学院选育，亲本为霞多丽、雷司令、白诗南及中间杂种Bx-82-129和Bx-84-17，目前在山西、陕西、甘肃、河北、宁夏等地有栽培。

爱格丽果穗中等大，带副穗，果粒着生中等紧密。果粒中等大，圆形，绿黄色。果粉果皮中等厚，果汁黄绿色，有玫瑰香味，出汁率为67%。每果粒含种子1~3粒。

该品种嫩梢浅红色，有极稀疏茸毛。幼叶黄色，下表面有极稀疏茸毛。成龄叶片中等大，近圆形，上表面无毛，下表面有极稀疏刺毛。叶片五裂，上裂刻开张，基部V形，锯齿双侧直。叶柄洼闭合裂缝形，基部呈V形。

爱格丽植株生长势强。在陕西杨凌，该品种在8月中下旬成熟，生长期为120~130 d，为中熟品种。它对霜霉病、白粉病、黑痘病抗性较强。

此品种酿造的酒呈禾秆黄色，澄清爽口，香气较浓，具优雅的花香和热带水果及干果的香气，适合酿造干白葡萄酒和甜型葡萄酒。

4.3.9　公酿一号(Gong Niang No.1)

公酿一号为欧山杂种，由吉林省农业科学院果树研究所以玫瑰香与山葡萄为亲本育成。它在吉林、黑龙江、辽宁等地有栽培。

公酿一号果穗中等大，呈圆锥形，有歧肩或带副穗。果粒小，圆形，蓝黑色，果粒着生较紧密。果皮厚，果肉软，果汁多，为淡红色，味酸甜。每果粒含种子1~4粒。出汁率71.2%。

该品种嫩梢绿色，有稀疏的茸毛。幼叶绿黄色，茸毛稀疏。成龄叶片较大，心脏形，上表面无茸毛，下表面少量刺毛。叶片为3~5裂，上裂刻浅或中等深，下裂刻浅。叶柄洼开张矢形，锯齿双侧凸。两性花。

该品种植株生长势强,芽眼萌发率较高,结实力强,产量中等。在吉林省公主岭地区,一般5月4日萌芽,6月5日开花,9月9日浆果成熟,从萌芽至浆果成熟共129 d,在此期间活动积温为3 079 ℃。公酿一号为中熟品种,抗逆性、抗病性均较强。其抗寒性强,在东北地区稍加覆土即可安全越冬,篱架、棚架栽培均可,以中短梢结合修剪为主。

该品种酿造的酒颜色鲜艳,果香良好,回味长,酒质较好。

4.3.10　公酿二号(Gong Niang No.2)

公酿二号为山欧杂种,由吉林省农业科学院果树研究所以山葡萄和玫瑰香为亲本育成。

其果穗中等,呈圆锥形,有歧肩或副穗,果粒着生疏松。果粒小,近圆形,蓝黑色。果肉软,果汁淡红色,味酸甜。出汁率68.2%。每果粒含种子多为3粒。

公酿二号嫩梢绿色,略带粉红色,有茸毛。幼叶黄绿色。成龄叶片较大,心脏形,深绿色,上表面无茸毛,下表面少量刺毛。叶片五裂,裂刻浅,锯齿小而锐。叶柄洼开张矢形。两性花。

该品种植株生长势强,产量较高。在吉林公主岭地区,一般于5月7日萌芽,6月10日开花,9月8日浆果成熟,生长期为125 d,在此期间活动积温为2 533 ℃。它为中晚熟品种,产量较高,枝条成熟好,抗寒能力强,适合在吉林以北栽培,棚架、篱架栽培均可,以中短梢结合修剪为主。

此品种酿造的酒呈淡宝石红色,有类似法国蓝的香味,酸度较高,较爽口,酒质中等,除酿酒外还可用于鲜食。

4.3.11　红汁露(Hong Zhi Lu)

红汁露为欧亚种,1957年由山东省酿酒葡萄科学研究所以美乐和小味儿多为亲本育成。目前它在山东省济南、烟台、黄县、招远等地有少量栽培。

红汁露果穗中等,圆锥形,果粒着生中等紧密。果粒中等或小,圆形,紫黑色。果皮中等厚,果肉软,果汁红色,出汁率65%～73%。每果粒含种子2～4粒,种子与果肉易分离。

该品种嫩梢深绿色带浓紫色晕或条纹,茸毛中等。幼叶绿色,下表面密生茸毛。成龄叶片中等大,近圆形,暗绿色,下表面密生茸毛。叶片五裂,裂刻中或深,锯齿锐。叶柄洼开张矢形。两性花。

该品种植株生长势中等。早果性好,产量较高。在山东济南地区,4月初萌芽,5月中下旬开花,8月中下旬浆果成熟,从萌芽至浆果成熟需130 d,在此期间活动积温为3 000～3 100 ℃。它为晚熟品种,抗病能力和适应性均比较强,在壤土和沙滩地均可栽培,宜篱架栽培,中短梢修剪。

此品种酿造的酒呈紫红色,香气较好,酒体较厚,可用于调色或酿造红葡萄酒。

4.3.12　梅醇(Mei Chun)

梅醇为欧亚种,于1957年由山东省酿酒葡萄科学研究所以美乐和小味儿多为亲本育成。目前在山东省济南、黄县、烟台等地有少量栽培。

梅醇果穗中等,圆锥形或圆柱形,有副穗,果粒着生紧密。果粒较小,近圆形,紫黑色。果粉果皮中等厚。果肉软,有玫瑰香。出汁率77%～81%。每果粒含种子3～4粒。

该品种嫩梢深绿色,密布紫色粗条纹。幼叶黄绿色,有稀疏茸毛。成龄叶片中等大,心脏形,下表面茸毛中等密。叶片五裂,裂刻中等深或深。锯齿锐。叶柄洼宽矢形。两性花。

该品种植株生长势强,芽眼萌发率中等,夏芽副梢结实力中等,早果性好。在山东济南地区,4月上旬萌芽,5月中下旬开花,8月中旬浆果成熟,从萌芽至浆果成熟需要130 d左右,在此期间活动积温为3 000~3 200 ℃。它为中熟品种,适应性强,抗病能力较强,但后期应注意防治炭疽病。它适宜在壤土、沙地种植,宜篱架栽培,中短梢修剪。

此品种酿造的酒颜色为宝石红色,香气较浓,回味较好。

4.3.13 梅浓(Mei Nong)

梅浓为欧亚种,于1957年由山东省酿酒葡萄科学研究所以美乐和小味儿多为亲本育成。目前它在山东省济南、黄县、烟台等地有少量栽培。

梅浓果穗圆锥形,多数有副穗,果粒着生中等紧密。果粒小,近圆形,紫黑色。果粉中等厚。果汁味酸甜,出汁率78%。每果粒含种子3~4粒。

该品种嫩梢绿色带紫红色粗条纹,有中等密茸毛。幼叶绿色有红晕,有稀疏茸毛。成龄叶片中等大,心脏形,深绿色,上表面有皱纹,下表面有稀疏茸毛。叶片五裂,上裂刻深,下裂刻浅。锯齿钝,叶柄洼开张尖底窄拱形。两性花。

该品种植株生长势中等,芽眼萌发率中等,夏芽副梢结实力弱,产量中等偏低。在山东济南地区,它于4月上旬萌芽,5月中下旬开花,8月中旬浆果成熟,从萌芽至浆果成熟需要130 d,在此期间活动积温为2 900~3 100 ℃。它为中熟品种,适应性强,抗病能力强,在壤土、沙地均可栽培,宜中短梢修剪。

此品种酿造的酒颜色鲜艳,酒香较浓,回味中长,适合酿造干红葡萄酒。

4.3.14 梅郁(Mei Yu)

梅郁为欧亚种,于1957年由山东省酿酒葡萄科学研究所以美乐和小味儿多为亲本育成。目前它在山东省济南、黄县、烟台等地有少量栽培。

梅郁果穗中等大,呈圆锥形或圆柱形,无副穗。果粒着生紧密,较小,近圆形,紫黑色。果皮厚,果肉软,出汁率68%~73.5%。每果粒含种子2~4粒,种子与果肉易分离。

该品种嫩梢绿色,密布紫色粗条纹。幼叶黄绿色。成龄叶片中等大,心脏形,上表面光滑,下表面密生茸毛。叶片深五裂。叶柄洼闭合矢形。两性花。

该品种植株生长势强,早果性好,产量较高。在山东济南地区,4月初萌芽,5月中旬开花,8月中旬浆果成熟,从萌芽到浆果成熟需要130 d,在此期间活动积温为2 900~3 100 ℃。它为中熟品种,适应性、抗病性均较强,喜肥水,适于壤土、沙地栽培,宜篱架栽培,中短梢修剪。

此品种酿造的酒呈浅宝石红色,香气较优雅,口感较柔和。

4.3.15 牡山1号(Mu Shan No.1)

牡山1号为山葡萄品种,原产地为中国,由黑龙江省牡丹江市果树研究所育成。2010年通过黑龙江省农作物品种审定委员会审定。现主要在黑龙江省推广栽培。

牡山1号果穗呈圆锥形,有副穗。果粒着生中度紧密。果穗平均长17 cm、宽15 cm,平均穗重195.0 g。果粒黑色,有果粉,平均粒重1.1 g。果肉绿色,果肉与果皮易分离,可溶性固形物含量为16.0%,出汁率为60.0%。每果粒含种子2~4粒。嫩梢绿色,有稀疏茸毛。幼叶呈卵圆形,黄绿色,同一株上的叶片有无裂刻和较浅三裂刻;叶柄洼少数闭合,叶柄近柄洼处紫红色,叶片平展。两性花。该品种长势中等,早果性好,一年生苗定植第2年即可结果。中熟品种,从萌芽至浆果成熟需120 d左右。该品种抗病性较强,耐旱但不耐涝,抗寒性极强,在黑龙江省中南部冬季不埋土防寒可正常越冬。牡山1号的抗寒性、适应性和抗病性强,在黑龙江省中部和东南部的大部分地区都可以栽培。它适宜篱架栽植,以独龙干整形栽培,冬剪时对结果枝通常采用短梢修剪,对主蔓延长修剪。宜在开花前1周摘心,摘心后及时抹芽。每个结果枝着生3个花序,在定留果穗时应只留第2个果穗,3年生以上树每株留30穗。

该葡萄加工获得的葡萄汁、葡萄酒和葡萄籽油品质较好。

4.3.16 泉白(Quan Bai)

泉白为欧亚种,于1957年由山东省酿酒葡萄科学研究所以雷司令和小味儿多为亲本育成。目前在山东济南、黄县、烟台等地有少量栽培。

泉白果穗中等,呈圆锥形,果粒着生紧密。果粒小,黄绿色,近圆形。果粉果皮中等厚。果肉软而多汁,味酸甜,出汁率79%～81%。每果粒含种子2～3粒,种子与果粒易分离。

该品种嫩梢与幼叶均为暗紫色,密生茸毛。成龄叶片中等大或小,心脏形,暗绿色,上表面粗糙,下表面多茸毛、叶片深五裂。锯齿锐。叶柄洼矢形。两性花。

该品种植株生长势强,夏芽副梢结实力中等,早果性好,产量中等或高。在山东济南地区,4月上旬萌芽,5月下旬开花,8月中旬浆果成熟,生长期约为130 d,在此期间活动积温为3 000 ℃左右。泉白为中熟品种,适应性强,抗病能力中等,可在壤土、沙地上栽培,宜篱架栽培,短梢修剪。

此品种酿造的酒,浅黄绿色,口感清爽,酒质细腻。

4.3.17 泉玉(Quan Yu)

泉玉为欧亚种,原产地为中国,由山东省酿酒葡萄科学研究所(原山东葡萄试验站)育成,亲本为雷司令×玫瑰香。在山东省济南、黄县、莱西、招远等地有少量栽培。

泉玉果穗呈圆锥形,带副穗或歧肩,平均穗重350 g。果粒着生中等紧密或紧密。果粒呈椭圆形,黄绿色,小,平均粒重2.7 g。果粉薄。果皮中等厚。果肉软,汁多,色白,味酸甜,有淡玫瑰香味,可溶性固形物含量为16%～18%,含糖量为15%～17%,含酸量为0.73%,出汁率为70.8%。每果粒含种子2～3粒。它的嫩梢绿色,茸毛厚。该品种幼叶黄绿,微有橙黄色晕,无光泽,上表面茸毛中等密,下表面密生白色茸毛;成龄叶片心脏形,黄绿色,叶片稍折叠,上表面有皱纹,下表面有中等密茸毛;叶片五裂,裂刻深,上裂刻闭合,下裂刻开张。枝条呈褐色。两性花。二倍体。生长势中等。产量较高。浆果中熟。适应性强。抗病性中等。在壤土、海滩沙地都可栽培。扇形或水平整形均可,宜中、短梢修剪。

所酿干白葡萄酒酒质细腻,清爽。

4.3.18 双丰(Shuang Feng)

双丰为山葡萄品种,由中国农业科学院特产研究所以通化一号和双庆为亲本育成。在黑龙江省友谊、宝清、鸡东、同江、哈尔滨和吉林省通化、集安、柳河、吉林、公主岭等地及内蒙古赤峰有较大面积栽培。

该品种果穗中等,圆锥形,双歧肩。果穗大小整齐,果粒着生紧密。果粒小,圆形,黑色。果粉厚,果皮薄。果肉软,果汁深紫红色,味酸,有山葡萄果香。出汁率为57%。每果粒含种子3~4粒,种子深褐色,梨形,与果肉不易分离。

双丰嫩梢黄绿色,梢尖有白色茸毛。幼叶黄色带浅红色晕,下表面有茸毛。成龄叶片大,心脏形,绿色,上表面泡状,下表面有稀疏茸毛。叶片全缘或浅三裂。锯齿双侧凸形。叶柄洼闭合椭圆形。两性花。

该品种植株生长势中等,芽眼萌发率高,隐芽萌发的新梢结实力强,夏芽副梢结实力中等。在吉林市左家地区,4月28日萌芽,6月6日开花,9月9日浆果成熟,从开花至浆果成熟96 d,在此期间活动积温为1 135.08 ℃。它为早熟品种,抗病性强,基本未发生过白粉病、白腐病、炭疽病、黑痘病、灰霉病等,但不抗霜霉病,个别年份发生过葡萄二星叶蝉和葡萄虎天牛。双丰产量大,抗旱、抗高温能力极强,抗盐碱能力中等,怕涝。其抗寒性极强,在高纬度地区可露地越冬,为我国东北寒带地区的主栽品种。双丰宜在向阳缓坡地块建园,可篱架栽培,以短梢或超短梢修剪为主,可露地越冬。

此品种酿造的甜山葡萄酒为深宝石红色,品种香明显,醇厚,典型性强,是酿造优质山葡萄酒的原料。

4.3.19　双红(Shuang Hong)

双红为山葡萄品种,由中国农业科学院特产研究所和通化葡萄酒公司以通化三号和双庆为亲本育成,在内蒙古赤峰、宁夏银川、山东高密、辽宁沈阳等地有少量栽培,是吉林、黑龙江的寒冷地区的主栽品种。

其果穗中等,圆锥形,单歧肩,果粒着生中等紧密。果粒极小,圆形,黑色。果粉厚,果皮薄。果肉软,果汁深紫红色,味酸,有山葡萄果香。出汁率为55.7%。每果粒含种子2~4粒,种子深褐色,梨形,较小,与果肉不易分离。

双红嫩梢黄绿色,梢尖有茸毛。幼叶浅绿色带浅红色晕,下表面有稀疏茸毛。成龄叶片较大,心脏形,深绿色,下表面有少量茸毛。叶片浅五裂,锯齿双侧凸形,叶柄洼闭合椭圆形。两性花。

它的植株生长势强,芽眼萌发率高,隐芽萌发的新梢结实力强,夏芽副梢结实力中等。在吉林市左家地区,4月30日萌芽,6月6日开花,9月10日浆果成熟,从开花至浆果成熟约97 d,在此期间活动积温为1 139.05 ℃。双丰为早熟品种,抗病性强,基本未发生过白粉病、白腐病、炭疽病、黑痘病、灰霉病等,抗霜霉病能力较强,个别年份发生过葡萄二星叶蝉和葡萄虎天牛。该品种抗旱、抗高温能力极强,抗盐碱能力强,抗涝性中等,可露地越冬,未出现冻害。它适宜棚架、篱架栽培,以短梢修剪为主。

此品种酿造的酒呈深宝石红色,香气较浓,爽口,典型性强,适于酿造山葡萄酒。

4.3.20　双庆(Shuang Qing)

双庆为山葡萄品种,来源于吉林省蛟河市天北公乡发现的一株野生山葡萄两性花单株,1975年由中国农业科学院特产研究所和吉林省吉林市长白山葡萄酒公司育成。在吉林蛟河、延吉、公主岭和黑龙江宝清、友谊、鸡东等地有较大面积栽培。野生山葡萄为雌雄异株,而两性花品种"双庆"的发现,为杂交育种提供了珍贵的基因资源,双丰、双红和双优都是以其为亲本育成的品种。

双庆的果穗小,圆锥形,双歧肩,果粒着生中等紧密。果粒极小,圆形,黑色。果粉厚,果皮薄,果肉软,果汁深紫红色,味酸,有山葡萄果香。出汁率为50%。每果粒含种子2~3粒,种子深褐色,梨形,与果肉不易分离。

该品种嫩梢浅绿色,梢尖有白色茸毛,幼叶黄色带浅红色晕,下表面有茸毛。成龄叶片小,心脏形,深绿色,下表面有稀疏茸毛。叶片浅五裂,锯齿双侧凸形,叶柄洼闭合椭圆形。两性花。

双庆植株生长势中等,芽眼萌发率高,枝条成熟差,隐芽萌发的新梢结实力强,夏芽副梢结实力弱。在吉林市左家地区,5月3日萌芽,6月6日开花,9月5日浆果成熟,从萌芽至浆果成熟共92 d,在此期间活动积温为1 119.2 ℃。它为早熟品种,未发生过白粉病、白腐病、炭疽病、黑痘病、灰霉病等,不抗霜霉病,个别年份发生过葡萄二星叶蝉和葡萄虎天牛。该品种抗旱性强,抗盐碱能力中等,抗涝能力弱,可露地越冬。它宜篱架栽培,以短梢修剪为主。

此品种酿造的酒呈深宝石红色,果香较浓,典型性强,是酿造优质山葡萄酒的原料。

4.3.21　双优(Shuang You)

双优为山葡萄品种,由吉林农业大学和中国农业科学院特产研究所以通化一号和双庆为亲本育成。在吉林长春、吉林、长白和黑龙江省友谊、牡丹江、佳木斯等地有较大面积栽培。

其果穗中等,圆锥形,果粒着生紧密。果粒小,圆形,黑色。果粉厚,果皮薄。果肉软,果汁紫红色,味酸,有山葡萄果香。出汁率为64.69%。每果粒含种子3~4粒,种子褐色,梨形,小,与果肉不易分离。

双优的嫩梢黄绿色,梢尖有白色茸毛。幼叶黄绿色带浅红色晕,下表面有茸毛。成龄叶片大,近圆形,下表面有稀疏茸毛。叶片浅五裂,锯齿双侧直行,叶柄洼拱形。两性花。

该品种植株生长势强,芽眼萌发率高,隐芽萌发的新梢结实力强,夏芽副梢结实力弱。在吉林左家地区,5月1日萌芽,6月7日开花,9月7日浆果成熟,从萌芽至浆果成熟共130 d,在此期间活动积温为1 141.51 ℃。它为早熟品种,未发生过白粉病、白腐病、炭疽病、灰霉病、黑痘病等,不抗霜霉病,个别年份发生过葡萄虎天牛。该品种抗旱性强,抗涝弱,抗盐碱能力中等。其抗寒性强,在高纬度地区可露地安全越冬。双优喜土层深厚的土壤,不宜在地势低洼、排水不畅、土层较薄的地方建园。该品种可棚架、篱架栽培,以短梢修剪为主。

此品种酿造的酒果香浓郁,醇厚纯正,山葡萄典型性强,可作为酿造优质山葡萄酒的原料。

4.3.22　新北醇(Xin Bei Chun)

新北醇是由中国科学院植物研究所北京植物园原来的北醇芽变选种而来,可在中国华北、东北、西北及南方部分地区栽培。

新北醇植株生长势较强。嫩梢黄绿色,有中等密度白色茸毛。幼叶呈浅红色,叶背有白色茸毛。成龄叶片呈五角形,叶背有稀疏白色茸毛。叶片五裂,上裂刻较深,上裂片开张,下裂刻浅。锯齿两侧直,叶柄洼半开张。成熟枝条黄褐色。两性花。二倍体。

该品种果穗圆锥形,平均质量178.7 g。果粒近圆或椭圆形,紫黑色,平均粒重2.27 g。果皮厚,果粉厚,果肉与种子不易分离,肉质中等。果汁浅红色,果实中性香型,可溶性固形物含量23.8%,可滴定酸含量0.57%,出汁率为66.7%。每果粒种子2.5粒。

新北醇的芽眼萌发率为 81.77%,枝条成熟度好。结果枝占芽眼总数的 85.63%,平均每一结果枝上的果穗数为 1.91 个。它的早果性及丰产性强,成年树产量宜控制在 1.20 kg/m² 左右。在北京地区 4 月上旬萌芽,5 月中旬开花,9 月底浆果成熟,为晚熟品种。抗病性及抗寒性强。新北醇棚架、篱架栽培均可,中短梢修剪。在中国大部分葡萄酒产区冬季可不埋土,不埋土地区入冬前需灌足冻水。控制施肥量防止枝条旺长。休眠季做好清园工作,果实发育期可不喷施化学农药,适宜进行有机葡萄的生产。

此品种酿造的葡萄酒呈鲜亮的宝石红色,香气清新,具有荔枝和树莓的香气。入口柔顺,酒体活泼,回味甜度明显,酸度较低,明显优于北醇。

4.3.23　熊岳白(Xiong Yue Bai)

熊岳白为欧山杂种,于 1988 年由辽宁省熊岳农业高等专科学校育成,用玫瑰香×山葡萄的优系作父本,再与龙眼葡萄杂交,从其后代里选出的一个白色抗寒酿酒品种。在辽宁、山东、河北等地有栽培。

熊岳白果穗小或中等大,呈圆锥形。果穗大小整齐,果粒着生紧密。果粒中等大,近圆形,浅黄绿色。果粉薄,果皮较厚。果肉柔软多汁,味甜。每果粒含种子 1～4 粒,种子为卵圆形,较小,深褐色,种子与果肉较难分离。出汁率为 70%～75%。

该品种的嫩梢绿色,有茸毛。幼叶浅黄绿色,带红色,无茸毛。成龄叶片中等大,心脏形,绿色,下表面有极稀疏茸毛。叶片为五裂,上裂刻深,下裂刻浅,锯齿双侧直行。叶柄洼宽拱形。新梢生长直立。卷须分布不连续,2～3 分叉。两性花。

熊岳白植株生长势强。其隐芽萌发力强,副芽萌发力弱。芽眼萌发率为 85%左右,结果枝占芽眼总数的 65%。在辽南地区,4 月中下旬萌芽,6 月上旬开花,9 月下旬至 10 月上旬浆果成熟,从开花至浆果成熟 115～120 d,在此期间活动积温为 2 500～2 800 ℃。它为晚熟品种,结实力强,丰产,抗病性较强,可抗白腐病、炭疽病、黑痘病、白粉病、灰霉病,抗霜霉病能力中等。可在黄河流域及其以北种植。可篱架、棚架栽培,以中短梢结合修剪为主。

该品种酿造的酒色微黄带绿,果香、酒香明显,清新爽口,回味较好,适合酿造白葡萄酒。

4.3.24　雪兰红(Xue Lan Hong)

雪兰红由中国农科院特产研究所育成,亲本为左优红和北冰红。2012 年通过吉林省农作物品种审定委员会审定。在中国东北及内蒙古地区小面积栽培。

雪兰红果穗呈圆锥形,略有小青粒,平均穗重为 145.2 g。果粒着生紧密,圆形,蓝黑色,中等大小。每个果粒含有种子 2～4 粒,多为 2 粒。果枝率 100%,结果系数 1.86。自然授粉,坐果率 33.90%。嫩梢黄绿色,有茸毛。幼叶浅绿色,茸毛密度中等;成龄叶片近圆形,深绿色、较大,叶片较薄,具褶,下裂刻深;叶片上缘平展、下部呈漏斗形。一年生成熟枝条黄褐色,有茸毛。两性花。二倍体。浆果中熟,从萌芽至浆果成熟需 139～143 d。雪兰红适宜采用小棚架栽培,主蔓龙干形整枝,结果母枝采取极短梢修剪。宜在开花前 5～7 d 摘心,每个壮果枝留 2 个果穗,细弱枝不留果穗。抗寒力同'贝达'葡萄,在'贝达'葡萄越冬需防寒的地区,该品种植株越冬需下架简易防寒。为提高浆果品质,应适时晚采,吉林省中部地区以 9 月下旬或霜后采收为宜。

雪兰红宜用于酿造干型或甜型山葡萄酒。

4.3.25　郑果 25 号(Zheng Guo No.25)

郑果 25 号为欧美杂种,原产地为中国,由中国农业科学院郑州果树研究所选出。

该品种的果穗呈圆柱形,无副穗,中等大,平均穗重 107 g。果粒着生较紧密。果粒圆形,紫黑色,小,平均粒重 0.4 g。果粉中等厚。果皮薄,较脆,无涩味。果肉软,无肉囊,果汁多,红色,味酸甜,有青草香味。可溶性固形物含量为 18.7%,可滴定酸含量为 1.13%,出汁率为 87.21%,制汁品质上等。每果粒含种子 2~3 粒。嫩梢绿色,梢尖有光泽。幼叶绿色,上表面有光泽,下表面茸毛少;成龄叶片近圆形,中等大,绿色,有光泽,上表面无皱褶,主要叶脉红褐色,下表面无茸毛,主要叶脉为绿色;叶片五裂,上裂刻深,下裂刻浅。枝条横截面呈近圆形,表面光滑,红褐色。两性花。二倍体。生长势强。早果性好,浆果中熟。抗逆性强。果汁色泽深红。适应性强。棚架、篱架栽培均可,以中梢修剪为主。因果穗和果粒小,为保证产量,可适当多留结果母枝。抗病虫害能力强。

郑果 25 号适合作酿酒调色品种。

4.3.26　左红一(Zuo Hong Yi)

左红一为山欧杂种,由中国农业科学院特产研究所育成,亲本为 79-26-58(左山二×小红玫瑰)和 74-6-83(山葡萄 73121×双庆)。它在中国东北地区及内蒙古自治区有少量栽培。

左红一果穗呈圆锥形,带副穗,中等大或大,平均穗重 156.7 g。果穗大小不整齐,果粒着生疏松。果粒圆形,蓝黑色,极小,平均粒重 1.0 g。果粉薄。果皮薄,韧。果肉软,有肉囊,汁多,紫红色,味酸,有山葡萄果香。可溶性固形物含量为 16.9%,总糖含量为 14.1%,可滴定酸含量为 1.54%,单宁为 0.03%,出汁率为 61.9%。每果粒含种子多为 3 粒。嫩梢黄绿色,梢尖半开张,浅黄色,有极稀茸毛,无光泽。幼叶橙黄色,带有深红色晕,上表面有光泽;成龄叶片心脏形,深绿色,上表面无皱褶呈泡状,下表面有极疏茸毛;叶片五裂,上裂刻浅,下裂刻深。枝条横截面呈近圆形,表面有肋状条纹。两性花。二倍体。它的生长势中等,从萌芽至浆果成熟需 120~125 d,早熟。该品种抗寒性强,不抗霜霉病。需及时采收,否则易脱粒。应选择向阳的缓坡地块建园,在平地应选择地下水位低的砂土或砂壤土。宜篱架栽培,适宜采用中、短梢结合修剪。抗旱性强,抗盐碱能力中等,抗涝性弱。在初花期和盛花期各喷洒一次 0.3% 的硼酸水溶液,及时进行副梢处理。

左红一可用于酿造干型或甜型山葡萄酒。

4.3.27　左山一(Zuo Shan Yi)

左山一为山葡萄品种,选育自吉林市左家镇的野生山葡萄,由中国农业科学院特产研究所于 1984 年育成,是东北三省寒带地区的主栽酿造品种,在山东高密、内蒙古赤峰、宁夏银川等地也有少量栽培。

其果穗中等,圆锥形,果粒着生中等紧密。果粒极小,圆形,黑色。果粉果皮厚。果肉软,果汁紫红色,味酸,有山葡萄果香。出汁率为 51%。每果粒含种子 2~4 粒,种子深褐色,梨形,小,与果肉较难分离。

左山一的嫩梢绿色,梢尖有白色茸毛。幼叶黄绿色,边缘有紫红色晕,下表面有极少茸毛。成龄叶片大,心脏形,深绿色,下表面有极稀茸毛。叶片近全缘或五裂,上裂刻浅,下裂刻深。

锯齿双侧凸形。叶柄洼开张椭圆形。雌能花。

该品种植株生长势强。芽眼萌发率高,枝条成熟好。隐芽萌发的新梢结实力弱,夏芽副梢结实力中等。在吉林市左家地区,4月30日萌芽,6月7日开花,9月10日浆果成熟,从开花至浆果成熟96 d,在此期间活动积温为1 124.6 ℃,为早熟品种。左山一抗霜霉病能力强,基本不发生白腐病、炭疽病、黑痘病、白粉病、灰霉病等,个别年份发生过葡萄二星叶蝉和葡萄虎天牛。抗旱性抗盐碱能力强,抗涝性弱。其抗寒能力极强,可在高纬度地区露地越冬。宜在向阳缓坡地块建园。雌能花品种,必须配植授粉树,以双红为最佳。可棚架、篱架栽培,以短梢修剪为主。

此品种酿造的酒香气浓郁,醇和浓厚,山葡萄典型性强,可作为酿造优质山葡萄酒的原料。

4.3.28　左山二(Zuo Shan Er)

左山二为雌能花山葡萄品种,由中国农业科学院特产研究所选育。在中国东北地区及内蒙古自治区有少量栽培。

左山二果穗有歧肩呈圆锥形,小,平均穗重109.3 g,最大穗重163.0 g。果粒圆形,黑色,极小,平均粒重1.0 g,最大粒重1.3 g。果皮厚,韧。果肉软,有肉囊,汁多,深紫红色,味酸,有山葡萄果香。每粒浆果含种子3~4粒,种子与果肉不易分离。可溶性固形物含量为16.0%,总可滴定酸含量为1.66%,单宁含量为0.07%,出汁率为62.0%。生长势强。萌芽至浆果成熟需125 d左右,早熟。嫩梢黄绿色。梢尖开张,浅黄色,有茸毛,有光泽。幼叶黄绿色,边缘紫红色晕,上表面有光泽,下表面茸毛较少。成龄叶片心脏形,大,深绿色,有光泽,上表面泡状,下表面有少量茸毛。叶片全缘或五裂,叶柄长,紫红色。新梢生长半直立,茸毛较少。枝条横截面呈近圆形,表面有肋状条纹,黄褐色,着生极疏茸毛。节间较短、粗。雌能花,二倍体。建园时必须配置两性花山葡萄品种作授粉树,配置比例3:1或5:1,树势中等,结实力极强。适宜单壁篱架栽培,采用扇形整枝,成龄树以短梢修剪为主,配合中梢修剪。开花前5~7 d,在结果枝最前端花序之前留3片叶进行摘心,在初花期和盛花期各喷洒一次0.3%的硼酸水溶液,副梢留1~2片叶反复摘心。成熟期虽较早,但为提高浆果品质,应适时晚采,吉林省中部地区以9月中旬采收为宜。

左山二可用于酿造干型或甜型山葡萄酒。

4.3.29　左优红(Zuo You Hong)

左优红为山欧杂种,由中国农业科学院特产研究所育成,用79-26-18(左山二×小红玫瑰)作母本,74-1-326(山葡萄73134×双庆)作父本杂交。2003年命名为左优红。2005年通过吉林省农作物品种审定委员会审定。在中国东北地区及内蒙古自治区大面积栽培。

左优红的果穗呈圆锥形,部分有歧肩,平均穗重144.8 g。果粒圆形,蓝黑色,平均重1.4 g。果粉较厚。果皮与果肉易分离。果肉绿色,无肉囊,可溶性固形物含量平均为18.5%,出汁率平均为66.4%,果实总酸含量1.45%,单宁含量0.03%。每果粒含种子2~4粒,种子小,暗褐色,可见种脐。嫩梢黄绿色。幼叶浅绿色,成龄叶片绿色,中等大小,较厚,具褶,浅3裂,下裂刻较深,叶片上缘平展、下部呈漏斗形。1年生成熟枝条黄褐色,横截面近圆形。两性花。二倍体。生长势强。结果枝率86.7%,结果系数1.92,自然授粉坐果率平均为33.1%。

从萌芽至浆果成熟需 125 d 左右。采用小棚架,主蔓龙干形整枝,结果母枝采取极短梢修剪。宜在开花前 5～7 d 摘心,从结果枝最前端花序算起留 4～5 片叶摘心,每个壮果枝留 2 个果穗,细弱枝不留果穗。在沈阳以北地区,植株越冬需下架简易防寒。

左优红可用于酿造干型或甜型山葡萄酒。

4.4　主要白兰地酿造品种

白兰地,最初来自荷兰文 Brandewijn,意为"烧制过的酒"。狭义上讲,是指葡萄发酵后经蒸馏而得到的高度酒精,再经橡木桶贮存而成的酒。广义上讲,白兰地是水果蒸馏酒的统称,以水果为原料,经过发酵、蒸馏、贮藏而成,如葡萄白兰地、苹果白兰地、樱桃白兰地等。不特别添加前缀注明,简称白兰地的特指葡萄白兰地。

不是所有的葡萄品种都适合加工白兰地。适合加工白兰地的葡萄品种,在浆果达到生理成熟时,具有以下特点:糖度较低、酸度较高、具有弱香型或中性香型、丰产,并且适宜栽培在气候温和、光照充足、石灰质含量高的土壤中。

本书介绍了酿造白兰地的 3 个主要葡萄品种——鸽笼白、白福尔、白玉霓。白玉霓是个晚熟品种,具有良好的抗病性能,酿造出的葡萄酒酸度高、酒精含量低,它是目前白兰地生产中使用最广泛的品种,在所有葡萄品种中,它占了近 90%。鸽笼白和白福尔同样能够生产优质的白兰地,但是这两种葡萄抗病性较差,尤其是白福尔。

用来酿造白兰地的多数是白葡萄,或者颜色较浅的葡萄品种。这是因为红葡萄,尤其颜色深的葡萄果皮中含有大量的花色苷、高级脂肪酸等,蒸馏出来的白兰地酒中杂醇油含量较高,会影响酒的口味,导致酒质粗糙。

在中国,除了白玉霓等著名品种,在现有的葡萄品种中,白羽、白雅、龙眼等也比较适合做白兰地。如长城公司酿造的龙眼白兰地,品质较佳,别具风味。

4.4.1　鸽笼白(Colombard)

鸽笼白的中文译名还有哥伦巴、哥伦白、哥笼白、科伦坡人等。在北美地区它通常被称为 French Colombard,Wests White Prolific,在南非被称为 Colombar,在法国还被称为 Colombier 等。DNA 分析表明,它可能是 Gouais Blanc 和白诗南的后代。

鸽笼白是一种早熟的白色酿酒葡萄品种,原产自法国夏朗德省。目前主要用于酿造白兰地、混合白葡萄酒和部分单品种酒。美国是世界上种植该品种最多的国家,曾有近 3 万 hm^2 的栽培面积,主要分布在西部气候炎热的圣华金山谷(San Joaquin Valley)。在法国,鸽笼白广泛种植于西南部的夏朗德和加斯科涅(Gascony)地区,葡萄酒酿造者利用它来蒸馏干邑、雅马邑酒。在当地石灰石土壤和海洋性气候孕育出来的鸽笼白葡萄,品质优良。在法国波尔多也有一定的栽培面积。1972 年,中国农科院郑州果树研究所从罗马尼亚将该品种引入中国,目前在北京、山东、河北等地有少量栽培。

鸽笼白嫩梢与幼叶均为黄绿色。一年生枝呈黄褐色。成龄叶片呈心脏形,叶柄洼矢形,秋叶黄色。两性花。果穗小,圆锥形。果粒着生中等紧,椭圆形,浅黄色,百粒重 190～240 g,肉软多汁,味酸甜。浆果含糖量 150～180 g/L,含酸量 7～10 g/L,出汁率 70%～75%。植株生长势强,芽眼萌发率高,结实力强,产量中,适应性与抗病力较强。鸽笼白适合种植在钙质、甚至黏土钙质的土壤上。

对于葡萄种植者来说,这个品种的最大吸引力在于产量高,但由于所酿酒缺乏香气与结构层次,使得鸽笼白很难在单品种酒中表现出令人印象深刻的特点。不过它在白兰地、混合白葡萄酒中的优良表现使得它依然成为葡萄酒市场中一个重要的品种。有人认为鸽笼白酿造白兰地酒是顺理成章的,因为鸽笼白酿造的原酒酸度高却能在蒸馏时帮助相应成分形成酯香,较淡的品种香满足了白兰地二次蒸馏的要求,低酒精度为蒸馏时浓缩丰富的酒香埋下伏笔。在生产顶级白兰地的法国干邑和雅马邑产区,鸽笼白是仅有的 3 个法定葡萄品种之一。

在过去,鸽笼白的单品种酒常常被品酒者评价为没有特点、平庸、无趣……不过这些问题随着新技术的应用而大为改观。在美国,鸽笼白葡萄主要集中种植于加利福尼亚州。加利福尼亚州北部一些生产者将葡萄压榨而酿成活泼的富含水果味道的干白或甜白葡萄酒。在混合葡萄酒中,这种葡萄利用其天然的酸度增加酒的整体骨架,使酒品尝起来更富有层次感。因为鸽笼白葡萄的产量很高,所以在很多加利福尼亚白葡萄酒中都可以看到它的身影。有一段时间,近 40% 的白葡萄品种都是鸽笼白。到 20 世纪 80 年代初,其种植面积已经超过 2.8 万 hm^2。但是在 20 世纪 80~90 年代期间,霞多丽的发展使得鸽笼白失去了统治地位,霞多丽成为加利福尼亚州种植面积最广的葡萄品种。鸽笼白的种植面积下降到不足 1.4 万 hm^2。不过,之后由于控温发酵技术的广泛应用,酿造者们发现在炎热环境下培育出的鸽笼白可以酿造出富有鲜花芳香和橘子酸度的葡萄酒,在不锈钢发酵罐中低温发酵,陈酿 4 个月使得酒体趋于醇厚、芳香更显复杂。如今,美国加利福尼亚州,澳大利亚和南非利用鸽笼白葡萄已经生产出干净、清爽、物超所值的白葡萄酒。鸽笼白在澳大利亚白葡萄种植面积排名中已经列居第五位。鸽笼白在新世界葡萄酒国家的成功经验,逐渐被法国西南部的葡萄酒酿造者所借鉴,越来越多地将其使用在混合葡萄酒的生产中。

在控温发酵技术应用于鸽笼白酿造过程之前,该品种在法国同样不被看好,早在 1970 年左右就有约半数的鸽笼白葡萄被铲除,改种其他品种。一般而言,以鸽笼白为原料的混合白葡萄酒主要是波尔多的普通 AOC 级酒和加斯科涅的地区餐酒(VDP)。它也常与白诗南混合酿造起泡酒,大大地降低了酒的成本。多数波尔多鸽笼白葡萄酒比较普通,但在加斯科涅地区有一些比较突出的鸽笼白葡萄酒,比如 Grassa 家族所生产的新鲜富有活力的葡萄酒,在风格上与长相思相类似。法国的鸽笼白品种与生长在加利福尼亚州的鸽笼白不同,它们通常在比较寒冷的地区生长。当然这些葡萄所酿造的单品种酒也不像加利福尼亚州白葡萄酒那样出名,尽管新技术的应用已经大大提升了该品种葡萄酒的品质。

鸽笼白葡萄酒呈现金黄色,酒体较轻。出色的该种葡萄酒水果香气浓郁,口感清爽、均衡、和谐,余味悠长。它既适合单独小酌,又适宜与沙拉、鱼类、贝类等海鲜和白肉类美食搭配饮用。在法国就是常以著名的砂锅嫩白肉来衬托出酒中柑橘水果的味道,同时低温饮用(最佳温度控制在 8~10 ℃)以保持酒的香气,突出酒的清爽、活泼性。

4.4.2 白福尔(Folle Blanche)

白福尔与白玉霓、鸽笼白并称为白兰地三剑客,是酿造白兰地的主要品种。在法国卢瓦尔河谷地区,白福尔被称为 Gros Plant。由于酸度极高,白福尔还得名 Picpoule(唇刺,可使嘴唇麻痹之意),不过这个 Picpoule 与朗格多克和教皇新堡的 Piquepoul(或称 Picpoule,Picpoul)

品种并无关联。其他别名还有 Enrageat blanc,Camobraque,Gros Meslier 等。白福尔的起源至今不清楚。21 世纪初的 DNA 分析表明,白福尔很可能是 Gouais Blanc 的后代。

白福尔春季萌芽早,产量较高。果粒着生紧,圆形,黄绿色,中等大。浆果含糖量 160～180 g/L,含酸量 8～9.5 g/L。不同地区这些特征会有区别,如颜色的深浅等。用白福尔酿造的白葡萄酒呈浅黄色,果香清爽,回味长,但酒精度低,酸度较高,即使在炎热地区也能保持极高的酸度,这使得它更适合于蒸馏。

19 世纪以前,在法国知名白兰地产区干邑(Cognac)和雅马邑(Armagnac),白福尔葡萄是当地的主栽品种,栽培广泛,栽培面积远远大于白玉霓和鸽笼白。19 世纪后期根瘤蚜的暴发改变了白福尔在法国的命运。由于葡萄种植者需要采用美洲种葡萄作为砧木,通过嫁接的方法来防止根瘤蚜,而白福尔与美洲种的嫁接亲和性不好,再加上它容易感染黑腐病和灰腐病等病害,使得白福尔种植的难度加大,种植的面积不断下降,最终被早熟抗病的白玉霓所取代。在雅马邑它则被其与诺亚(Noah)的杂交后代品种白巴柯(Baco Blanc)取代。此后白福尔在干邑和雅马邑的种植面积为 6% 左右。

如今在法国,除了干邑和雅马邑地区外,白福尔葡萄在卢瓦尔河谷的南特地区有大约3 000 hm² 的种植面积,除了生产白兰地外,主要用于生产佐餐酒,如酿造单品种的优良地区餐酒南特白葡萄酒(Gros Plant du Pays Nantais)。这种新鲜、富有酸性、带有青苹果和柠檬的香气、酒体较为轻快的干型葡萄酒,非常适合与贝类海鲜一起食用。此外,还有少量的白福尔生长在美国加利福尼亚州的索诺玛地区,有单品种葡萄酒生产。它在西班牙、阿根廷和乌拉圭也有少量栽培。1974 年中国从法国引入白福尔到北京、山东烟台等地,目前仅少数单位有保存。

在雅马邑的加斯科涅地区,白福尔的水果味与橡木香完美结合,形成雅马邑最具特色的白兰地。这里的白兰地有着较深的金黄色,干净而激烈的香气混合着令人舒适的可可味道,口感相当均衡、丰富、平稳而适宜,虽饱满却不失新鲜的气息。

4.4.3 白玉霓(Ugni Blanc)

白玉霓的中文翻译名字还有白玉尼、小白、白羽霓、白友谊等。目前被广泛使用的是白玉霓。Ugni Blanc 只是这种葡萄最常用的英文名字,它在不同国家、不同产区中有其他名称。比如在法国的吉仑特省(Gironde)称为 Cadillac,在干邑地区叫 St Emilion(圣·爱米利翁),在意大利叫 Trebbiano(特雷比亚洛,也有人音译为特莱比亚欧、脆比诺等),在澳大利亚被称为White Shiraz 或 White Hermitage,在保加利亚和葡萄牙叫 Thalia 等。

白玉霓萌芽晚,属于晚熟品种,嫩梢黄绿色有红色条纹。幼叶黄绿色。一年生枝红褐色。成龄叶片中等大、心脏形,叶柄洼矢形,秋叶黄色。两性花。果穗中到大,圆锥形至分枝形。果粒着生中紧,圆形,黄绿色,皮中等厚,肉软,味酸甜。浆果含糖量 150～180 g/L,含酸量8～10 g/L,出汁率为 75%～80%。果粒长得很紧密,圆形,颜色为黄绿色。白玉霓植株生长势强,芽眼萌发率高,结实力强,产量高,对冬天的霜冻非常敏感,更适宜种植在温暖的地区。

白玉霓可能起源于地中海东部,在罗马时代便已经在意大利出名。该品种在 14 世纪传入法国,至于它传入法国的方式,一种说法是通过马赛、波尔多这样的南部港口进入法国;另一种说法是随着教皇撤退到阿维尼翁而进入法国的。1832 年,詹姆士·巴斯比(James Busby)将该品种引入了南半球的澳大利亚。而它进入中国的时间就更晚一些,于 1892 年从西欧引入中国山东烟台,1949 年后又多次从保加利亚、德国、法国等引入。

白玉霓是世界上声誉最好、种植最广的白色葡萄品种之一(甚至可能是世界上酿酒最多的白葡萄品种),广泛分布在法国、意大利、澳大利亚、阿根廷、美国、中国等国家。这些地方的白玉霓各有特点,而其酿酒方式也不尽相同。在法国,白玉霓是一个重要的白葡萄品种,种植面积大约有 10 万 hm²,为法国第三大葡萄品种,主要分布在西南沿海的干邑产区和雅马邑产区,在朗格多克区、科西嘉岛产区和普罗旺斯产区也有一定量的种植。意大利的各个产区都可以找到白玉霓,而大部分的意大利白葡萄酒都是以白玉霓为原料的。白玉霓往往是与其他白葡萄品种,如玛尔维萨混合来生产白葡萄酒的。其中最成功的是翁布里亚(Umbria)的奥尔维托(Orvieto)白葡萄酒,这里使用的是白玉霓在当地的一个品系 Procanico。如今意大利开始利用新方法生产新鲜型、低酒精度的干白葡萄酒。此外,在意大利白玉霓还用于生产果醋。澳大利亚种植白玉霓的区域主要在新南威尔士州和南澳大利亚州,用于生产白兰地或与其他葡萄混合生产佐餐酒,很难见到单品种酒。而在阿根廷和美国,白玉霓是随着意大利移民者一同而来的,同样也很少见到单品种的餐酒。白玉霓自引入中国后,现在山东、河北、天津、宁夏、陕西、辽宁、北京、新疆等地有栽培,主要用于生产白兰地,有一小部分用于生产佐餐白葡萄酒。如张裕、王朝、长城等公司都有以其为原料酿造的优质白兰地,其中一些品质上乘,并在国际上赢得赞誉。另外,沙城长城还以其为主要原料生产出较优质的白葡萄酒。

白玉霓酒酒精度低、富有新鲜感,虽有水果香气却并不突出,香气持久,其天然的高酸使酒体更为丰富而圆润。这些特点完全符合了酿造顶级白兰地高酸、低酒精、低香气的条件。在法国大多数的白玉霓酒都是用来蒸馏制成白兰地的。这种葡萄在法国北部干邑产区可以产生出高酸、低酒精度的酒,可以酿造出顶级的白兰地。白玉霓可以说是酿造白兰地最合适的葡萄品种。正因如此,轩尼诗 X.O 曾用倒挂的白玉霓葡萄叶来设计瓶身,以彰显其卓越的品质。

近几十年来,法国也开始用白玉霓来生产干白葡萄酒。不过这些酒的等级并不是很高,多数属于地区餐酒(Vin de Pays),只有少数属于 AOC 级。干邑地区和雅马邑地区的一些生产者便生产这样的白葡萄酒,从干型到甜型都有,果味清新,酸度活泼,虽然余味略短,但很适合佐餐。在法国的其他产区如普罗旺斯,白玉霓通常是混合其他品种如 Clairette、Pascal Blanc 酿造白葡萄酒。此外,白玉霓还可以 20% 的比例加入到红葡萄酒中,以增加酒的结构感、成熟性和保持葡萄酒的品质,如加入慕合怀特、Petit Bouschet 酿造的酒中。根据中国酿酒师的评价,该品种所酿单品种白葡萄酒澄清亮泽,具清雅醇正的果香,酸度略高,酒体醇和,较爽口。

4.5　主要染色品种

4.5.1　紫北塞(Alicante Bouschet)

紫北塞为欧亚种,原产地为法国,由亨利·北塞于 1886 年育成。亲本为北塞魂和歌海娜。1892 年,山东烟台葡萄酿酒公司从欧洲引入中国。

紫北塞的果穗中等,圆锥形,带副穗,平均穗重约为 335 g。果粒小或中等大,圆形,紫黑色,着生中等紧密。果粉厚,果皮厚,花色苷极丰富。每果粒含种子 1～2 粒,种子小,种子与果肉易分离。果肉为红色,多汁。果汁为深红色,味酸甜。可溶性固形物含量为 17%,出汁率为 67% 左右。

该品种的嫩梢呈绿色,带红褐色,有稀疏茸毛。幼叶为黄绿色,叶缘浅紫红色,上表面茸毛密,下表面茸毛极密。成龄叶片近圆形,中等大,上表面平滑,下表面密生茸毛。叶片五裂,锯齿钝,圆顶形。叶柄洼开张矢形,叶柄长。卷须分布不连续。两性花。

紫北塞生长势中等,芽眼萌发率 68.9%,结果枝占芽眼总数的 26.9%。夏季副梢结实力强,产量较高。在山东济南地区,4 月 5 日萌芽,5 月 12 日开花,8 月 7 日浆果成熟,生长期为 125 d,在此期间活动积温为 2 900 ℃。它为中熟品种,适应性强,耐贫瘠,但易感霜霉病和炭疽病,且抗寒性较弱。它较适宜在温暖的丘陵山地和沙壤土地种植。

该品种是世界上最著名的调色品种,因为高花色苷含量和产量,一经问世就流行起来。广泛种植在法国,西班牙和葡萄牙也有较大面积栽培。其酿酒品质中上等,所酿造的酒深宝石红色,醇厚,后味淡薄。酒经陈酿后,色素易沉淀。

4.5.2 烟 73(Yan 73)

烟 73 为欧亚种,烟台张裕葡萄酿酒公司于 1966 年以玫瑰香(父本)和紫北塞(母本)为亲本育成。1980 年定名,是优良的染色品种。目前已在中国红葡萄酒产区大面积推广,在山东、河北、山西等地区均有种植。

其果穗中等,圆锥形,平均穗重 150～221 g。果粒椭圆形,紫黑色,中等大,着生较紧密,平均粒重 2.3 g。果粉厚,果皮厚,果肉软而多汁,果汁呈深宝石红色。含糖量 14%～16%,含酸量 0.71%,出汁率 68%。每果粒含种子 2～3 粒。

烟 73 嫩梢红色,幼叶浅紫红色,较薄,上表面有光泽,下表面密生茸毛。成龄叶片中等大,近圆形,上表面光滑,下表面密生茸毛。叶片深五裂,锯齿锐。叶柄洼窄拱形。枝条红褐色。两性花。

植株生长势中等,芽眼萌发率约为 73.2%,结果枝占芽眼总数的 57%。夏季副梢结实力弱,一般不会形成二次果。在山东烟台地区,4 月 22 日萌芽,6 月 8 日开花,9 月 5 日浆果成熟,生长期约为 137 d,在此期间活动积温为 2 925 ℃。其产量中等,为中熟品种。抗病性中等,较抗白腐病,晚期容易受炭疽病危害,抗旱、抗日灼,抗寒性较差。宜栽培在北方排水良好的沙壤土中。它可棚架、篱架栽培,多主蔓扇形整形,宜中短梢结合修剪。后期应加强炭疽病的防治。

烟 73 为调色品种,用其酿造的葡萄酒色泽鲜艳,有较好的果香与酒香,现普遍认为此品种已超过世界著名的调色品种紫北塞。

4.5.3 烟 74(Yan 74)

烟 74 为欧亚种,烟台张裕葡萄酿酒公司于 1966 年以玫瑰香(父本)和紫北塞(母本)为亲本育成。它是与烟 73 同时选育的姐妹染色品种,目前在山东胶东半岛栽培较多,其他地区也有少量种植,是优良的调色品种。

其果穗中等,圆锥形。果粒中等,椭圆形,紫黑色,着生紧密。果皮厚,果肉软,果汁紫红色。嫩梢红色,成龄叶片中等大。叶柄洼椭圆形。两性花。

该品种植株生长势较强,芽眼萌发率高,结实率中等,幼树结果较晚,适应性与抗病力均强。

烟74是目前推广的优良调色品种,主要性状基本与烟73相同,但烟73与烟74相比,生长势稍弱,叶片较小,裂刻较深,产量也较低。其酿造的葡萄酒颜色深且鲜艳,且长期陈酿不易产生沉淀,果香酒香纯正柔和。

第5章

酿酒葡萄育种可选用的
主要砧木品种

5.1 葡萄砧木品种的重要性

19 世纪下半叶,根瘤蚜给欧洲葡萄种植造成了毁灭性的危害。仅在法国,1868—1900 年 250 万 hm² 葡萄园因根瘤蚜的为害被毁灭,由此造成的直接损失高达 5 000 亿法郎。为了探索有效的挽救措施,法国国家科学院成立了专门的根瘤蚜防治研究组织。研究者很快发现,美洲种葡萄对根瘤蚜具有较强抗性,甚至能够较好地生于被根瘤蚜侵染的地块。1870 年 Gaston Bazille 提出将欧亚种葡萄嫁接于原产于美洲的葡萄砧木上,以抵抗根瘤蚜的为害。这种嫁接方法挽救了葡萄种植业。但是,在夏朗德以及滨海夏朗德省(干邑地区所在省,典型土壤为白垩土),种植者发现这些原产于美洲的葡萄砧木在高碱性土壤中生长不良。因此,早期葡萄砧木育种首要目标是抗根瘤蚜、耐碱性土。

在遭受根瘤蚜为害之后半个多世纪里,许多研究人员在葡萄砧木选育方面做了大量卓有成效的工作,Baco, Couderc, Seibel, Seyve, Villard, Millardet, de Grasset, Richter, Paulsen, Téléki 和 Kober 等由于成功选育了许多有价值的砧木而成名。在欧洲,由于根瘤蚜为害,欧盟以行业法规的形式,在生产中强制使用砧木。

一个世纪以来,世界葡萄主要栽培国家的研究者对砧木生长特性、砧木与接穗亲和性,砧木对土壤—气候适应性、砧木对接穗长势的影响、砧木对果实品质的影响等方面展开了广泛的研究。虽然在中国北方地区根瘤蚜为害风险较低,但是在广大的南方地区,尤其是冬季温和、土壤湿重的地区,仍然有根瘤蚜为害的风险。现在,葡萄砧木的应用除了抵抗根瘤蚜为害外,还给葡萄种植者在栽培方式以及抗寒、抗旱、耐潮湿、抗其他土传病害、适应不同的土壤—气候条件、改进接穗的经济性状等方面带来更多的选择。砧木的利用,扩大了葡萄的种植区域,尤其是在中国北方以及西北地区广大的荒滩、荒漠区。近年来发展较好,酿酒葡萄在创造经济价值的同时,也为改善生态,实现青山绿水做出贡献。

优良的葡萄砧木,除了适应当地特殊的生态条件外,还必须与接穗品种亲和力好,嫁接成活率高,嫁接后生长发育协调,繁殖系数高,有利于提高葡萄产量,改进果实和葡萄酒的品质。

5.1.1 抗根瘤蚜

葡萄砧木的分级目前主要根据各种砧木对葡萄根瘤蚜的抗力,Viala 和 Ravaz 将其分为20 个等级。20 表示绝对免疫;16～19 表示在各种土壤上均有很强的抗性;14～15 表示在不适于根瘤蚜繁殖的砂土和多湿土壤中能发挥较强的抗性;14 以下表示不适于直接生产栽培。主要砧木的抗根瘤蚜能力等级如下:

①19:圆叶葡萄。

②18:沙地葡萄、河岸葡萄、心叶葡萄。

③17:冬葡萄、夏葡萄。

④16:久洛、沙地葡萄、冬葡萄×沙地葡萄 2 号。

⑤14:林氏葡萄。

⑥3～5:美洲葡萄。

⑦2:山葡萄。

⑧0～1:蘡薁葡萄、欧亚种葡萄。

上述抗性种类间有许多杂交品种,抗性略有不同,砧木品种 SO4、5BB、1103P、420A、Lot、101-14MG、3309C、140Ru 和 110R 抗根瘤蚜,其中 SO4、5BB、1103P 和 420A 对根瘤蚜具有高抗性。各国可从中选用适合本地栽培的品种。

葡萄砧木的分级除了依据对根瘤蚜的抗性以外,还有针对其耐涝性、抗旱性、抗线虫以及耐受碱性土壤的能力进行分级。

5.1.2 调整接穗生长势

受土壤、气候条件以及栽培管理的影响,同一葡萄品种在不同条件下,或在相同条件下不同品种之间,其生长势存在差异,而葡萄生长势能够影响葡萄品质。嫁接后,新的葡萄苗包括砧木在地下的根系,地上由接穗萌生的枝条、叶幕系统,以及由砧木、接穗共同形成的树干。新的树体的生长状况发生变化,不仅取决于接穗,还会受到砧木的影响。

(1)不同砧木对接穗生长势影响的差异　砧木对接穗生长势的影响或促进或降低,使嫁接葡萄苗长势表现出既不同于接穗本身,也不同于砧木本身生长势的一种新的状态。砧木对接穗营养生长的影响主要表现在枝条生长量、单叶叶面积及叶绿素含量等方面。如赤霞珠(Cabernet sauvignon)嫁接在 O39-16、3309C、110R 和 5C 等砧木上的试验结果表现为不同的生长速率,而且嫁接在 3309C 和 110R 上的接穗的枝条生长量显著大于嫁接在 O39-16 和 5C 上的,平均叶面积的大小次序为:110R＞3309C＞5C＞O39-16。

(2)砧木对接穗生长势影响差异的利用　上述砧木对接穗生长势影响的差异,在葡萄生产中具有重要意义。在土质瘠薄,保水、保肥性能差的土壤中,可以选择生长势较旺的砧木品种,如 1103P、Harmony、140Ru、Freedom 等。而对于土质肥沃的葡萄园,可以采用长势较弱的砧木品种,如 RGM、101-14、420A、3309C 等。

5.1.3　调整葡萄采收期

葡萄果实成熟期属于多基因控制的数量性状,尽管育种家可以通过育种手段获得较为理想的果实成熟期,但是利用不同砧木早熟性差异,可以有效地调整生产上现有品种的成熟期。

积温偏低、葡萄不易达到理想成熟度的地区,可以利用早熟性好的砧木品种,以获得较好成熟度的葡萄果实,如 101-14 等。而在那些生长期较长、积温高、昼夜温差大的产区,可以选择早熟性差(能够延缓成熟)的砧木品种,如 110R 等。

5.1.4　适应酸性土壤

农业耕作也能使土壤酸化,如酸性肥料的使用,森林土、草原土多呈酸性。土壤酸度是土壤的重要特性。在酸性土壤中,尤其是 CEC 低于 80%,pH 低于 5.5 时,容易造成金属毒害。但是,一些砧木品种具有较高耐酸性土壤的特性。

在酸性土壤中,金属铜溶解增多,导致葡萄(尤其是幼树)生长发育缓慢,这种毒害多发生于老葡萄园更新时,严重时可能导致建园失败。老年树由于根系分布较深而具有较高的抗铜毒害能力。

虽然生产者可以在定植前采用增施有机肥、使用生石灰等方法降低土壤金属毒害,但是这些方法在成年树的生长季节不易实施。法国农业科学院波尔多葡萄与葡萄酒研究所育成了一个新的砧木品种——Gravesac,适应在酸性土壤中生长。

5.1.5　充分利用土壤中矿质营养元素

尽管葡萄对土壤肥力适应范围很广,能够在一些其他果树作物难以生长的贫瘠土壤中生长和结果。但是,在一些贫瘠、保肥性差的土壤中,葡萄也会表现出营养元素缺乏症。

除了通过科学分析、合理施肥等措施加以矫正补救外,生产者同样可以利用不同砧木对土壤中元素利用能力的差别(表 5.1),在定植建园时结合土壤分析结果,选用适当的砧木品种,避免出现营养元素缺乏症。

表 5.1　不同砧木对土壤中元素利用能力差别(波尔多地区)

砧木	磷			钾			镁		
	良*	一般*	差*	良	一般	差	良	一般	差
101-14			√	√				√	
RGM		√				√		√	
SO4	√				√				√
41B	√					√	√		
1103P	√				√			√	
3309C			√			√		√	
5BB	√				√			√	
161-49		√			√		√		
Fercal	√			√				√	

续表5.1

砧木	磷			钾			镁		
	良[*]	一般[*]	差[*]	良	一般	差	良	一般	差
44-53M		√		√					√
420A		√				√		√	
140R		√				√	√		
99R	√			√				√	
110R	√			√					√
Gravesac			√		√			√	
G1	√					√	√		

引自:Cordeau J.,1998。

注:"良[*],一般[*],差[*]"指相应砧木吸收利用对应元素的能力。

5.1.6 提高葡萄抗旱能力

尽管葡萄比较耐旱,但是在许多栽培地区仍然遭受干旱的威胁,尤其是在那些非灌溉区。葡萄遭受干旱威胁取决于当地气候,如营养生长季节的气温与降雨量;还取决于土壤结构,如葡萄种植于砂土或砾石较多的土壤中更易受到干旱危害。

嫁接葡萄的抗旱力在很大程度上取决于所利用的砧木,而不同砧木抗旱力差异很大,生产上主要应用的砧木抗旱性分级如下。

抗旱性较高:110R,140Ru,1103P等。

抗旱性一般:196-17Cl,161-49C,99R等。

抗旱性较弱:RGM(Riparia Gloire de Montpellier),101-14,SO4等。

抗旱性较差:Rupestis du Lot,3309C,Fercal等。

5.1.7 增强葡萄耐涝性

葡萄根系的耐涝性较差,当然这也取决于土壤结构。在许多葡萄栽培地区,冬春季多雨湿涝成为葡萄健康生长的障碍。与接穗品种自根苗相比,许多砧木品种具有较强的耐湿涝能力。

世界上许多葡萄产区位于冬春多雨的地中海气候或类似气候的地区,使葡萄在非旺盛生长季节因雨水过多造成其生长障碍。生产者选用耐涝的砧木品种,以克服这一难题。其中3309C,1616C,1103P,RGM,101-14,5C,SO4具有很好的耐涝性。

5.1.8 增强葡萄抗寒能力

葡萄生产中有时会遇到秋季、冬季或春季冻害,严重影响葡萄品质,其中春季冻害最为突出。种植者应用萌动相对较晚的砧木品种,适当延迟葡萄萌芽,以避免春季冻害。

秋季,在某些特殊栽培区,有些年份葡萄未成熟时就有可能出现霜冻,影响葡萄品质。种植者应用早熟性好的砧木品种,可以降低这一危害。

在多年平均最低温低于-15 ℃的产区,冬季必须进行不同程度的覆盖措施,葡萄才能安全越冬。而在埋土防寒地区也由于冬季最低温的不同,需要进行不同的埋土防寒措施,利用耐寒性好的砧木品种,如贝达、山葡萄(*V. amurensis*)等,可以有效降低埋土防寒的要求,进而降低生产成本。

5.1.9 抗线虫

(1)根结线虫 是一类高度专性寄生的线虫,很少致死植株,通常使植株生长由旺盛转为衰退,使其生长衰弱,表现为矮小、黄化、萎蔫、果实小等。

根结线虫属(*Meloidogne*)种类很多,影响葡萄生产的主要有 4 种:南方根结线虫(*M. incognita*)、爪哇根结线虫(*M. javaica*)、北方根结线虫(*M. hapla*)、泰晤士根结线虫(*M. Thamesi*)。

(2)剑线虫 剑线虫属(*Xiphinema*),形体大,能传播多种植物病毒,种类很多,与葡萄有关的有 7 种,其中标准剑线虫(*X. index*)是对葡萄最具破坏性的病原,遍布全球。被侵染植株表现为长势衰退,形成较小的新梢,到最后完全丧失结果能力。

(3)根腐线虫 根腐线虫属(*Pratylenchus*)有 5 种。植株被侵染后常见的症状是根系发育不良,吸收根枯死,根系呈丝丛状或丛枝病症状。

Bouquet 和 Dalmasso 在波尔多地区就不同砧木对线虫抗性进行实验,实验砧木对线虫抗性分级如下。

对线虫很敏感:110R, Rupestis du Lot, 41B。

对线虫敏感:333EM, 216-3, 161-49C, 196-17Cl。

抗线虫一般:420A。

抗线虫:RGM, 3309C, Vialla。

高抗线虫:SO4,5BB, 1616C, 1103P, 91R, 44-53, 101-14。

5.2 常用砧木间的亲缘关系

早期被人们所应用的砧木是河岸葡萄(*V. riparia*)和沙地葡萄(*V. rupestris*),如 Rupestris du Lot 和 RGM;以及它们的杂种后代,如 101-14MG 和 3309C;之后又有许多砧木品种选育自河岸葡萄×冬葡萄杂交组合,如 161-49C,420A MG,5BB 等;以及沙地葡萄×冬葡萄杂交组合,如 99R,110R,1447P 等。

而采用杂种作为亲本再次进行杂交育种获得砧木较少,如由 161-49C × 3309C 组合育成的 Gravesac。

还有少量的砧木品种亲本利用欧亚种葡萄(*V. vinifera*),如 196-17Cl,4010Cl,41B,333EM,Fercal;利用美洲葡萄(*V. labrusca*),如 Vialla;以及利用了霜葡萄(*V. cordifolia*),如 44-53M。

主要砧木遗传关系见图 5.1,不同组合杂交育出的主要砧木品种见表 5.2。

不同亲本杂交后代的表现差异较大。冬葡萄×河岸葡萄杂交组合非常适合冷凉潮湿的气候,具有不错的抗石灰质能力,适用于欧洲北部。冬葡萄×沙地葡萄杂交组合有很好的抗旱能力,可抑制生长势,适宜种植于欧洲南部和地中海气候地区。河岸葡萄×沙地葡萄杂交组合抗石灰质土壤能力中到弱,稍具有抗干旱能力,可抑制生长势。

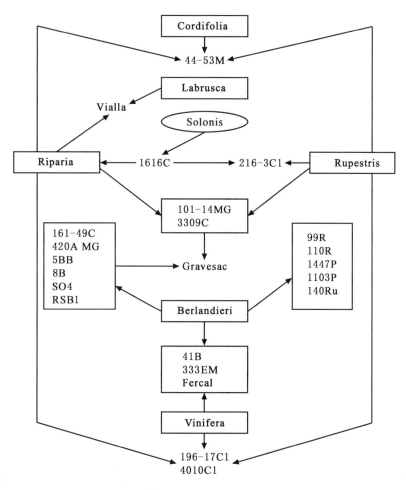

图 5.1　主要砧木遗传关系

表 5.2　不同组合杂交育出的主要砧木品种

种	河岸葡萄 (*V. riparia*)	沙地葡萄 (*V. rupestris*)	冬葡萄 (*V. berlandieri*)	欧亚种葡萄 (*V. vinifera*)
河岸葡萄 (*V. riparia*)	Riparia Gloire	3306C,3309C,101-14MG, Rip-Rupde Massannes, Schwarzmann	5BB, 5C, 5A, 8B, SO4, 420A, 125AA, 157-11, 33EM,Cosmo2,Cosmo10	7542
沙地葡萄 (*V. rupestris*)	—	Ruperstris du Lot George	110R,140Ru,99R,775P, 1103P,1447P	1202C,Hybrid Franc
冬葡萄 (*V. berlandieri*)	—	—	7383，7405	41B,333EM, Fercal

5.3 葡萄砧木对葡萄和葡萄酒品质的影响

砧木可以影响葡萄树的活力以及对拮抗物质的吸收(尤其是对钾离子的吸收),并能影响葡萄酒的酸度、多酚类物质和香气的含量。

赤霞珠葡萄与 7 种砧木(SO4,420A,3309C,161-49,Fercal,1103P,Kober 5BB)嫁接的研究结果表明,与 Fercal 和 Kober 5BB 嫁接的赤霞珠相比,161-49 与 SO4 和 420A 嫁接的赤霞珠能增加产量,但是果实的糖含量几乎没有差异。同时对这 7 种葡萄酒的感官评价显示,与使用 Fercal 和 Kober 5BB 嫁接的果实酿造的酒相比,161-49 和 420A 能获得更高的评价,SO4 和 1103P 在不同年间品质不稳定。使用 Riparia 砧木嫁接的赤霞珠果实酿造的葡萄酒酸度更大,多酚类物质更丰富;而用 Fercal 砧木嫁接的赤霞珠果实酿造的葡萄酒香气更浓郁。

对 Negrette 的葡萄研究结果表明,与 101-14Mgt 和 SO4 砧木相比,使用 3309C 砧木嫁接所产生的葡萄酒具有较高的酸性,尤其是酒石酸含量比较高。SO4 砧木可以促进钾离子的吸收。3309C 砧木能提高马尔白葡萄的酸度。

使用 Ramsey 做砧木时的研究结果发现,Ramsey 嫁接的西拉和自根苗的霞多丽果实酿造的葡萄酒中含有较高的苹果酸;而 Ramsey 嫁接的霞多丽和自根苗西拉果实酿造的葡萄酒含有较高的酒石酸,较低的苹果酸;亚历山大麝香(别名 Muscat Gordo Blanco)、雷司令、赤霞珠自根苗和嫁接苗果实酿造的葡萄酒在酒石酸和苹果酸上没有明显变化。Ramsey 嫁接的西拉果实酿造的葡萄酒色调较好,而自根苗的赤霞珠果实酿造的葡萄酒具有较高的单宁、多酚含量。

使用 Chardonnay 为接穗,对不同砧木(Cynthiana,Freedom,Kober 5BB 和 110R)嫁接的果树上葡萄果树和葡萄酒的特性比较发现:Cynthiana 砧木导致产量降低,Freedom 砧木提高葡萄和葡萄酒的酸度,同时发现土壤可能也会影响砧木的性状。

5.4 葡萄主要砧木种或品种

5.4.1 贝达(Beta)

贝达起源于美国,1884 年前由 Louis Suelter 用 *V. riparia*×Concord 杂交育成。

植物学性状:嫩梢绿色,有稀疏茸毛。幼叶绿色,叶缘稍有红色,叶面茸毛稀疏并有光泽,叶背密生茸毛。一年生枝条成熟时红褐色,叶片大,全缘或浅三裂,叶面平滑,叶背有稀疏刺毛。叶柄洼开张形。两性花。果穗小,平均穗重 191 g 左右,圆锥形。果粒小,平均重 1.9 g,着生紧密,近圆形,蓝黑色,果皮薄;肉软,有囊,味偏酸,有狐臭味,含糖 14%,含酸 1.6%。在沈阳 8 月上旬成熟。

农艺学性状:抗寒力强,枝条可忍耐-30 ℃左右低温,根系可忍耐-11.6 ℃低温,抗根癌病能力中等,扦插生根良好,"小脚"现象明显。贝达在东北地区用作抗寒砧木,但在西北等碱性土壤地区黄化严重。贝达也可作为制汁葡萄品种。

5.4.2 弗卡(Fercal)

弗卡是波尔多农科院 POUGET 用 Berl. Colombard No:1A×333EM 育成,1978 年开始繁殖,目前已占法国砧木生产的第七位。

植物学性状:嫩梢尖弯勾状,正面布满白茸毛,背面茸毛略少,桃红色。上部幼叶带茸毛,皱泡,边缘稍外卷,带点古铜色;下部幼叶光亮,起伏,皱泡,叶面丝毛,叶背少量茸毛。成叶大,楔形,全缘,边缘内卷,叶柄洼 U 形开张,叶柄有茸毛,叶背丝毛,脉上有短柔毛,锯齿拱形。新梢棱状,向阳面红色,背面绿色,卷须也带茸毛。雌花可育,穗小,粒小呈黑色。

农艺学性状:对线虫、根瘤蚜有一定的抗性,抗缺铁失绿能力非常强,抗旱,耐石灰质土壤。扦插生根容易,嫁接亲和性好。

5.4.3 自由(Freedom)

该砧木抗根瘤蚜,在冷凉地区能表示出很好的生长活力,具有广谱的抗线虫能力,比较适合与长相思、霞多丽、美乐嫁接。它可适应多种土壤,在贫瘠的地方也能生长很好。

该砧木对病毒抗性低,抗盐性低,嫁接后会出现"小脚"现象,使葡萄酒中酸度增加。

5.4.4 格拉夫萨克(Gravessac)

该砧木生长势中等,耐 15% 活性钙,能够提高产量,根系较深,抗寒能力中等,抗涝能力中等。

在沙地和酸性土壤中表现良好,是一个比较新的砧木品种,因此该砧木的特性还没有被完全了解。

5.4.5 和谐(Harmony)

和谐起源于美国,1955 年美国加利福尼亚州 Fresno 园艺试验站用 Couderc 1613×Dogridge 杂交育成。

植物学性状:叶中等大或中小,近圆或扁圆形,下表面有茸毛;叶缘锯齿浅,双侧直;叶柄洼开张矢形,基部 V 形;浅三裂。雌能花。果穗小,紧密,果粒小,黑色。成熟枝条红褐色。

农艺学性状:植株生长中等,扦插生根容易,嫁接亲和性良好。抗根瘤蚜和线虫能力较强,根系抗寒力中等。根据在美国的表现,和谐适宜作鲜食品种的砧木,特别是制干无核品种的砧木。

5.4.6 光荣(Riparia Gloire de Montpellier)

光荣是河岸葡萄种内选出的一个砧木品种。

植物学性状:嫩梢尖叶弯钩形,球状,淡绿色,叶长,无色。幼叶淡绿,叶背有短毛。成龄叶片大,楔形,质薄,软,皱泡起伏,全缘,三主叶脉齿尖长大突出,其他锯齿尖而窄,叶背脉上有簇毛,叶柄洼圆拱形开张。雄性不育。新梢淡绿,节间长,成熟枝条细长,淡或红褐色,有光泽,皮薄易剥,节间长,节瘤,芽小而尖。

农艺学性状:抗根瘤蚜能力强,耐湿涝能力强,抗线虫,抗钙能力低,仅耐 6% 活性钙。产枝量高,每公顷可产 6 万～10 万米条及同等数量的扦插条。扦插极易生根,嫁接成活率高。生长势较弱,有利于接穗品种早熟,有"小脚"现象,适于密植,是非钙质土,以优质生产为目标的可选砧木。

目前在法国的繁殖量占第 11 位,是波尔多地区使用最广泛的砧木品种,有多个品系在繁殖,以 1 号、186 号应用较广。

5.4.7 SO4

SO4 起源于德国,系奥本海姆葡萄学校从冬葡萄×河岸葡萄 4 号的营养系中选出,为 Selection Oppenheim No.4 的缩写。

植物学性状:梢尖茸毛中密,灰白色,边缘紫红色。幼叶茸毛稀。叶大,近圆形,光滑,上表面有网纹状凸起;三裂;叶缘锯齿双侧直;叶柄洼拱形或矢形,基部 V 形或 U 形。雄花。老熟枝条光滑,褐色,节间长。

农艺学性状:植株生长旺盛,繁殖系数高,扦插生根容易,因而是目前全世界使用量最大的砧木。与所有欧亚种葡萄嫁接亲和力强;抗根型根瘤蚜而不抗叶型根瘤蚜,高抗线虫,抗根癌病能力强;对土壤适应性广,抗旱性弱,耐湿性强。根系抗寒力中等,可忍耐土壤 NaCl 含量 0.04% 和有效钙含量 17%~18%。嫁接品种结果早,果实成熟也早,有"小脚"现象,个别赤霞珠的株系有干果梗现象。

5.4.8 圣乔治(St George)

圣乔治起源不详,有报道其起源于沙地葡萄。

植物学性状:梢尖光滑,浅绿色。叶小,光滑,扁圆形;叶缘锯齿双侧凸,中等大;叶柄洼近平直;全缘。雄花。枝条黄褐色,节间短。

农艺学性状:植株生长旺盛。抗根瘤蚜,对线虫很敏感,抗寒冷、霜霉病和白粉病,可耐土壤有效钙 14% 和 NaCl 浓度 0.7%。嫁接亲和性良好。因副梢萌发力强,枝条繁殖系数较低。

5.4.9 山葡萄(*V. amurensis*)

植物学性状:一年生枝条呈赤褐色,有毛。节上有卷须。单叶互生,宽卵形,先端渐尖,基部心形,通常浅三裂,裂片三角状卵形,边缘有较大的圆锯齿,被柔毛背面有赤褐色毡毛,腹面暗绿色无毛或具细毛。果实直径 1~1.5 cm。种子倒卵圆形。

农艺学性状:为葡萄属中抗寒性最强的种,枝条可忍耐 −40 ℃ 以下的低温,根系可忍耐 −15 ℃ 以下的低温,抗根癌病中等,是中国东北、内蒙古寒地葡萄栽培的主要砧木,扦插生根力差,生产上多用实生砧木,但实生苗发育缓慢,根系不发达,须根少,移栽成活率低。

1985 年辽宁省盐碱地利用研究所选育出野生株系"双锦"山葡萄。现在科研单位有少量试栽。

"双锦"山葡萄的植物学性状:叶片较山葡萄小而薄,皱纹浅而少,叶片三裂,叶面毛稀而短,叶柄洼呈窄拱形。两性花。果穗小,平均重 75.65 g,最大达 130 g。果粒着生紧密。果粒小,平均重 0.97 g,圆形,紫黑色,果汁红紫色,每果粒含 2~4 粒种子。产量较高,4~5 年生,株产为 5.15~7.65 kg,较"双庆"高。成熟较一致。

"双锦"山葡萄的农艺学性状:与栽培品种嫁接亲和力好,易发根。抗霜霉病。它是较好的山葡萄品种,既可作栽培品种生产酿酒原料,又可作抗寒砧木及杂交育种的材料。

5.4.10 河岸葡萄(*V. riparia*)

河岸葡萄起源于北美洲,是河岸葡萄种内的一种类型。

植物学性状:枝条粗壮,副梢很少。一年生成熟枝条为褐色,髓部较大,木质不坚硬,易剥皮。叶片心脏形,绿色,叶片两面均平滑,锯齿大而锐,叶柄长、红色。只有雄花,不结实。

农艺学性状:抗根瘤蚜、霜霉病与白腐病。欧亚种以其为砧木,能提高果实含糖量及品质。树势强。与其他品种的亲和力中等。根系发达。在可溶性石灰质含量为 10% 以下的土壤中,生长良好。喜肥水,不耐旱。

5.4.11 沙地葡萄(*V. rupestris*)

沙地葡萄起源于北美,是由法国人选出,为沙地葡萄种的一种类型,名称为洛特沙地葡萄,中国简称沙地葡萄,现遍布欧洲。

植物学性状:枝条粗壮,平滑、有光泽。暗紫褐色,坚硬,节间较短。副梢粗壮。叶片较小,肾形,有光泽,浅绿色,两面均平滑。叶脉浅红色,锯齿小而锐。托叶与叶脉垂直。它的主要特征是根茎及根的横断面均呈鲜艳的粉红色。

农艺学性状:树势强。适宜种植于灰质瘠薄或可溶性石灰质不超过 20%～30% 的土壤上作砧木,抗霜霉病和白腐病。根深,亲和力强。副梢生长旺,枝条成熟极晚。与欧亚种嫁接的苗宜采用长梢整枝。适宜的管理和修剪能获得高产。

5.4.12 101-14

101-14 起源于法国,1882 年 Millardet 用河岸葡萄×沙地葡萄杂交育成。

植物学性状:梢尖光滑,淡绿色。幼叶浅铜绿色。叶中等大,近圆形,光滑,背面有稀疏刺毛;三裂,上裂刻浅;叶缘锯齿双侧凹;叶柄洼宽拱形,基部 U 形。雌能花。果穗小,果粒小,近圆形,紫黑色。

农艺学性状:植株生长较弱,抗旱力弱,抗根瘤蚜,高抗线虫,适宜种植于湿润肥沃土壤,扦插生根容易,与欧亚种葡萄嫁接亲和力良好,可忍耐土壤有效钙 7%。

5.4.13 1103P

1103P 由西西里的 Paulsen 育成,是 Berl. Ressegnier No. 2 × Rup. du lot 的杂交后代。

植物学性状:梢尖布丝毛,边缘桃红色。幼叶古铜色,无毛。成叶小,肾形,深绿色,边缘翻卷稍内折;叶柄洼 U 形开张;裸脉,叶脉紫红色带短毛,叶背无毛。雄性不育。新梢多棱,上部丝毛,紫红色。枝条多棱,褐咖啡色,节上稍有毛,节间中长,芽小而尖。

农艺学性状:抗根瘤蚜,高抗根结线虫,抗旱力强,抗 18% 活性钙,生长势强,适于钙质黏土应用。产枝量中等,每公顷可产 3 万～3.5 万米条及等量的扦插条。扦插生根率中等,田间或室内嫁接成活率较高。它在法国法定砧木品种中居繁殖第七位。

5.4.14 110R

110R 起源于法国,1889 年 Richter F. 用冬葡萄×沙地葡萄杂交育成。

植物学性状:梢尖茸毛稀,边缘红色。幼叶茸毛稀,橙红色。叶中等大,扁圆形,上表面有小泡状凸起,下表面光滑;全缘或浅三裂;叶缘锯齿大,双侧凸;叶柄洼宽拱形,基部 U 形。枝条光滑,深褐色,节间长。

农艺学性状:植株生长旺盛,抗根瘤蚜,抗旱能力很强,是欧洲南部干旱地区主要砧木品种,对线虫很敏感(同一杂交组合选育的 91R 高抗线虫,但抗旱力弱)。扦插生根力强,成苗一般不超过 40%～50%,可忍耐土壤有效钙 17%。

5.4.15　140R

140R 与 1103P 为同一亲本。

植物学性状:梢尖边缘红色布丝毛。幼叶淡绿,光亮。成叶小,肾形,全缘,基部叶有时三裂,质厚,翻卷,折成勺状,比 99R 光亮;叶柄洼开张呈拱形;叶柄紫红色,着柄点红色;叶背无毛。雄性不育。新梢多棱,紫红,稍有柔毛。成熟枝条深棕红色,多棱,节间中长,芽小而尖。

农艺学性状:140R 风土适应性强,抗根瘤蚜,抗线虫,抗钙能力达 20%,抗旱性很强,树势旺,使嫁接品种生长期延长。产枝量较好,每公顷可产 3.5 万～4 万米条和等量的扦插条。扦插生根率偏低,田间嫁接成活率较高。它主要应用于欧洲和非洲的地中海气候区,是法国第五位、意大利第二位、突尼斯第一位的砧木品种。

5.4.16　161-49

161-49 是法国一个比较主要的砧木品种,是 V. riparia × V. berlandieri 的杂交后代。

该品种容易生根,根系中等,生长势中等,略低于 SO4 砧木。嫁接成活率高。耐 25% 活性钙,抗寒能力中等,抗涝能力差,对线虫敏感。它能延长生长期,提高产量。

5.4.17　196-17

196-17 是 V. rupestris × V. vinifera 的杂交后代。

生长势中等,耐 6% 活性钙,对产量没有影响,根系较浅,抗寒能力较好,抗涝能力中等。对线虫敏感。

5.4.18　3309C

3309C 起源于法国,1881 年 Couderc G. 用河岸葡萄×沙地葡萄杂交育成,因杂交后代为第 33 行第 9 株而得名,在同姊妹系品种 3306、3308、3310 中应用最广。

植物学性状:梢尖光滑,亮绿色。幼叶无毛。叶小,近圆形,光滑,有光泽,暗绿色;全缘或浅三裂;叶缘锯齿双侧凸。叶柄洼开张矢形,基部 V 形。雄花。

农艺学性状:植株生长中庸或较强。对葡萄根瘤蚜有极强的抗性,抗线虫,抗根癌病能力较强,抗旱力差。适宜土层较厚、中等肥沃、有效钙含量低于 11% 和 NaCl 含量低于 0.04% 的土壤。

5.4.19　335EM

335EM 起源于法国,为赤霞珠×冬葡萄的杂种。

植物学性状:梢尖茸毛密,暗红色。幼叶茸毛中密,浅红色。叶小,近圆形,上表面有泡状凸起,下表面茸毛稀;五裂,上裂刻浅;叶缘锯齿宽,双侧凸;叶柄洼闭合圆形,基部 V 形。枝条暗褐色,节间中等长。雄花。

农艺学性状:抗根瘤蚜能力较强,抗结线虫,抗钙能力较强,抗霜霉病,但在波尔多地区表现不抗干枯病、蔓割病,易患缺镁症。砧木扦插生根率较高,但枝条丛生,副梢分生多,枝条细。嫁接成活率中等,树势强于 41B。

5.4.20 41B

41B 由 Millardet 用莎斯拉和冬葡萄育成。

植物学性状:梢尖扁平、开放,被白茸毛,稍带红丝毛。幼叶古铜色,有茸毛。成叶浅绿色,楔形,全缘,边缘向下卷,叶背无毛,叶易破碎,叶柄洼拱形,叶脉具丝毛,锯齿拱形大,齿尖头明显。新梢棱角明显,光滑无毛,基部节紫色,卷须极长、两叉。成熟枝条银灰色带粉,无毛,节部褐色,节间中长,节突出。芽很大,半圆形。雌花可育,果穗极小,小果粒黑色圆形。

农艺学性状:41B 的抗钙能力较强,可抗 40%活性钙。抗根瘤蚜能力一般,对线虫敏感。产枝量中等,扦插生根率中等,砧木育苗圃和母本园需要防治霜霉病。田间嫁接成活率较高,树势中庸,发苗慢,但嫁接树早实丰产性强。41B 是法国等西欧高钙质土地区的重要砧木,其繁殖量占第 4 位,有 18 个品系。

5.4.21 420A

420A 起源于法国,1887 年 Millardet 用冬葡萄×河岸葡萄杂交育成,是广泛用于生产的古老砧木品种之一。

植物学性状:梢尖茸毛中密,灰白色,边缘紫红色。幼叶茸毛稀。叶中等大,近圆形,上表面有网纹状凸起;下表面有稀疏刺毛;三裂;上裂刻浅或中;叶缘锯齿双侧凸;叶柄洼宽拱形,基部 U 形。枝条光滑,红褐色,节间长。雄花。

农艺学性状:植株生长势偏弱,抗根瘤蚜力强,抗旱能力一般,对线虫有一定抗性,可忍耐土壤 20%的有效钙含量。与欧亚种葡萄嫁接亲和力良好,但扦插生根不好,繁殖困难。可提早成熟,常用于嫁接高品质的酿酒葡萄或早熟鲜食葡萄。

5.4.22 5BB

5BB 起源于法国,1904 年 Kober F. 从冬葡萄×河岸葡萄的自由授粉实生苗中选出。

植物学性状:梢尖及幼叶茸毛密,灰白色,边缘紫红色。叶大或极大,近圆形,上表面光滑,背面有稀疏刺毛,叶脉基部紫红色;全缘或浅三裂;叶缘锯齿双侧凸;叶柄洼拱形,基部 U 形。雌能花。果穗小,浆果小,圆形,黑色。

农艺学性状:植株生长旺盛,营养期较短,扦插生根力弱,繁殖系数高。与欧亚种葡萄嫁接亲和力良好,抗根瘤蚜力极强,高抗线虫。对土壤要求不严格,在干旱的沙砾土和湿润的黏土均表现良好,可忍耐 20%左右的有效钙含量和 0.32%～0.39%的 NaCl 含量。

5.4.23 5C

5C 是海湾和三角洲地区比较常见的砧木。

植物学性状:梢尖有茸毛,白色,边缘玫瑰红。新梢有棱纹,节浅紫色,节上有稀茸毛。幼叶有网纹,黄铜色;叶大、楔形、厚,深绿色,平滑,凹形,叶背有稀茸毛;叶柄洼拱形,有时边缘闭合;锯齿尖,极深;叶柄绿色,柄凹中有茸毛。

农艺学性状:它的使用较广,能抗根瘤蚜,较好的抗线虫性,仅次于 Freedom 和 Salt Creek。在肥沃的地区生长较好。抗旱性较差,因此需要精心的灌溉管理。在沙地生长较差。成熟较早,可在高海拔或高纬度地区栽培。

第6章
酿酒葡萄品种区域化
与试验推广

6.1 酿酒葡萄品种区域化

6.1.1 葡萄区域化的历史与现状

中国葡萄栽培具有 2 000 多年的历史（此处时间的计算是从张骞出使西域引进欧亚种葡萄品种进行栽培开始），在长期栽培实践中，形成了各具特色的葡萄产区。这些产区是在不断从中亚和新疆引进欧亚种东方品种群品种的过程中逐渐建立起来的，并形成了与当地自然条件、自然经济特征相适应的品种结构和栽培模式。20 世纪 50 年代以前，中国葡萄种植者对有限的引入品种进行研究，摸索其较适宜的生态条件，筛选适宜的品种，并积累种植这些品种的栽培经验，实现了品种生态需求和自然条件的相对统一，但在葡萄品种引进、栽培的区域化方面，还处在经验探索阶段。

20 世纪 50 年代后期，中国出现了葡萄发展热潮，但也存在片面强调某些社会因素，区域化问题未能引起足够重视，片面发展问题突出的情况。20 世纪 80 年代以来，中国的葡萄专家开始对葡萄区域化问题展开科学的研究，参照国外葡萄区域化所提出的气候指标和区划栽培的做法，结合国情，提出了一些有价值的建议。黄辉白（1980）提出"中国北方葡萄气候区划的初步分析"，中国农科院郑州果树所王宇霖等做了"中国葡萄区划研究报告"（1980—1981 年），对后来的葡萄发展和区域化研究起了先导作用。之后，在新疆、浙江、宁夏、山东、天津以及黑龙江、吉林、辽宁等不同地区，研究人员先后对当地葡萄区域化进行了研究。中国研究人员在引进、推广国外葡萄品种的过程中，按照科学发展观的要求，重视国情，因地制宜。

中国地域辽阔，自然条件、社会条件复杂多样，通过多年的研究与区域化实践，研究人员对气候区域化的主要指标,特别是在酿酒葡萄气候指标及生态区域化、品种区域化与栽培区域化的有机结合方面逐渐取得共识。

6.1.2 葡萄区域化研究概述

研究实践发现,根据葡萄种群、品种群、品种及其用途不同,其对生态条件的要求差异很大,将生态区域化与品种区域化有机结合,是葡萄区划的主要研究任务。

6.1.2.1 生态区域化

(1)温度 决定浆果、枝条在当地能否成熟,葡萄生长发育的各个阶段都有其对温度需求的最低、最高和最适点。一般当温度稳定在 10 ℃ 时,葡萄萌芽开始。

①积温。葡萄从萌芽到成熟期,不同品种对 10 ℃ 以上的活动积温要求不同,特别是对于酿酒品种,生长季积温等温度指标是酿造不同酒型的重要指标。黄辉白以生长季有效积温为主要指标,将中国北方葡萄产区划分为"最凉""凉爽""中温""暖温""暖热"五类地区。杨承时等根据活动积温将新疆划分为 4 个葡萄栽培气候区:Ⅰ区为 4 500～5 000 ℃,Ⅱ区为 4 000～4 500 ℃,Ⅲ区为 3 500～4 000 ℃,Ⅳ区为 2 500～3 000 ℃,此外将吐鲁番单独作为一个区,以显示该产区作为制干生产区域的特殊性。

②最热月份温度。酿酒葡萄通常要求果实成熟后保持有足够的含酸量,尤其是起泡酒和蒸馏酒对酸度要求更高。罗国光根据欧美各国经验指出,生产优质干白葡萄酒的最佳气候条件为冷凉地区,夏季温和而不过热,最热月平均温度为 20 ℃,生产干红的可以略高。但是,中国最热月份温度在 18～20 ℃ 的地区葡萄生长期过短,冬季严寒。酿酒葡萄种植区最热月份平均温度多在 23～25 ℃,因此黄辉白(1980)提出,中国生产优质葡萄酒产区最热月份温度以不超过 24 ℃ 为宜。

③冬季低温。处于休眠状态的欧亚种葡萄成熟枝条的芽眼在 −20～−18 ℃ 时将会遭受冻害,根系受冻害温度为 −5～−4 ℃。黄辉白和罗国光提出,在多年极端低温平均值低于 −15 ℃ 的地区必须进行埋土防寒。

④生育期长短。在中国,无霜期短通常是栽培晚熟品种和极晚熟品种的重要限制因子。尽管很多产区有效积温可以达到甚至超过葡萄生长所需要的有效积温,但是无霜期过短,限制了酿酒葡萄种植的发展。因此李华、火兴三(2006)提出,按照中国的气候特点和葡萄生长的要求,即酿酒葡萄的生长期一般在 150 d 以上,为了使无霜期在 150 d 以上的概率达到 80%,将无霜期≥160 d(30 年无霜期的平均值,且在 30 年中无霜期<150 d 的次数不超过 3 次)作为我国酿酒葡萄栽培的热量最低限(区划北界)。

⑤霜冻。霜冻频发是中国北方少雨区发展葡萄种植的重要限制因素,影响较大的是晚霜。早春回暖较快的宁夏贺兰山东麓、甘肃河西走廊、新疆焉耆盆地以及玛纳斯、内蒙古乌海等地,这些地区常常在葡萄萌芽后发生晚霜冻,导致副芽不易形成花芽的欧亚种绝产,而对副芽容易形成花芽的欧美杂种危害较小。

(2)降水 是选择确定葡萄种以及品种群的重要指标,在品种区划中具有重要意义。降水与空气湿度、云雾日一般呈正相关,而与日照时数呈负相关,并对气温产生影响。

①水热系数。苏联气象学家绥梁尼诺夫根据气温影响土壤蒸发的原理,提出了计算"条件水分平衡"的公式:

$$K = \frac{P \times 10}{\sum t}$$

式中：K 是水热系数（条件水分平衡值）；P 是给定时期中的降水量，mm；$\sum t$ 是给定时期温度高于 10 ℃的总和，℃。

达维塔雅对世界各地葡萄酒产区生态进行分析指出，多数产区浆果成熟期的 K 不超过 1.5，虽然积温对 K 具有一定的调节作用，但当 K 超过 1.5 时，温度的调节作用不大。

葡萄酒品质与葡萄采收前 1～2 个月的降水量呈负相关。酿造优质葡萄酒的浆果成熟期月降水量不能超过 100 mm，旬降水量小于 30 mm，K 小于 1.5，这些都是世界葡萄酒知名产区的共同特点。

中国主要酿酒葡萄产区 7—8 月水热系数（K）大多超过 1.5，进行区划时应当考虑中国大陆性季风气候的特点。罗国光以热量为一级指标，以 7—9 月的水热系数（K）为二级指标，提出中国葡萄气候区划初步方案，中国葡萄栽培气候区域见表 6.1。

表 6.1　中国葡萄栽培气候区域[*]

气候区（活动积温/℃）	亚区		
	A. 干燥亚区　$K<1.5$	B. 湿润亚区　$K=1.5\sim2.5$	C. 过湿亚区　$K>2.5$
Ⅰ. 冷凉区（2 500～3 500）	1. 甘肃河西走廊　2. 晋北大同盆地	1. 内蒙古土默川平原　2. 东北中北部地区	吉林通化地区
Ⅱ. 凉温区（3 000～3 500）	1. 河北桑洋河谷盆地　2. 陕北榆林及银川、兰州地区　3. 新疆伊犁地区　4. 内蒙古辽河平原	晋中太原盆地	辽宁丹东地区
Ⅲ. 中温区（3 500～4 000）	1. 甘肃敦煌地区　2. 内蒙古乌海地区	1. 辽南、辽西地区　2. 河北昌黎、承德地区　3. 山东青岛、烟台地区　4. 陕西陇县、淳化地区	
Ⅳ. 暖温区（4 000～4 500）	1. 关中盆地及晋南运城地区　2. 新疆哈密盆地及南疆地区	1. 北京、天津地区　2. 河北中、南部	
Ⅴ. 炎热区（>4 500）	1. 新疆吐鄯托盆地　2. 新疆阿图什	1. 黄河故道地区　2. 鲁西南地区	
Ⅵ. 湿热区（>4 500）	江西南昌地区	1. 上海及苏南地区　2. 浙北和浙中地区　3. 湖南长沙地区、溆浦地区　4. 福建福州地区　5. 其他南方省区	1. 四川成都地区　2. 云南昆明地区　3. 广州地区

引自：罗国光，1994。

注：[*] 积温为生长季中大于等于 10 ℃的日平均气温之和（即活动积温），K 为 7 月、8 月、9 月 3 个月的平均水热系数。

②干燥度。生长季干燥度作为酿酒葡萄种植区划的水分指标,它是酿酒葡萄在生长季的蒸发蒸腾量(实际需水量,ET_C)与降水量的比值。干燥度的表达式为:

$$DI = \frac{ET_C}{P}$$

$$ET_C = K_C \times ET_O$$

式中:DI 为生长季干燥度;ET_C 为酿酒葡萄生长季的蒸散量;P 为同期降水量;K_C 为作物系数;ET_O 为参考作物蒸散量,按 Penman Monteith(Allen,1998)方法计算。

李华、火兴三(2006)在考虑了我国气候特点和酿酒葡萄生长需要的前提下,通过对几种水分指标的比较和分析,认为将酿酒葡萄生长季(4月1日至9月30日)的干燥度($DI = ET_C/P$)作为我国酿酒葡萄栽培区划的水分指标(区划南界)是适宜的,较其他水分指标确定的区划更符合实际情况。其中 $DI < 110$ 为不适宜种植区;$110 \leqslant DI \leqslant 116$ 为一般种植区;$116 < DI \leqslant 315$ 为适宜栽培区;$DI > 315$ 时在有灌溉条件下,可以获得较好的葡萄品质。

(3)日照 日照时数对葡萄生长和果实品质有重要影响,另外日照对葡萄果实着色也有很大影响。日照时数与降水一般成反比,在西欧葡萄酒产区的生长期内(4—10月),日照时数不低于 1 250 h 是生产优质葡萄酒对日照条件的最低要求,中国各主要葡萄酒产区日照条件基本满足葡萄生长要求。

(4)其他 冰雹、大风、沙暴、冬季持续低温等条件,以及山区的海拔、地形、地势等。在进行区划时都要认真考虑这些因素对葡萄生长所造成的影响。

(5)中国葡萄气候区划 王蕾等(2017)对中国 2 294 个不同气象站点气象数据进行收集,通过将活动积温图层、无霜期图层与干燥度图层叠加,绘制出中国葡萄气候区划图。以活动积温为一级区划指标,无霜期和干燥度为二级区划指标(表 6.2),将中国葡萄适宜栽培区分为A、B、C、D 等 4 区。

表 6.2 中国葡萄气候区划分区标准

分区	活动积温/℃	无霜期/d	干燥度
不适宜	<2 500	—	—
A	≥2 500	<160	≥0.6
B	≥2 500	≥160	≥1
C	≥2 500	≥160	0.6～1
D	≥2 500	≥160	0.25～0.6

引自:王蕾,李华,王华,2017。

6.1.2.2 地理区域化

地理区划也称地块区划,即在气候区划的基础上,根据地形、地势、地理位置、土壤条件等对品种适应性的影响,选择适宜的葡萄基地,它对酒型、酒种、酒质及品种区划意义重大。如冷凉地区宜选择向阳坡地作为红葡萄品种种植区,而热量偏高地区,选择向阳坡未必适宜;另外还要考虑江河湖泊海等水面对葡萄园可能造成的微气候影响。

6.1.2.3 品种区域化

品种区划以生态区划为前提,在引种和品种区域试验中,应首先了解区试地域的主要气候因素和其他生态因素指标,然后根据生态同源理论、品种所属种、品种群及品种所具有的特性,开展品种区域试验,依据试验结果进行品种区划。

品种区划与生态区划具有本质区别,在确定葡萄适宜栽培区时,首先要考虑当地气候生态条件,其次考虑种及种群的气候适应性。所谓葡萄栽培的适宜区与次适宜区,是具体某个种或者种群的适宜区,是生态区划与品种区划相互联系与差异的具体反应。

6.1.2.4 中国酿酒葡萄产区

1.环渤海湾沿海区

该地区酿酒葡萄种植历史悠久,集中了中国葡萄酒生产骨干企业,该地区按照行政区划,包括以下地区:

(1)山东半岛地区　主要包括:蓬莱、平度以及莱州、龙口、招远以及青岛崂山、莱西等地区。

胶东半岛三面环海,气候良好,四季分明,受海洋的影响,与同纬度的内陆地区相比,气候温和,夏无酷暑、冬无严寒,无需埋土。活动积温>4 000 ℃,日照时数为2 852 h,年降水量为500～700 mm。胶东半岛地区的主要气候特点:在温度方面,半岛西部高于东部,北部高于南部,沿海高于内陆,其中莱州、平度、蓬莱、龙口是高温区,年平均气温为12.0～12.6 ℃。其降水量在东部地区较多,西部的大泽山、莱州、龙口、招远、蓬莱的降水量较小。日照量从半岛东部沿海向西北丘陵山地呈递减状态。

胶东地区的烟台是我国近代葡萄酒工业的发祥地。早在1892年爱国华侨张弼士先生就在此创建了张裕酿酒公司,开始生产葡萄酒。该地区企业除张裕以外,近几年烟台威龙葡萄酒股份有限公司、华东葡萄酿酒有限公司、烟台中粮葡萄酿酒有限公司等企业也迅速发展起来,使胶东半岛成为我国最大的葡萄酒产区,产量占全国的40%以上。

现在,比较活跃的酒庄还有蓬莱龙岱酒庄、龙亭酒庄、君顶酒庄以及国宾酒庄,还有莱西的九顶庄园。

(2)河北秦皇岛地区　酿酒葡萄种植主要集中于昌黎县以及卢龙县。

昌黎县地势由西北最高峰碣石山仙台顶向东南倾斜,地貌有山地丘陵、山麓平原、滨海平原。约2/3的酿酒葡萄种植于山地丘陵地带,葡萄园海拔50～350 m,以褐土和棕壤土为主;大约1/3分布于山麓平原,海拔50 m以下,以潮土为主;仅有少量分布于滨海平原。该地区年平均气温11 ℃,有效积温3 814 ℃,无霜期内日照时数1 605 h,年降水量638 mm,其中无霜期内降水量627 mm,属于埋土防寒区。

昌黎县有葡萄酿酒企业30多家,有"中粮华夏长城""朗格斯""茅台"等著名品牌。

卢龙县属低山丘陵区地势,北高南低,北部多低山,中部多丘陵,南部大部分是盆地,为燕山沉降带,母岩主要是花岗岩、片麻岩、石灰岩、砂砾岩等,其形成的土壤多为砾质或沙质褐色壤土。葡萄园主要集中于丘陵地带,海拔22～626 m。该地区年平均气温11 ℃,有效积温4 019 ℃,年日照时数为2 693 h,年降水量676 mm,属于埋土防寒区。

卢龙县的主要企业有香格里拉葡萄酒有限公司等。该地区是酿酒葡萄发展的新产区。

(3)天津地区　葡萄酒生产主要集中在蓟州区以及滨海新区。

蓟州区位于天津北部,与河北、北京接壤,酿酒葡萄种植区集中在北部的缓坡丘陵地带,属于半山区地貌,海拔200～300 m,年平均气温11.5 ℃,有效积温2 157 ℃,无霜期内日照时数大约1 742 h,年降水量678 mm。该地区土壤主要以淋溶褐土为主,属于埋土防寒区。滨海新区属于滨海平原地区,该地区海拔1～1.5 m,土壤以盐化潮湿土为主,年平均气温11.7 ℃,

有效积温 2 160 ℃,无霜期内日照时数达 1 917 h,年降水量 588 mm,属于埋土防寒区。

中法合营王朝葡萄酿酒有限公司是该地区主要葡萄酒企业,年生产规模达 6 万 t,主要出产"王朝"系列产品。

该地区酿酒葡萄种植面积基本稳定,产品的地域特点显著,尤其是王朝出产的玫瑰香半干白葡萄酒,风格独特。

2.环渤海湾内陆区

该地区主要包括山西、河北(怀来、涿鹿)以及北京。

(1)山西晋中太原盆地　年降水量 400~500 mm,属于凉温区,年积温 3 000~3 300 ℃,土质为深厚的黄土。该地区代表企业有太谷的怡园酒庄、乡宁的戎子酒庄。

(2)怀涿盆地　是中国传统的葡萄种植区。这里昼夜温差大,夏季凉爽,气候干燥,雨量偏少,年降水量 372 mm 左右,年平均气温 8.8 ℃,无霜期长达 160 d。日照充足,年平均日照大于 3 000 h,太阳光辐射高达 146.36 kcal/cm²(1 kcal=4.186 8 kJ),热量适中,活动积温为 3 532 ℃。

该地区为丘陵山地,海拔 500 m 左右,土壤为沙褐土,砾石较多,通透性好,需要埋土防寒。

该地区毗邻北京,形成了以长城葡萄酒有限公司为龙头的 20 多家企业。长城葡萄酒有限公司利用当地品种龙眼酿造龙眼干白,开创了中国酿造干型葡萄酒的先河。在这个地区比较活跃的酒庄还有桑干酒庄、迦南酒业、中法庄园、紫晶庄园、马丁酒庄、家和酒庄、贵族酒庄等。现在北京龙徽、丰收两个企业也在怀来建设了酒庄。

(3)北京地区　北京作为中国葡萄酒传统生产地区,一直占据重要地位,目前葡萄酒生产规划主要集中于西北部的延庆和西南部的房山,少量散布于东北部的密云以及南部大兴,拥有龙徽、丰收、波龙堡以及张裕爱斐堡酒庄等企业。房山是北京最为活跃的产区,拥有莱恩堡酒庄、丹世红酒庄、紫雾酒庄、龙熙堡酒庄、年度酒庄等。

3.西北黄土高原区

该地区主要包括宁夏、内蒙古乌海、陕西渭北以及甘肃。

(1)宁夏贺兰山东麓　宁夏酿酒葡萄主要集中于贺兰山东麓的永宁、青铜峡、红寺堡辖区内以及农垦系统。该地区海拔为 1 100 m,红寺堡略高,为 1 300 m,土壤主要为风沙土、风沙灰钙土以及灰钙土,土壤贫瘠,透水性强。该地区年平均气温 9.1 ℃,有效积温 3 378 ℃,无霜期内日照时数 1 897 h,年降水量 186 mm。该地区属于严格埋土防寒区。

该地区目前主要以原酒形式供应国内市场,同时也形成了"贺兰山""西夏王""御马""贺兰晴雪"等当地品牌,建成了张裕摩塞尔十五世酒庄、中粮长城天赋酒庄、酩悦轩尼诗夏桐酒庄、长和翡翠酒庄、类人首酒庄、玉泉国际酒庄、巴格斯酒庄、迦南美地酒庄、留世酒庄、志辉源石酒庄、利斯酒庄、嘉地酒庄、美贺庄园、银色高地酒庄、贺东庄园、米擒酒庄、西鸽酒庄、汇达阳光酒庄、凯仕丽酒庄等 80 多个酒庄,是中国近年来最为活跃的葡萄酒产区。

该地区土质沙性强、冬季冻害、早春倒春寒等问题应该引起充分重视。

(2)甘肃河西走廊　甘肃产区位于河西走廊,包括武威、民勤、张掖等位于腾格里大沙漠边缘的县市,是中国"丝绸之路"上新兴的一个葡萄酒产区。这里气候干旱少雨,热量适中,土壤不太肥沃,适宜酿酒葡萄的种植。这里生产的葡萄成熟充分、糖酸适中、无病虫害,特色突出。

该地区无霜期 165 d,不同产区有效积温有所差异,古浪产区 1 209.5 ℃,武威产区 1 363 ℃,民勤产区 1 509 ℃,年降水量在 200 mm 以下。空气干燥,大气透明度高,光能资源丰富,年日照时数长达 2 730～3 030 h。土壤以砂土为主,土壤结构疏松。

该地区形成了"莫高""祁连""国风"以及"紫轩"等品牌,并吸引威龙葡萄酒股份有限公司入驻。该地区是一个具有优势的白葡萄酒以及早熟红葡萄酒产区。

(3)内蒙古乌海以及陕西渭北地区　内蒙古河套平原乌海市周边也是中国葡萄传统种植区,该地区日照充足,温差大,气候干燥,又有河水灌溉,近几年酿酒葡萄发展很快。陕西渭北高原地区,由于冬季不需要埋土,或者简易埋土即可越冬,也获得许多厂家的关注,最近几年有张裕等企业在当地建设酿酒葡萄原料基地。

乌海以及阿拉善左旗有汉森酒庄、沙恩酒庄、吉奥尼酒庄,陕西咸阳有张裕瑞那城堡酒庄、西安蓝田的玉川酒庄。

4.新疆产区

新疆作为中国最大的葡萄种植区,酿酒葡萄主要包括天山北麓、焉耆盆地、伊犁河谷地区以及吐鲁番—哈密地区。

(1)天山北麓　包括昌吉、石河子、阜康、玛纳斯。玛纳斯、昌吉、石河子,平均海拔 500～600 m,主要为灰漠土、灌淤土。年平均气温 6.8～7.1 ℃,有效积温 2 200～2 300 ℃,年降水量 180～190 mm。而阜康海拔略高,为 600～800 m,无霜期 153 d,年平均气温 6.1 ℃,有效积温 2 100 ℃,年降水量 173 mm。

这里的酿酒葡萄基地主要是由中信国安葡萄酒业有限公司(原新天国际)建设。另外,还有石河子的张裕巴保男爵酒庄、五家渠的中粮天露酒庄。

(2)焉耆盆地　包括焉耆、和硕。新疆南部地区酿酒葡萄种植主要集中于焉耆盆地的焉耆县与和硕县境内,焉耆县平均海拔 1 100 m,种植葡萄的土地主要是山前洪积砂砾土,该地区无霜期 186 d,无霜期内日照时数 1 800 h,年平均气温 8.5 ℃,有效积温 3 510 ℃,年降水量仅有 80 mm,需要人工灌溉,通常采用膜下滴灌。该地区是严格埋土防寒区。当地主要企业有乡都酒业有限公司、天塞酒庄、中菲酒庄、轩言酒庄、元森酒庄等。

和硕县位于焉耆盆地北坡,葡萄种植区平均海拔 1 082 m,主要是山前洪积砂砾棕漠土,该地区无霜期 178 d,无霜期内日照时数 1 798 h,年平均气温 8.5 ℃,有效积温 3 538 ℃,年降水量 89 mm,需要人工灌溉,灌溉方式主要为膜下滴灌,是严格的埋土防寒区。当地代表企业有国菲酒庄、冠农酒庄、芳香庄园、瑞峰酒庄、佰年酒庄等。

(3)伊犁河谷　伊犁河谷地区酿酒葡萄主要集中在新疆生产建设兵团第 70、67 团,种植葡萄的地区平均海拔 700～800 m,土壤以荒漠砂砾、砂壤土为主。该地区无霜期 170 d,年均气温 10.1 ℃,有效积温 2 200 ℃,无霜期内日照时数达 2 000 h。

该地区主要由中信国安葡萄酒业有限公司的原料基地发展起来的,是一个具有一定资源优势的地区。目前比较活跃的企业有伊珠酒业、丝路酒庄、弓月酒庄、卡伦酒庄等。

(4)吐鲁番-哈密　作为中国传统的葡萄干产区,近年来也开始尝试酿酒葡萄种植,当地土质属于灰棕色荒漠土,哈密海拔 2 000 m 左右,而吐鲁番则拥有大陆海拔最低的地区——艾丁湖。该地区气候炎热,降雨稀少,极其干旱,葡萄糖分积累容易,但是往往需要把握好采收时机,控制含酸量。它是潜在的甜葡萄酒产区。

吐鲁番市的蒲昌酒庄、驼铃酒业,鄯善县的楼兰酒庄、新蒲王酒庄以及哈密的新雅酒庄等是这一地区的代表企业。

5. 东北产区

该地区主要包括吉林通化地区以及黑龙江部分地区。该地区夏季凉爽,冬季严寒,生长期短,通常利用当地原产的山葡萄进行酿酒,也是中国独特的酒种之一,形成了以吉林通化地区为中心的山葡萄酒产区。当地代表品牌有通化葡萄酒股份有限公司以及长白山酒业集团。

另外,吉林集安的鸭江谷酒庄和辽宁桓仁县的张裕黄金冰谷酒庄出产的冰酒,具有很好的市场影响力。

6. 云南产区

该地区主要包括弥勒市以及滇西北德钦县。尽管云南纬度较低,不在传统的酿酒葡萄产区纬度带,但是由于特殊的高海拔地形,低纬度高海拔效应,使当地拥有一些独特的小气候产区,形成了弥勒市的云南红、香格里拉市的香格里拉酒业、德钦县的酩悦轩尼诗(香格里拉)敖云酒庄、梅里酒庄。

7. 黄河故道产区

该地区主要包括河南的兰考、民权,安徽的萧县以及苏北的连云港、宿迁等。这里气候偏热,无霜期 210～240 d,土壤为风沙土。年降雨量 800 mm 以上,并集中于夏季。

气候类型为暖温带半湿润气候,气候特点适宜欧美杂种及部分欧亚种的栽培,冬季无需埋土防寒。活动积温 4 000～5 000 ℃,降水量为 600～900 mm,土壤为风沙土。

本地区葡萄成熟期雨水较多,病害较多,葡萄旺长,病害严重,影响品质。

8. 中国其他出产葡萄酒的产区

在广西、四川、湖南等地,最近几年也在利用当地的野生葡萄资源进行酿酒。

6.1.3　酿酒葡萄品种区域化的任务、方法和步骤

6.1.3.1　酿酒葡萄品种区域化的任务

(1)在适宜范围内选择栽培品种　品种本身具有一定的适应范围以及最适宜区域,品种的表现受遗传物质的控制,对外界环境条件的适应能力有一定的限度,超越它就不能适应,可能导致减产或品质下降,失去经济栽培意义,严重的甚至不能生存。如大部分欧亚种葡萄引入中国,在夏季潮湿多雨的长江流域地区栽培时,表现为品质差、病害严重。

因此,在不同生态地理区域内,对葡萄种、品种的选择应当做到因地制宜,各地必须有各自适宜的优良品种,充分利用当地的气候土壤条件,发挥品种的优势,取得良好的经济效益。

另外,选择品种时,还要考虑当地栽培技术条件,不同地区栽培管理技术条件存在差异,影响品种在当地的发展,如有些品种虽然在气候上能够适应一个地区,但是该品种不耐粗放管理,在栽培管理水平低下的地区,就难以发挥该品种的优良特性。

(2)确定不同地区的品种组成　在一个地区,可能适合栽培许多品种,但是生产中,不可能同时栽培过多的品种,应根据当地的自然条件、社会环境和生产管理水平确定最适合的品种组成。根据现代化管理要求,一个地区的栽培品种不能过多,如在法国波尔多地区法定红品种有美乐、赤霞珠、品丽珠、小味儿多、马尔贝克以及卡曼娜,白品种主要有长相思、赛美蓉、小白玫瑰等;勃艮第产区红品种主要是黑比诺、佳美,白品种主要是霞多丽、阿里高特;香槟地区主要品种有霞多丽、黑比诺、缪尼尔等;干邑地区主要品种有白玉霓、鸽笼白、白福尔。

不同葡萄栽培区应当根据葡萄种与酒种区域化的原则,确定本地区适宜的品种组成,以适应现代化葡萄与葡萄酒生产的需要。

6.1.3.2 酿酒葡萄品种区域化的方法和步骤

1.划分自然区域

根据各地的气候条件,如活动积温(≥10 ℃)、年平均温度和各月的平均温度、无霜期、降水分布与降水量、日照等因子划分自然区域(李华和火兴三,2006)。

2.确定品种

确定各个区域发展品种及其组成可以通过多种途径。

(1)调查现有品种的反应。

①调查当地环境条件,即生态条件、灾害性气候条件的频度和危害程度、栽培管理水平及其特点。

②调查现有品种在当地生长的反应,包括产量、品质、成熟期、主要物候期和病虫害发生情况、适应性、抗逆性等。

③栽培者对品种的评价,包括:主要优缺点、存在问题以及解决办法、田间管理要求等。

(2)引种试验、品种比较试验和品种适应性试验。通过各类品种试验,根据供试品种在一定区域范围内的实际表现,给予全面分析研究和鉴定,挑选出适宜本地区发展的主要品种。

(3)资源调查。调查局部区域内发现的品种,在当地经过生产实践检验为优良型的,可能在同一生态区域内扩大繁殖而作为区域化品种。从现有的葡萄园内发现的优良芽变或者实生单体,经鉴定后可以直接利用,或者经过比较试验后选拔为区域化品种。

3.品种更新

区域化品种确定后,应进行品种更新。主要方法有:培育大苗,挖除老园,整块定植;高接换种;行间栽植,逐渐用新株取代老苗;去劣栽优,逐渐淘汰。

区域化不是短期行为,必须要有长期性、系统化的准备,才能形成可靠的结果。

6.2 酿酒葡萄品种试验与推广

6.2.1 品种试验的意义

品种试验包括品种比较试验和适应性试验两个部分,是对新品种(良种选育中的优选类型和外地引入经初评的优良品种)在推广前进行最后的试验鉴定。通过一定的试验设计和统计分析,对评定材料提供最可靠的依据,从而得出正确的最终鉴定结果,以决定新品种是否有生产实践意义。

影响葡萄性状和特性表现的自然因素很多,同时这些因素又难以被我们全面地加以控制,因而造成了田间试验的复杂性。为了使试验资料能反映品种的真实情况,有必要进行多年的、多地区的试验,还要努力提高田间试验的准确性和精确性。

6.2.2 品种试验的原则

品种试验的正确与否,决定于所遵循的试验的基本原则、科学的试验设计及试验资料的统计分析方法。在品种试验时,除了品种间在遗传上的差别外,其他的条件包括土壤条件和农业技术措施等应尽可能一致,尽量减少一切影响试验准确性的误差,才能正确评价品种的优劣。

品种田间试验的结果受葡萄本身、环境条件、栽培管理技术以及其他一些因素的影响,致使实验结果的分析较为复杂。为了使田间试验结果能正确反应品种的实际情况,试验结论准确可靠,必须对试验有周密的设计、详细的观察研究和科学的分析总结。所进行的田间试验数据与过程需做到精确、准确,试验条件具有代表性,试验结果可重复。

6.2.3 提高品种试验准确性的途径

田间实验结果能否反应品种间遗传上的差异,关键在于试验结果的正确与否,因此必须从各个方面全面提高实验的准确性。

(1)供试材料一致性　供试材料在苗龄、苗木品质、砧木、成熟期、株型等方面尽量相近。

(2)试验地块代表性与均一性　试验地块在当地具有代表性,地块内微气候、土质、肥力以及栽培条件等方面均匀一致。

(3)试验小区设置　试验小区面积以 80 m² 以上为宜,采用长方形沿土壤性质改变的方向延伸,如进行拉丁方多次重复法试验时可采用方形小区。

(4)设置重复　可以降低试验变异系数。

根据以上原则,在葡萄品种试验时,小区株数要求 12～16 株,采用多次重复法试验时,重复次数要达到 4～5 次,一般不少于 3 次,对比法可以减少重复次数,以 2～3 次为基础。

(5)设置标准区　安排当地普遍栽培的优良品种作为对照,即标准品种小区。供试品种多时,对照区要相应设置重复。

(6)设置保护行　试验设计时要考虑边际影响,保护行的宽窄根据试验田总面积确定,一般 2～4 行。

(7)试验田管理技术　试验田内各种管理技术应当尽量保持一致,除分品种按照其成熟期分别进行采收操作外。

6.2.4 品种试验设计与田间技术

6.2.4.1 试验设计

田间试验设计首先应当根据试验目的,对试验地进行全面调查研究,根据生物统计学原理进行合理的试验设计。通常采用对比法和多次重复比较法,以及在这两种方法基础上演化出的其他方法。

(1)对比法　每隔两个试验小区设置一个标准区,这样使每个试验品种都能与相邻标准小区进行比较,供试品种多时,可设置 2 次重复。试验区与对照区相邻,容易对比两者之间的本质差异,观察记载方便。但是,对照区多,占用土地多,仅适合种苗少、供试品种不多的情况下选用。

(2)间比法　每隔一定数量的试验小区设置对照,每个重复的首尾均设对照,重复 2～4次,多次重复时应当使相同品种小区相互错开,不排在同一条直线上。

(3)随机区组法　各试验小区(包括对照)在各重复中随机排列,独立而不按照顺序进行,每一区组设置一个对照区,是最常用的一种田间试验设计方法。

优点:能有效地减少试验误差,对试验地块要求仅是每一区组内土壤肥力一致。

缺点:当供试品种过多时,区组过大,会增加区组内土壤差异。

6.2.4.2 试验计划的拟定

葡萄品种试验计划书主要包括以下13个方面。

①试验名称；

②试验目的；

③试验地点；

④试验时间；

⑤品种名称及数量(包括砧木)；

⑥试验地的基本情况：地形、地势、土壤、土层、地下水位和耕作史等；

⑦试验田的田间设计：田间排列方法、小区面积、形状、试验株数、栽植方式和株行距、重复次数、通道、排水沟、保护行、试验田总面积；

⑧苗木准备：砧木来源、品种接穗或插条来源、嫁接期或扦插期、苗木数量；

⑨田间定植：整地情况、定植穴、基肥量、定植过程和方法；

⑩田间管理：肥料种类、施肥时间、数量、方法、灌溉、中耕、除草、病虫害防治、整形修剪与采收等；

⑪观察记载：物候期、气象、作业进度和品质记录；

⑫计划书编制人和执行人姓名；

⑬其他：定植图、观察记载表、产量记录表和资料分析表。

6.2.4.3 田间试验的农业技术

(1)苗木和试验地准备 要求苗木一致性好,砧木相同。土壤准备,小区划分以及标记清晰。

(2)苗木定植 定植前核对苗木编号与品种名称,按照区组逐个小区分别定植。

(3)田间管理 同一区组内不同品种采用相同的田间管理技术操作。

6.2.4.4 田间试验的观察和鉴定

基本的记载项目有：气候因素、田间工作、物候期；葡萄对不良条件的抵抗能力,如抗旱性、抗寒性、抗病性以及其他对产量有显著影响的因素；产量、品质和成熟期等。

6.2.5 品种试验资料的统计与分析

田间试验所获得的资料,必须经过科学的整理与分析,才能得出真实、可靠的结论。通常是根据生物统计学的原理和方法来整理和分析田间试验资料,以获得品种比较试验的结果。

附录 1
葡萄种质资源描述规范

1 范围

本规范规定了葡萄种质资源的描述符号及其分级标准。

本规范适用于葡萄种质资源的收集、整理和保存,数据标准和数据质量控制规范的制定,以及数据库和信息共享网络系统的建立。

2 规范性引用文件

下列文件中的条款通过本规范的引用而成为本规范的条款。凡是注明日期的引用文件,其随后所有的修改单(不包括勘误的内容)或修订版均不适用于本规范,然而,鼓励根据本规范达成协议的各方研究使用这些文件的最新版本。凡是不注明日期的引用文件,其最新版本适用于本规范。

3 术语和定义

3.1 葡萄

葡萄科(Vitaceae Juss.)葡萄属(*Vitis* L.),木质藤本,有卷须,染色体组基数 $x=19(x=20,$圆叶葡萄亚属)。果实为浆果,成熟果实可供鲜食、酿酒、制汁、制干、制罐头等。

3.2 葡萄种质资源

携带各种遗传物质的葡萄栽培资源及其野生近缘植物,包括种、品种、品系、类型及其野生近缘植物。

3.3 休眠期芽眼术语

休眠期芽眼术语见附图1.1。

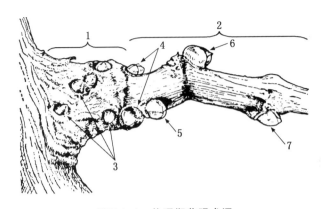

附图 1.1　休眠期芽眼术语

1.芽座　2.结果母枝　3.隐芽　4.基芽　5.第一芽眼

6.第二芽眼　7.第三芽眼

3.4　生长期芽眼术语

生长期芽眼术语见图附1.2。

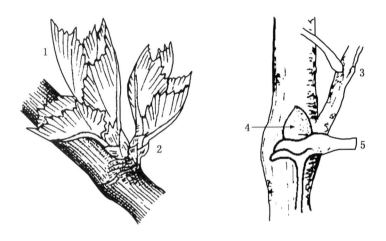

附图 1.2　生长期芽眼术语

1.萌发中的主芽　2.萌发中的副芽　3.夏芽副梢　4.冬芽　5.叶柄

3.5　葡萄新梢各部位术语

葡萄新梢各部位术语见附图1.3。

3.6　葡萄枝条的平面极性

葡萄枝条的平面极性见附图1.4。

3.7　葡萄叶片各部位术语

葡萄叶片各部位术语见附图1.5。

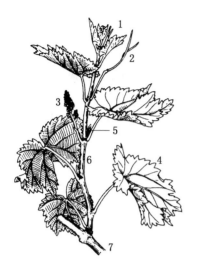

附图1.3 葡萄新梢各部位术语

1.梢尖 2.卷须 3.花序 4.叶片

5.副梢 6.节间 7.结果母枝

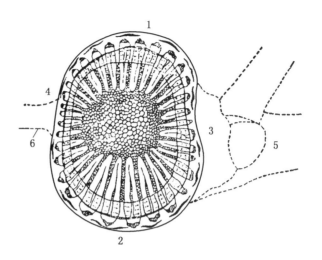

附图1.4 葡萄枝条的平面极性

1.背面 2.腹面 3.凹面 4.平面 5.冬芽 6.卷须

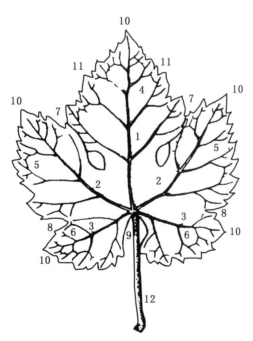

附图1.5 葡萄叶片各部位术语

1.中脉 2.上侧脉 3.下侧脉 4.中央裂片 5.上侧裂片 6.下侧裂片

7.上侧裂刻 8.下侧裂刻 9.叶柄洼 10.裂片顶端叶齿 11.叶缘锯齿 12.叶柄

4 基本信息

4.1 全国统一编号

种质的唯一标识号,葡萄种质资源的全国统一编号由"PT"加 4 位顺序号组成。

4.2 圃编号

葡萄种质在国家果树种质资源圃中的编号也是唯一的,由"GPPT"加 4 位顺序号组成。

4.3 引种号

葡萄种质从国外引入时赋予的编号。

4.4 采集号

葡萄种质在野外采集时赋予的编号。

4.5 种质名称

葡萄种质的中文名称。

4.6 种质外文名

从国外引进葡萄种质的外文名,或国内葡萄种质的汉语拼音名。

4.7 科名

葡萄科(Vitaceae Juss.)。

4.8 属名

葡萄属(*Vitis* L.)。

4.9 学名

葡萄的种名、变种或亚种名称。

4.10 原产国

葡萄种质的原产国家名称、地区名称或国际组织名称。

4.11 原产省

国内葡萄种质的原产省份名称;从国外引进种质的原产国家一级行政区的名称。

4.12 原产地

国内葡萄种质的原产县、乡、村名称。

4.13 海拔

葡萄种质原产地的海拔高度,单位为 m。

4.14 经度

葡萄种质原产地的经度,单位为度(°)和分(′)。格式为 DDDFF,其中 DDD 为度(°),FF 为分(′)。

4.15 纬度

葡萄种质原产地的纬度,单位为度(°)和分(′)。格式为 DDFF,其中 DD 为度(°),FF 为分(′)。

4.16 来源地

从国外引进葡萄种质的来源国家名称、地区名称或国际组织名称;国内葡萄种质的来源省、县名称。

4.17 保存单位

长期保存葡萄种质的单位名称。

4.18　保存单位编号

葡萄种质保存单位赋予的种质编号。

4.19　系谱

葡萄选育品种(系)的亲缘关系。

4.20　选育单位

选育葡萄品种(系)的单位名称或个人。

4.21　育成年份

葡萄品种(系)审定或鉴定的年份。

4.22　选育方法

葡萄品种(系)的育种方法。

4.23　种质类型

葡萄种质类型分为 6 类:

①野生资源;

②地方品种;

③选育品种;

④品系;

⑤遗传材料;

⑥其他。

4.24　图像

葡萄种质的图像文件名。图像格式为 *.jpg。

4.25　观测地点

葡萄种质形态特征和生物学特性观测地点的名称。

5　形态特征和生物学特性

5.1　嫩梢梢尖形态

嫩梢梢尖幼叶与幼茎的抱合状态(附图 1.6)。

1　闭合

3　半开张

5　全开张

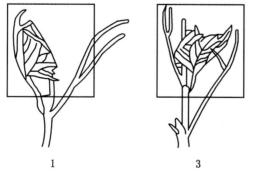

1　　　　　　　　　　3　　　　　　　　　　5

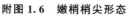

附图 1.6　嫩梢梢尖形态

5.2 嫩梢梢尖茸毛着色

嫩梢梢尖茸毛上的着色程度。

1　无或极浅

3　浅

5　中

7　深

9　极深

5.3 嫩梢梢尖花青素分布

嫩梢梢尖花青素分布的基本形状。

0　无

1　带状

2　全部覆盖

5.4 嫩梢梢尖匍匐茸毛密度

嫩梢梢尖的茸毛分为匍匐茸毛和直立茸毛(附图 1.7)。

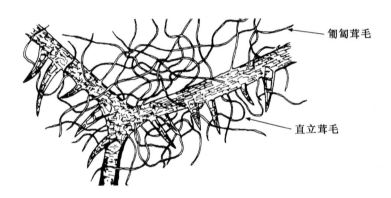

匍匐茸毛

直立茸毛

附图 1.7　嫩梢梢尖茸毛类型

嫩梢梢尖匍匐茸毛的疏密程度。

1　无或极疏

3　疏

5　中

7　密

9　极密

5.5 嫩梢梢尖直立茸毛密度

嫩梢梢尖茸毛的疏密程度。

1　无或极疏

3　疏

5　中

7　密

9　极密

5.6　新梢姿态

在不引缚情况下,新梢的生长姿态(附图 1.8)。

1　直立

3　半直立

5　近似水平

7　半下垂

9　下垂

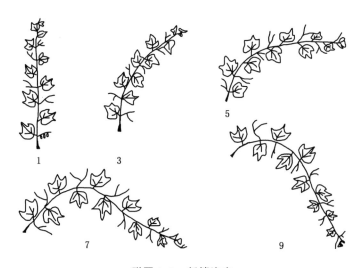

附图 **1.8**　新梢姿态

5.7　新梢卷须长度

新梢中部卷须的伸直长度,单位为 cm。

5.8　新梢卷须分布

新梢中部卷须的分布(附图 1.9)。

1　间断

2　半连续或连续

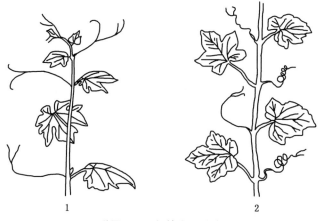

附图 **1.9**　新梢卷须分布

5.9　新梢节上匍匐茸毛的密度

新梢中部节上匍匐茸毛的疏密程度。

1　无或极疏

3　疏

5　中

7　密

9　极密

5.10　新梢节上直立茸毛的密度

新梢中部节上直立茸毛的疏密程度。

1　无或极疏

3　疏

5　中

7　密

9　极密

5.11　新梢节间匍匐茸毛的密度

新梢中部节间上匍匐茸毛的疏密程度。

1　无或极疏

3　疏

5　中

7　密

9　极密

5.12　新梢节间直立茸毛的密度

新梢中部节间上直立茸毛的疏密程度。

1　无或极疏

3　疏

5　中

7　密

9　极密

5.13　新梢节间腹侧颜色

新梢中部节间腹侧颜色。

1　绿色

2　绿色带红色条带

3　红色

5.14　新梢节间背侧颜色

新梢中部节间背侧颜色。

1　绿色

2　绿色带红色条带

3　红色

5.15　冬芽花青素着色程度

生长季节一年生枝条上冬芽花青素着色程度。

1　无或极浅

3　浅

5　中

7　深

9　极深

5.16　成熟枝条表面形状

一年生成熟枝条中部节间的表面形状(附图 1.10)。

1　光滑

2　罗纹

3　条纹

4　棱角

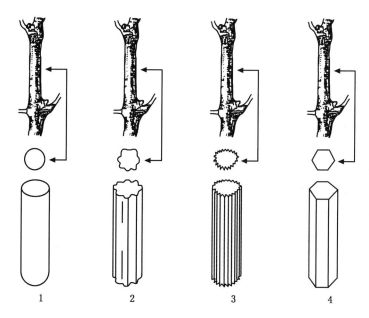

附图 1.10　成熟枝条表面形状

5.17　成熟枝条表面颜色

一年生成熟枝条中部节间的表面颜色。

1　黄色

2　黄褐色

3　暗褐色

4　红褐色

5　紫色

5.18　成熟枝条横截面形状

一年生成熟枝条中部节间横截面的基本形状(附图 1.11)。

    1 近圆形
    2 椭圆形
    3 扁椭圆形

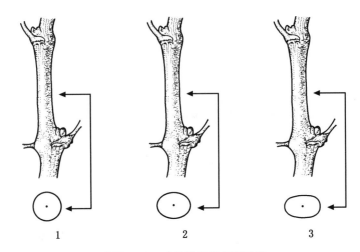

附图1.11 成熟枝条横截面形状

5.19 成熟枝条节间长度

一年生成熟枝条中部的节间长度,单位为cm。

5.20 成熟枝条节间粗度

一年生成熟枝条中部的节间粗度,单位为cm。

5.21 砧木产条量

单位面积符合扦插要求的枝条总长度,单位为m/hm^2。

5.22 愈伤组织形成能力

插条或接穗剪口形成愈伤组织的能力。

    1 低
    3 中
    5 高

5.23 不定根形成能力

插条上形成不定根的条数,单位为条。

5.24 枝条皮孔

一年生成熟枝条表面皮孔的有无。此性状适用于野生类型和砧木类型。

    0 无
    1 有

5.25 枝条皮刺

一年生成熟枝条表面皮刺的有无。此性状适用于野生类型和砧木类型(附图1.12)。

    0 无
    1 有

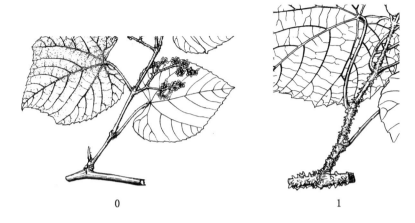

附图 1.12　枝条皮刺

5.26　枝条腺毛

一年生成熟枝条表面腺毛的有无。此性状适用于野生类型和砧木类型(附图 1.13)。

0　无

1　有

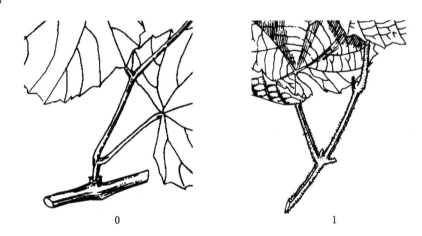

附图 1.13　枝条腺毛

5.27　幼叶上表面颜色

嫩梢 5 片幼叶时上表面颜色的类型。

1　黄绿色

3　绿色带有黄斑

5　红棕色

7　酒红色

5.28　幼叶花青素着色程度

梢尖 2～4 个幼叶花青素着色程度。

1　无或极浅

3　浅

    5   中

    7   深

    9   极深

5.29　幼叶上表面光泽度

幼叶上表面的光泽度。

    0   无

    1   有

5.30　幼叶下表面叶脉间匍匐茸毛的密度

幼叶下表面叶脉间匍匐茸毛分布的疏密程度。

    1   无或极疏

    3   疏

    5   中

    7   密

    9   极密

5.31　幼叶下表面叶脉间直立茸毛的密度

幼叶下表面叶脉间直立茸毛分布的疏密程度。

    1   无或极疏

    3   疏

    5   中

    7   密

    9   极密

5.32　幼叶下表面主脉上匍匐茸毛的密度

幼叶下表面主脉上匍匐茸毛分布的疏密程度。

    1   无或极疏

    3   疏

    5   中

    7   密

    9   极密

5.33　幼叶下表面主脉上直立茸毛的密度

幼叶下表面主脉上直立茸毛分布的疏密程度。

    1   无或极疏

    3   疏

    5   中

    7   密

    9   极密

5.34　成龄叶叶型

葡萄成龄叶的叶型(附图1.14),多数为单叶,极少数为复叶。

    1   单叶

    2   复叶

 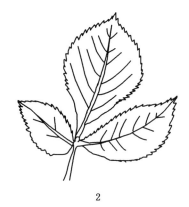

1　　　　　　　　　　　　　　　　　　2

附图 1.14　成龄叶叶型

5.35　成龄叶形状

成龄叶形状(附图 1.15)。

1　心脏形

2　楔形

3　五角形

4　近圆形

5　肾形

5.36　成龄叶上表面颜色

成龄叶上表面的颜色。

1　黄绿色

3　灰绿色

5　绿色

7　深绿色

9　墨绿色

5.37　成龄叶上表面主脉花青素着色程度

成龄叶上表面主脉花青素着色程度。

1　无或极浅

3　浅

5　中

7　深

9　极深

5.38　成龄叶下表面主脉花青素着色程度

成龄叶下表面主脉花青素着色程度。

1　无或极浅

3　浅

5　中

7　深

9　极深

附图 1.15　成龄叶形状

5.39　成龄叶叶柄长度

　　成龄叶叶柄长度(附图 1.16),单位为 cm。

5.40　成龄叶中脉长度

　　成龄叶中脉长度(附图 1.16),单位为 cm。

5.41　成龄叶宽度

　　成龄叶叶宽度(附图 1.16),单位为 cm。

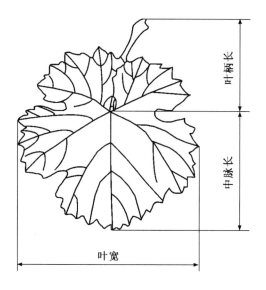

附图 1.16　成龄叶各部位长度的测量

5.42　成龄叶大小

成龄叶中脉长与叶宽之积,单位为 cm^2。

5.43　成龄叶横截面的形状

从成龄叶中部横切,目测横切面形状(附图 1.17)。

1　平

2　V 形

3　内卷

4　外卷

5　波状

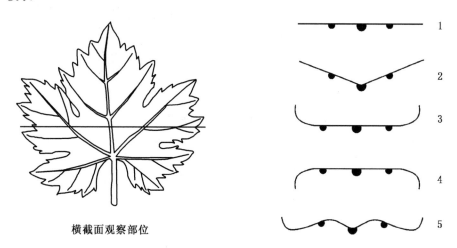

横截面观察部位

附图 1.17　成龄叶横截面的形状

5.44　成龄叶裂片数

成龄叶由明显的裂刻所形成的裂片数(附图 1.18)。

1　全缘

2　三裂

3　五裂

4　七裂

5　多于七裂（不在图中展示）

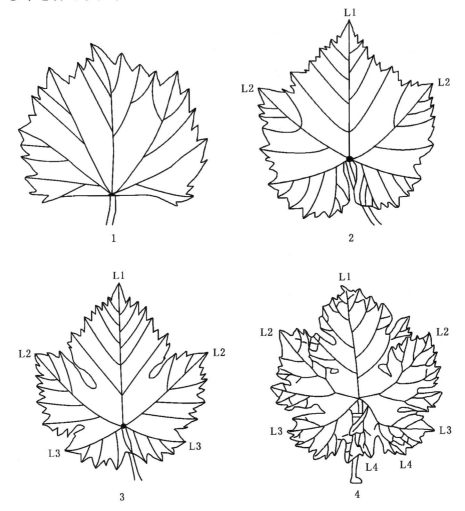

附图 1.18　成龄叶裂片数

5.45　成龄叶上裂刻深度

成龄叶上裂刻的深浅程度（附图 1.19）。

1　极浅

2　浅

3　中

4　深

5　极深

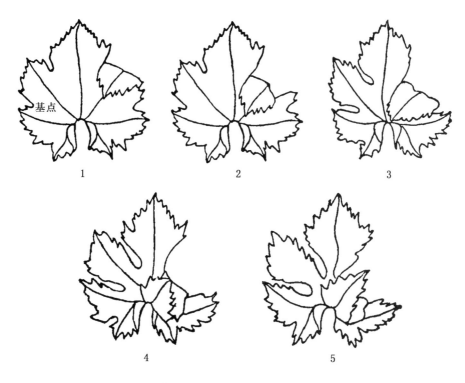

附图 1.19　成龄叶上裂刻深度

5.46　成龄叶上裂刻开叠类型

成龄叶上裂刻开张、闭合类型(附图 1.20)。

1　开张

2　闭合

3　轻度重叠

4　高度重叠

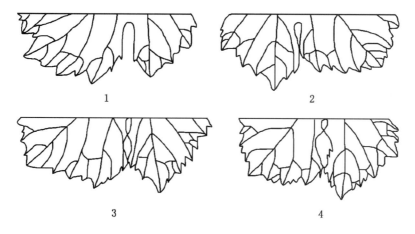

附图 1.20　成龄叶上裂刻开叠类型

5.47 成龄叶裂刻基部形状

成龄叶裂刻基部形状(附图 1.21)。

1 U 形

2 V 形

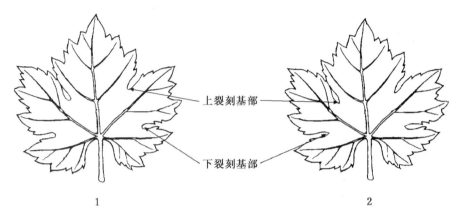

上裂刻基部

下裂刻基部

1   2

附图 1.21 成龄叶裂刻基部形状

5.48 成龄叶叶柄洼开叠类型

叶柄洼为葡萄植物学上的叶基。这里指成龄叶叶柄洼开叠类型(附图 1.22)。

1 极开张

2 开张

3 半开张

4 轻度开张

5 闭合

6 轻度重叠

7 中度重叠

8 高度重叠

9 极度重叠

5.49 成龄叶叶柄洼基部形状

成龄叶叶柄洼基部形状(附图 1.23)。

1 U 形

2 V 形

5.50 成龄叶叶脉限制叶柄洼类型

叶柄洼处,根据是否下侧叶脉限制叶缘,分为不限制和限制两种类型(附图 1.24)。

0 不限制

1 限制

附图 1.22　成龄叶叶柄洼开叠类型

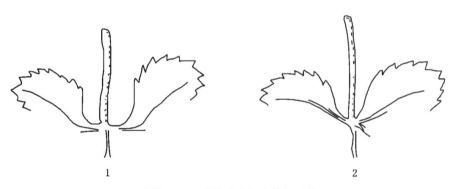

附图 1.23　成龄叶叶柄洼基部形状

附图 1.24　成龄叶叶脉限制叶柄洼类型

5.51　成龄叶叶柄洼锯齿

成龄叶叶柄洼内凸出的锯齿(附图1.25)。

0　无

1　有

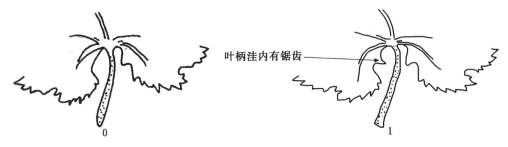

叶柄洼内有锯齿

附图 1.25　成龄叶叶柄洼锯齿

5.52　成龄叶锯齿形状

成龄叶主裂片的锯齿两侧形状(附图1.26)。

1　双侧凹

2　双侧直

3　双侧凸

4　一侧凹一侧凸

5　两侧直与两侧凸皆有

5.53　成龄叶锯齿长度

成龄叶主裂片的锯齿从基部至顶端的长度(附图1.27),单位为cm。

5.54　成龄叶锯齿宽度

成龄叶主裂片的锯齿基部的宽度(附图1.27),单位为cm。

5.55　成龄叶锯齿长宽比

成龄叶锯齿长度与宽度的比值。

5.56　成龄叶上表面泡状凸起状况

成龄叶上表面泡状凸起程度。

1　无或极弱

3　弱

5　中

7　强

9　极强

5.57　成龄叶下表面叶脉间匍匐茸毛密度

成龄叶下表面叶脉间匍匐茸毛分布的疏密程度。

1　无或极稀

3　稀

5　中

7　密

9　极密

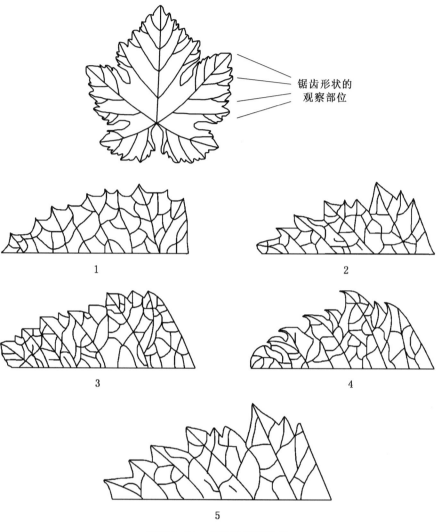

锯齿形状的
观察部位

1

2

3

4

5

附图 1.26 成龄叶锯齿形状

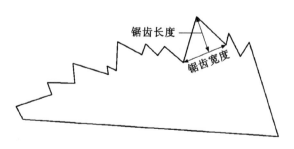

锯齿长度

锯齿宽度

附图 1.27 成龄叶锯齿的长度与宽度

5.58 成龄叶下表面叶脉间直立茸毛密度

成龄叶下表面叶脉间直立茸毛分布的疏密程度。

1 无或极疏

3 疏

5 中

7 密

9 极密

5.59 成龄叶下表面主脉上匍匐茸毛密度

成龄叶下表面主脉上匍匐茸毛分布的疏密程度。

1 无或极疏

3 疏

5 中

7 密

9 极密

5.60 成龄叶下表面主脉上直立茸毛密度

成龄叶下表面主脉上直立茸毛分布的疏密程度。

1 无或极疏

3 疏

5 中

7 密

9 极密

5.61 成龄叶叶柄匍匐茸毛密度

成龄叶叶柄匍匐茸毛分布的疏密程度。

1 无或极疏

3 疏

5 中

7 密

9 极密

5.62 成龄叶叶柄直立茸毛密度

成龄叶叶柄直立茸毛分布的疏密程度。

1 无或极疏

3 疏

5 中

7 密

9 极密

5.63 秋叶颜色

成龄叶在秋季的颜色。

1 黄

2 浅红

3 红

4 暗红

5 红紫

5.64 花器类型

葡萄花的性别类型(附图 1.28)。

1 雄花

2 两性花(2-1 和 2-2)

3 雌能花

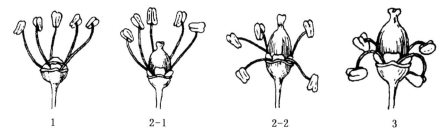

附图 1.28 花器类型

5.65 染色体倍数性

葡萄的体细胞染色体数相对于性细胞染色体数的倍数。

1 二倍体

2 三倍体

3 四倍体

4 非整倍体

5.66 植株生长势

植株生长的旺盛程度。

1 极弱

3 弱

5 中

7 强

9 极强

5.67 萌芽率

一年生枝(冬剪后的结果母枝)上芽眼萌发的百分数,以％表示。

5.68 结果枝百分率

结果枝占新梢的百分数,以％表示。

5.69 每结果枝果穗数

每个结果枝上的平均果穗个数,单位为个。

5.70 第一花序着生位置

第一花序在结果枝上着生的节位数,单位为节。

5.71 第一花序长度

一年生结果枝上第一个花序的长度,单位为 cm。

5.72 坐果率

果穗上着生的果粒数与原花序上花朵总数的比值,以％表示。

5.73 副芽萌发力

冬季剪留的一年生枝上副芽萌发能力。

1 弱

3 中

5 强

5.74 副芽结实力

副芽萌发新梢的结实能力,用副芽新梢的平均果穗数来衡量。

1 弱

3 中

5 强

5.75 隐芽萌发力

多年生枝条上隐芽萌发的能力,以萌发多少来衡量。

1 弱

3 中

5 强

5.76 夏芽副梢生长势

新梢上由夏芽萌发的副梢的生长势。其生长势强弱是由副梢的数量、长短和粗细所构成的。

1 弱

3 中

5 强

5.77 夏芽副梢结实力

夏芽副梢结实能力。

1 弱

3 中

5 强

5.78 产量

单位面积所产鲜果的质量,单位为 kg/hm^2。

5.79 萌芽始期

约5％的芽眼鳞片裂开、露出茸毛、呈绒球状时为萌芽始期(附图1.29),又称绒球期。以"年月日"表示,格式为"YYYYMMDD"。

5.80 开花始期

约5％的花开放时(以花冠脱落为标志)为开花始期,开花过程参照附图1.30进行判断。以"年月日"表示,格式为"YYYYMMDD"。

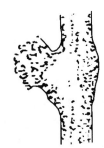

休眠芽 芽眼萌发

附图1.29 葡萄萌芽始期

5.81 盛花期

50%的花开放为盛花期。以"年月日"表示,格式为"YYYYMMDD"。

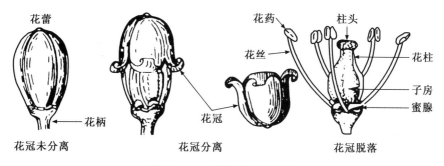

附图 1.30 葡萄的开花过程

5.82 浆果开始生长期

落花终期即为浆果开始生长期。约有 95%的花朵花冠脱落,即标志着浆果生长期的开始。以"年月日"表示,格式为"YYYYMMDD"。

5.83 浆果始熟期

有色品种浆果约 5%开始着色,无色品种浆果约 5%开始变软,即为浆果始熟期。以"年月日"表示,格式为"YYYYMMDD"。

5.84 浆果生理完熟期

浆果完全成熟。以种子变褐或可溶性固形物含量达到最高时为指标。以"年月日"表示,格式为"YYYYMMDD"。

5.85 新梢开始成熟期

新梢的基部节间开始变褐,为新梢开始成熟期。以"年月日"表示,格式为"YYYYMMDD"。

5.86 果穗基本形状

成熟期果穗主体部分的基本形状(附图 1.31)。

1 圆柱形
2 圆锥形
3 分枝形

1　　　　　　2　　　　　　3

附图 1.31 果穗基本形状示意图

5.87　果穗歧肩

果穗歧肩的有无或多少(附图 1.32)。

0　无

1　单歧肩

2　双歧肩

3　多歧肩

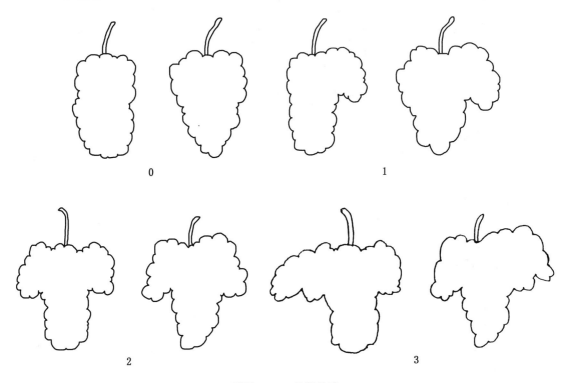

附图 1.32　果穗歧肩

5.88　果穗副穗

果穗上副穗的有无(附图 1.33)。

0　无

1　有

5.89　穗梗长度

从穗梗的着生点至果穗第一分枝的长度(附图 1.34),单位为 cm。

5.90　果穗长度

不包括穗梗的成熟果穗最大长度(附图 1.35),单位为 cm。

5.91　果穗宽度

成熟果穗最大宽度(附图 1.35),单位为 cm。

0　　　　　　　　　　1

附图 1.33　果穗副穗

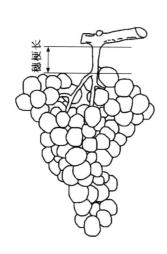

附图 1.34　穗梗长度

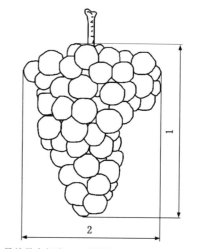

1. 果穗最大长度　2. 果穗最大宽度(不包括副穗)

附图 1.35　果穗长度和宽度

5.92　果穗大小

果穗大小用果穗长与果穗宽之积来表示,单位为 cm^2。

5.93　穗重

成熟期平均果穗质量,单位为 g。

5.94　果穗紧密度

成熟果穗上果粒着生的紧密程度。

1　极疏

3　疏

5　中

7　紧

9　极紧

5.95　单穗粒数

以穗为单位的果粒总数,单位为粒。

5.96 全穗果粒成熟一致性

一个果穗上所有的果粒成熟时期是否一致。

1 不一致

2 一致

5.97 果梗与果粒分离的难易

果粒脱离果梗的难易程度(附图 1.36)。

1 难

2 易

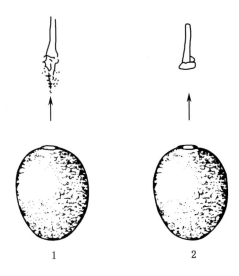

附图 1.36 果梗与果粒分离

5.98 果粒形状

成熟果粒的自然形状(附图 1.37)。

1 长圆形

2 长椭圆形

3 椭圆形

4 圆形

5 扁圆形

6 鸡心形

7 钝卵圆形

8 倒卵形

9 弯形

10 束腰形(或瓶形)

5.99 果粉厚度

成熟果粒的果粉厚薄程度。

1 薄

3 中

5 厚

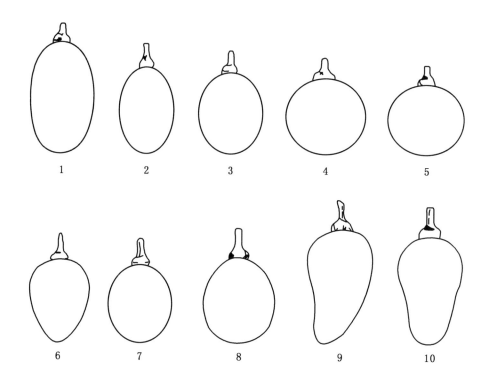

附图 1.37　果粒形状

5.100　果皮颜色

　　成熟果粒不带果粉的果皮颜色。

　　1　黄绿-绿黄

　　2　粉红

　　3　红

　　4　紫红-红紫

　　5　蓝黑

5.101　果粒整齐度

　　成熟果粒的大小和形状的一致性。

　　1　整齐

　　2　不整齐

　　3　有小青粒

5.102　果粒质量

　　成熟果粒的平均质量,单位为 g。

5.103　果粒纵径

　　成熟果粒的平均长度(附图 1.38),单位为 cm。

5.104　果粒横径

　　成熟果粒的平均宽度(附图 1.38),单位为 cm。

5.105　果粒大小

　　果粒大小用果粒长度与果粒宽度之积表示,单位为 cm^2。

5.106　果梗长度

果梗两个着生点之间的长度(附图1.39),单位为cm。

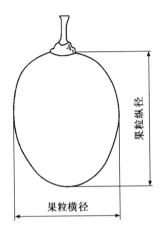 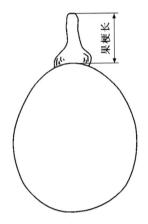

附图1.38　果粒纵径和横径　　　　　　　附图1.39　果梗长

5.107　果粒横切面形状

果粒横切面的基本形状(附图1.40)。

1　不圆

2　圆

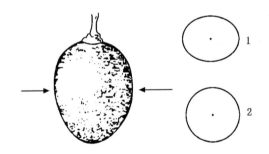

附图1.40　果粒横切面

5.108　种子发育状态

种子的有无和发育状态。

1　无

2　败育

3　残核

4　种子充分发育

5.109　种子粒数

每果粒中充分发育的种子数量,单位为粒。

5.110　种子外表横沟

种子外表横沟的有无(附图1.41)。

0　无

1　有

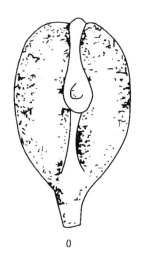
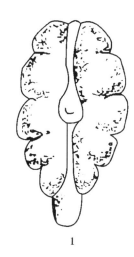

0   1

附图 1.41   种子外表横沟

5.111 种脐

种子背面中央的合点(维管束通过胚珠的地方)(附图 1.42)。

0 不明显

1 明显

5.112 种子百粒重

成熟种子的百粒重,单位为 g。

5.113 种子长度

从种子底部至喙顶端的长度(附图 1.43),单位为 mm。

5.114 种子宽度

种子的最大宽度,单位为 mm。

5.115 种子长宽比

种子长度与宽度的比值。

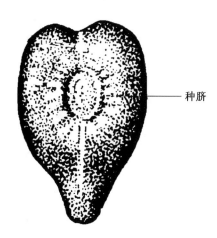

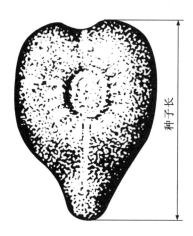

附图 1.42   种脐   附图 1.43   种子长度

6 品质特性

6.1 果皮厚度

成熟果粒果皮的厚薄程度。

1 薄

3 中

5 厚

6.2 果皮涩味

成熟果粒的果皮涩味有无。

0 无

1 有

6.3 果汁颜色

成熟果实的果汁颜色深度。

1 无或极浅

3 浅

5 中

7 深

9 极深

6.4 果肉颜色

果粒剖面果肉颜色的深浅。

1 无或极浅

3 浅

5 中

7 深

9 极深

6.5 果肉汁液

成熟果实的果肉汁液多少。

1 少

3 中

5 多

6.6 果肉香味

成熟果实果肉香味有无及类型。

1 无

2 玫瑰香味

3 草莓香味

4 狐臭味

5 青草味

6 其他

6.7 果肉香味程度

成熟果实的果肉香味程度。

1 淡

3 中

5 浓

6.8 果肉质地

成熟果实的果肉质地。

1 软

2 较软

3 中

4 较脆

5 脆

6 硬

7 有肉囊

6.9 可溶性固形物含量

成熟果实的可溶性固形物含量,以%表示。

6.10 果实含糖量

成熟果实的还原糖含量,以%表示。

6.11 果实含酸量

成熟果实的可滴定酸含量,以%表示。

6.12 出汁率

成熟果粒去果梗榨碎后汁液与果实质量的比值,以%表示。

7 抗逆性

7.1 抗寒

葡萄越冬植株对低温的抵抗能力。

1 极强

3 强

5 中

7 弱

9 极弱

7.2 抗盐

葡萄植株忍耐或抵抗土壤盐分的能力。

1 极强

3 强

5 中

7 弱

9 极弱

7.3 抗碱

葡萄植株忍耐或抵抗碱性土壤的能力。

1 极强

3 强

5 中

7 弱

9 极弱

8 抗病虫性

8.1 抗葡萄白腐病

葡萄植株对白腐病〔White rot, *Coniothyrium diplodiella* (Speg.) Sacc.〕的抗性强弱。

1 高抗

3 抗

5 中

7 感

9 高感

8.2 抗葡萄霜霉病

葡萄植株对霜霉病〔Downy mildew, *Plasmopara viticola* (Berk. & Curtis.) Berl & de Toni〕的抗性强弱。

1 高抗

3 抗

5 中

7 感

9 高感

8.3 抗葡萄黑痘病

葡萄植株对黑痘病(*Sphacelomo ampelinum* de Bary.)的抗性强弱。

1 高抗

3 抗

5 中

7 感

9 高感

8.4 抗葡萄炭疽病

葡萄果实对炭疽病〔*Glomerella cingulata* (ston.) Spauld. et Schrenk〕的抗性强弱。

1 高抗

3 抗

5 中

7 感

9 高感

8.5　抗葡萄白粉病

葡萄植株对白粉病（Powdery mildew，*Uncinula necator* Burr.）的抗性强弱。

1　高抗

3　抗

5　中

7　感

9　高感

8.6　抗葡萄根瘤蚜

葡萄植株对葡萄根瘤蚜（*Phylloxera vastatrix* Planchon）的抗性强弱。

1　高抗

3　抗

5　中

7　感

9　高感

8.7　抗根结线虫

葡萄植株对根结线虫（Root-not nematodes，*Meloidogyne incognita*）的抗性强弱。

1　高抗

3　抗

5　中

7　感

9　高感

9　其他特征特性

种质用途

葡萄种质的最终用途。

1　鲜食

2　酿酒

3　制干

4　制汁

5　制罐

6　砧木

7　其他

附录 2

世界各葡萄酒产区主要葡萄品种列表

1. 法国主要酿酒葡萄品种(附表 2. 1)

附表 2.1 法国主要酿酒葡萄品种

序号	品 种	类型
1	Aligote	白
2	Aranel	白
3	Cabernet Sauvignon	红
4	Carignan Blanc	白
5	Carignan Noir	红
6	Chardonnay	白
7	Chasselas Blanc	白
8	Chenin Blanc	白
9	Cinsault	红
10	Clairette	白
11	Colombard	白
12	Folle Blanche	白
13	Gamay	红
14	Gewurztraminer	粉
15	Grenache Noir	红
16	Grenache Blanc	白

续附表 2.1

序号	品　　种	类型
17	Grenache Gris	粉
18	Grolleau Noir	红
19	Gros Manseng	白
20	Marsanne	白
21	Marselan	红
22	Mauzac Blanc	白
23	Melon Blanc	白
24	Merlot	红
25	Meunier Noir	红
26	Mourvedre	红
27	Muscadelle Blanc	白
28	Muscat a petits grains Blanc	白
29	Muscat d'Alexandrie Blanc	白
30	Muscat de Hambourg	红
31	Muscat Ottonel	白
32	Petit Manseng	白
33	Petit Verdot	红
34	Pinot Blanc	白
35	Pinot Gris	白
36	Pinot Noir	红
37	Portugais Bleu	红
38	Riesling	白
39	Roussanne	白
40	Sauvignon Blanc	白
41	Savagnin Blanc	白
42	Semillon Blanc	白
43	Sylvaner Blanc	白
44	Syrah	红
45	Tannat Noir	红
46	Tempranillo Noir	红
47	Ugni Blanc	白
48	Vermentino Blanc	白
49	Viognier	白

2. 意大利主要酿酒葡萄品种（附表 2.2）

附表 2.2　意大利主要酿酒葡萄品种

序号	原　　名	类别
1	Aglianico	红
2	Ansonica	白
3	Arneis	白
4	Barbera	红
5	Cabernet Franc	红
6	Cabernet Sauvignon	红
7	Carricante	白
8	Catarratto Bianco Comunne	白
9	Chardonnay	白
10	Ciliegiolo	红
11	Coda di Volpe	白
12	Cortese	白
13	Corvina	红
14	Dolcetto	红
15	Falanghina	白
16	Gaglioppo	红
17	Garganega	白
18	Grechetto	白
19	Grillo	白
20	Inzolia	白
21	Lagrein	红
22	Lambrusco	红
23	Malvasia Bianca di Candia	白
24	Malvasia Nera	红
25	Manzoni Bianco	白
26	Merlot	红
27	Monica	红
28	Montepulciano	红
29	Moscato Bianco	白
30	Nebbiolo	红
31	Negroamaro/Negro Amaro	红
32	Nerello Mascalese	红
33	Nero d'Avola/Calabrese	红
34	Nuragus	白
35	Petite Arvine	白
36	Picolit	白
37	Pigato	白
38	Pignolo	红

续附表 2.2

序号	原　名	类别
39	Pinot Grigio	白
40	Primitivo/Zinfandel	红
41	Prosecco	白
42	Refosco	红
43	Ribolla Gialla	白
44	Riesling	白
45	Sagrantino	红
46	Sangiovese	红
47	Schiava	红
48	Schioppettino	红
49	Syrah	红
50	Teroldego	红
51	Tocai Friulano	白
52	Traminer Aromatic/Gewürztraminer	白
53	Trebbiano Aubruzzese	白
54	Trebbiano Romagnolo	白
55	Trebbiano Toscano	白
56	Uva di Troia	红
57	Verdicchio	白
58	Verduzzo	白
59	Vermentino	白
60	Vernaccia	白

3. 西班牙主要酿酒葡萄品种 (附表 2.3)

附表 2.3　西班牙主要酿酒葡萄品种

序号	原　名	类别
1	Airén	白
2	Cabernet Sauvignon	红
3	Carinena	红
4	Chardonnay	白
5	Garnacha	红
6	Gewurztraminer	白
7	Graciano	红
8	Merlot	红
9	Muscat	白
10	Riesling	白
11	Sauvignon Blanc	白
12	Shiraz/Syrah	红
13	Tempranillo	红

4. 德国主要酿酒葡萄品种 (附表 2. 4)

附表 2.4　德国主要酿酒葡萄品种

序号	原　　名	类别
1	Bacchus	白
2	Cabernet Sauvignon	红
3	Chardonnay	白
4	Dornfelder	红
5	Gewürztraminer	白
6	Grauer Burgunder/Ruländer/Pinot Gris	白
7	Kerner	白
8	Lemberger	红
9	Merlot	红
10	Müller-Thurgau	白
11	Muskat-Ottonel	白
12	Portugieser	红
13	Riesling	白
14	Sauvignon Blanc	白
15	Scheurebe	白
16	Schwarzriesling/Pinot Meunier	粉
17	Silvaner	白
18	Spätburgunder/Pinot Noir	红
19	Trollinger	红
20	Weisser Burgunder/Pinot Blanc	白

5. 葡萄牙主要酿酒葡萄品种 (附表 2. 5)

附表 2.5　葡萄牙主要酿酒葡萄品种

序号	原　　名	类型
1	Alvarinho	白
2	Antão Vaz	白
3	Aragonez	红
4	Arinto(Pedernã)	白
5	Avesso	白
6	Azal	白
7	Bastardo	红
8	Batoca	白
9	Bical	白
10	Castelão	红
11	Cercial	白
12	Cornifesto	红
13	Donzelinho Branco	白

续附表 2.5

序号	原　　名	类型
14	Donzelinho Tinto	红
15	Encruzado	白
16	Fernão Pires	白
17	Folgasão(Terrantez)	白
18	Galego Dourado	白
19	Gouveio	白
20	Loureiro	白
21	Malvasia Cândida	白
22	Malvasia Fina	白
23	Malvasia Preta	红
24	Manteúdo	白
25	Maria Gomes	白
26	Marufo	红
27	Moscatel de Setúbal	白
28	Moscatel Galego Branco	白
29	Moscatel Graúdo	白
30	Mourisco	红
31	Mourisco de Semente	红
32	Periquita	红
33	Perrum	白
34	Rabigato	白
35	Rabo de Ovelha	白
36	Ratinho	白
37	Roupeiro	白
38	Rufete	红
39	Samarrinho	白
40	Sercial	白
41	Sousão	红
42	Tinta Amarela/Trincadeira	红
43	Tinta Barroca	红
44	Tinta Carvalha	红
45	Tinta da Barca	红
46	Tinta Francisca	红
47	Tinta Roriz/Tempranillo	红
48	Tinto Cão	红
49	Touriga Brasileira	红

续附表2.5

序号	原　　名	类型
50	Touriga Franca	红
51	Touriga Nacional	红
52	Trajadura	白
53	Verdelho	白
54	Viosinho	白
55	Vital	白

6. 澳大利亚主要酿酒葡萄品种（附表2.6）

附表2.6　澳大利亚主要酿酒葡萄品种

序号	原　　名	类型
1	Cabernet Sauvignon	红
2	Chardonnay	白
3	Grenache	红
4	Merlot	红
5	Mourvedre	红
6	Pinot Gris	白
7	Pinot Noir	红
8	Riesling	白
9	Sauvignon Blanc	白
10	Semillon	白
11	Shiraz/Syrah	红
12	Viognier	白
13	Zinfandel	红

7. 智利主要酿酒葡萄品种（附表2.7）

附表2.7　智利主要酿酒葡萄品种

序号	原　　名	类型
1	Cabernet Sauvignon	红
2	Carmenere	红
3	Chardonnay	白
4	Merlot	红
5	Pais	红
6	Pinot Noir	红
7	Riesling	白
8	Sauvignon Blanc	白
9	Semillon	白
10	Shiraz	红

8. 美国主要酿酒葡萄品种(附表2.8)

附表2.8　美国主要酿酒葡萄品种

序号	原　名	类型
1	Cabernet Sauvignon	红
2	Chardonnay	白
3	Merlot	红
4	Pinot Noir	红
5	Riesling	白
6	Sauvignon Blanc	白
7	Semillon	白
8	Shiraz	红
9	Viognier	白
10	Zinfandel	红

9. 南非主要酿酒葡萄品种(附表2.9)

附表2.9　南非主要酿酒葡萄品种

序号	原　名	类型
1	Cabernet Franc	红
2	Cabernet Sauvignon	红
3	Chardonnay	白
4	Chenin Blanc	白
5	Merlot	红
6	Pinot Noir	红
7	Pinotage	红
8	Riesling	白

10. 阿根廷主要酿酒葡萄品种(附表2.10)

附表2.10　阿根廷主要酿酒葡萄品种

序号	原　名	类型
1	Bobarda	红
2	Cabernet Sauvignon	红
3	Chardonnay	白
4	Chenin Blanc	白
5	Gewürztraminer	白
6	Malbec	红
7	Merlot	红
8	Pinot Noir	红
9	Riesling	白
10	Sangiovese	红
11	Sauvignon Blanc	白
12	Semillon	白
13	Shiraz	红
14	Tempranillo	红
15	Torrontes	白
16	Viognier	白

附录 3

欧洲各国主要砧木名录

1. 法国(附表 3.1)

附表 3.1　法国主要砧木品种名称及其母本种植面积

序号	品种名称	种植面积/hm²						
		1947	1952	1959	1975	1982	1986	1986
1	SO4	3.5	24	47	553	530	472	512
2	41B Mgt	236	471	401	760	347	333	379
3	110 R	29	96	101	369	407	339	376
4	140 Ru.	…	…	1	132	207	246	287
5	3309 C.	572	614	484	351	275	265	276
6	5BB	84	320	269	336	213	196	201
7	1103 P.	…	…	2	197	118	97	104
8	Rup. Lot	777	957	910	493	112	79	81
9	161-49 C.	276	384	375	237	70	63	68
10	101-14 Mgt	36	48	54	43	48	53	53
11	5C Teleki	0.2	0.4	1	25	46	43	44
12	Fercal	…	…	1.5	2	25	34	40
13	420 A Mgt	83	85	103	67	35	32	39
14	RSB 1	…	…	…	16	36	33	33
15	Rip. Gloire	164	227	195	34	34	26.3	27
16	99 R	86	218	206	213	45	26	26
17	125AA	1.9	2	1.5	4.6	19	25	25
18	Vialla	7.6	31	24	44	28	16	19
19	196-17 Cl.	8	2.4	8	16.4	17	14	16
20	44-53 M.	10	153	146	91	19	13.9	14
21	333 E. M.	3	6	6.3	29	20	13.6	14
22	Grézot 1	0.4	0.1	1.3	16.4	3.5	2.5	3
23	4010 Cl.	…	1.3	2.1	1.5	1.2	1.6	2
24	1616 C.	6.5	7	7.6	4	2	1.5	2

续附表 3.1

序号	品种名称	种植面积/hm²						
		1947	1952	1959	1975	1982	1986	1986
25	8 B Teleki	6	3.2	1.8	0.6	1	1	1
26	34 E. M.	3.1	2	1.8	1.4	0.5	0.5	
27	Berl. Col. N°2	0.03	0.05	…	0.8	0.8	0.8	
28	216-3 Cl.	4.4	4	6	0.4	0.01	0.01	
29	1447 P.	…	…	…	…	…	…	
30	31 R.	8.5	10	5				
31	1202 C.	14.3	8	13				
32	93-5 C.	9.5	6	1.8				
33	ARG1	0.1	0.1					
34	ARG2	…	0.2					
35	ARG9	6.4	3.4	2.3				
36	3306 C.	7.2	3.1	5				
37	3307 C.	0.5	0.5					
38	Massanes	7.5	6	1.2				
39	Phénix	2	1.1	1.3				
40	57 R	2.8	3.2	2				
41	503 Bar	2	1	3.3				
42	150-15 M.	2.4	1.3					
43	Solonis	0.6	0.65					
44	106-8 Mgt	1	0.6					
45	261-50 C.	1.1	0.4					
46	62-66 C.	0.4	0.4					
47	59 B	0.3	0.33					
48	1616 E	0.3	0.3	1.2				
49	Rup. Métal.	…	…	0.15				
50	157-11 C.	…	0.15					
51	V 15	0.15	0.16					
52	Rip. Glbre	0.3	0.12					
53	26 G	0.3	0.08					
54	Golia	0.03	0.03					
55	Sioux	0.3	…					
56	其他	11.9	20.43	16.85	4.9	0.99	2.29	2
合计		2 477.51	3 724	3 410	4 043	2 661	2 430	2 644

2. 意大利

意大利葡萄砧木主要有 30 个品种,包括:Rupestris du Lot, Riparia Gloire de Montpellier, 3309 C., 157-11 C., 161-49 C., 41 B Mgt, 420 A Mgt, 101-14 Mgt, 57 Richter, 110 Richter, 775 Paulsen, 779 Paulsen, 1045 Paulsen, 1103 Paulsen, 1447 Paulsen, 140 Ruggeri, 225 Ruggeri, 34 E. M., 17-37 Mgt, Golia, Kober 5 BB, Kober 125 AA, Teleki 8 B, Teleki 8 B

Sélection Ferrari，SO4，26 Geisenheim，Cosmo 2，Cosmo 10，Schwarzmann。

1975 年各品种母本种植面积见附表 3.2。

附表 3.2　意大利各砧木品种母本种植面积

序号	品种名称	面积/hm²
1	Kober 5 BB	1 097
2	140 Ruggeri	291
3	420 A Mgt	235
4	157-11 C.	188
5	SO4	104
6	Kober 125 AA	63
7	34 E. M.	60
8	1103 Paulsen	54
9	26 Geisenheim	43
10	Cosmo 2	40
11	779 Paulsen	39
12	Teleki 5 C	33
13	775 Paulsen	29
14	225 Rggeri	22
15	17-37 Mgt	20
16	Rupestris du Lot	19
17	Cosmo 10	14
18	41 B Mgt	12
19	1045 Paulsen	9
20	3309 C.	8
21	101-14 Mgt	7
22	161-49 C.	6
23	Golia	5
24	Teleki 8 B	2
25	Teleki 8 B Sélection Ferrari	2
26	1447 Paulsen	1.5
27	110 Richter	1.5
28	Schwarzmann	1
29	Riparia Gloire de Montpellier	0.4
30	57 Richter	0.2
31	其他	4.2
合计		2 410.8

3. 德国

在德国使用的砧木主要有以下 9 个品种：SO4，5 C Geisenheim，Teleki 8 B，Kober 5 BB，Kober 125 AA，161-49 Couderc，3309 Couderc，26 Geisenheim，Dr Decker-Rebe。

但是由于气候的原因，德国几乎不进行砧木繁殖，通常所需要的砧木自法国或者意大利进口。

4. 希腊

希腊葡萄生产中使用的砧木主要包括以下 7 个品种：31 Richter，99 Richter，110 Richter，41 B Mgt，420 A Mgt，1103 Paulsen，140 Ruggeri。

5. 西班牙

西班牙的主要砧木包括：99R，110R，161-49C.，41 B Mgt，420 A Mgt，3309 C.，Rupestris du Lot.。另外，6736 Cl，196-17 Cl，228-1 Cl，1616 C.，157-11 C.，34 E.M. 以及 Berlandieri Résséguier N°2 也有使用。

6. 葡萄牙

葡萄牙使用的主要砧木品种包括：Rupestris du Lot，Riparia Gloire，3306 C.，3309 C.，101-14 Mgt，1202 C.，93-5 C.，ARG1，ARG9。另外，106-8 Mgt，4446/144 M.，41 B Mgt，1616 C.，Riparia Marti，Riparia Grand Glabre，Riparia Tomenteux 也有使用。

7. 卢森堡

卢森堡葡萄砧木 60％为 5 BB，另外有 38％ 5 C，2％ 3309 C 和 1616 C。本地繁殖砧木占市场的 40％，其余靠进口平衡。

参 考 文 献

曹骥,林松,朱希孟. 葡萄根瘤蚜发生规律初步研究. 昆虫学报,1962,11(1):59-70.

曹骥. 中国植保学. 北京:科学出版社,1961.

曹孜义,齐与枢. 葡萄组织培养及应用. 北京:高等教育出版社,1990.

晁无疾,江景勇. 葡萄危害性病虫害名录初议. 中外葡萄与葡萄酒,2002(5):27-32.

晁无疾,梁若英,张宏建. 葡萄花粉传粉方式的研究. 葡萄科技,1982(4):1-5.

晁无疾,周敏,张铁强,等. 葡萄缺铁性黄化病调查与矫治试验. 中外葡萄与葡萄酒,2000(2):
25-27.

晁无疾. 用种内品种间杂交的方法培育葡萄抗病虫品种. 国外农学:果树,1985(3):35-36.

陈继峰,孔庆山,刘崇怀,等. 几个主要葡萄砧木品种. 中外葡萄与葡萄酒,2001(2):66-67.

陈继峰,刘三军,孔庆山,等. 葡萄砧木的抗逆性实验. 中外葡萄与葡萄酒,2000(2):16-17.

陈继峰. 葡萄嫁接栽培的优越性以及适栽砧木品种. 葡萄栽培与酿酒,1998(4):28-29.

陈继峰. 葡萄砧木品种的研究现状与展望. 果树科学,2000,17(2):138-146.

陈景新. "燕山葡萄"一种兼备高糖与高抗性野生资源. 中国果树,1979(1):11-15.

陈兰英,方福德. 转基因研究的现状. 生命的化学,1996(1):7-9.

陈仁伟,张晓煜,杨豫,等. 贺兰山东麓六个酿酒葡萄品种抗寒性比较. 北方园艺,2020(6):
43-48.

陈尚武,李德美,罗国光,等. 欧美杂交种酿酒葡萄的历史与展望. 中外葡萄与葡萄酒,2005
(4):28-30.

陈习刚. 葡萄、葡萄酒的起源及传入新疆的时代与路线. 古今农业,2009,1:51-60.

陈习刚. 中国古代的葡萄种植与葡萄文化拾零. 农业考古,2012,4:121-126.

陈振光. 果树组织培育. 上海:上海科学技术出版社,1987.

程大伟,姜建福,樊秀彩,等. 中国葡萄属植物野生种多样性分析. 植物遗传资源学报,2013,
14(6):996-1012.

崔腾飞,王晨,吴伟民,等. 近10年来中国葡萄新品种概况及其育种发展趋势分析. 江西农业
学报,2018,30(3):41-48,53.

戴洪义,孙敏,高传明. 葡萄染色体倍体与气孔性状的关系. 葡萄栽培与酿酒,1990(2):5-9.

杜远鹏,王兆顺,孙庆华,等. 部分葡萄品种和砧木抗葡萄根瘤蚜性能鉴定. 昆虫学报,2008,

51(1):33-39.

段长青,刘崇怀,刘凤之,等. 新中国果树科学研究 70 年——葡萄. 果树学报,2019,36(10):
1292-1301.

范培格,李连生,杨美容,等. 葡萄砧木对接穗生长发育影响的研究. 中外葡萄与葡萄酒,2007
(1):48-52.

高秀萍,郭修武,王克,等. 葡萄砧木抗寒与抗根癌病研究. 园艺学报,1992(4):313-317.

郭磊,韩键,宋长年,等. 葡萄酒砧木研究概况. 江苏林业科技,2011,38(3):48-54.

郭其昌. 美国、法国和苏联的葡萄品种和酒种的区域化. 葡萄栽培与酿酒,1984(2):31-34.

郭其昌. 新中国葡萄酒业 50 年. 天津:天津人民出版社,1998.

郭修武,李铁辉,李成祥,等. 国内外葡萄砧木研究利用状况及我国新引进的葡萄砧木简介.
中外葡萄与葡萄酒,2002(1):28-29.

郭修武. 葡萄根条抗寒性研究. 园艺学报,1989,16(1):17-22.

何宁,赵保璋,方玉凤,等. 葡萄种间杂交抗寒育种的性状遗传. 园艺学报,1981(1):1-8.

贺普超,雷慧英,王跃进,等. 葡萄"闭花受精"与去雄自交结实问题的研究. 西北农林科技大
学学报(自然科学版),1983(1):33-39.

贺普超,罗国光. 葡萄学. 北京:中国农业出版社,1994.

贺普超,牛立新. 电导法测定果树抗寒性中确定适当计量单位的探讨. 中国果树,1986(3):
45-47.

贺普超,任治邦. 我国葡萄属野生种抗炭疽病抗性的研究. 果树科学,1990(1):7-12.

贺普超,王国英. 我国葡萄野生种霜霉抗性的调查研究. 园艺学报,1986(1):17-24.

贺普超,王跃进,王国英,等. 中国葡萄野生种抗病性的研究. 中国农业科学,1991(3):50-56.

贺普超,王跃进. 中国葡萄属野生种抗白腐病的鉴定研究. 中国果树,1988(1):5-8.

贺普超. 不同起源的葡萄杂种实生苗的抗寒性. 园艺学文摘,1981(3):17-18.

贺普超. 匈牙利的葡萄营养系选种. 园艺学文摘,1984(3):15.

贺普超. 葡萄学. 北京:中国农业出版社,1999.

胡祖坤. 葡萄胚囊、胚和胚乳的发育. 山东农业大学学报,1985(2):83-87.

贾长宝. 从文明史视角看古希腊葡萄和葡萄酒的起源传播及影响. 农业考古,2013(1):
291-297.

贾长宝. 文明视角下的古罗马. 葡萄和葡萄酒研究,2013,3:186-192.

蒋迪军,阎平. 葡萄闭花受精观察研究. 葡萄栽培与酿酒,1987(4):10-12.

姜建福,孙海生,刘崇怀,等. 2000 年以来中国葡萄育种研究进展. 中外葡萄与葡萄酒,2010
(3):60-69.

景士西. 关于编制我国果树种质资源评价系统若干问题的商榷. 园艺学报,1993(4):353-357.

菊池秋雄. 果樹園芸学. 东京:養賢堂出版社,1953.

孔庆山. 中国葡萄志. 北京:中国农业科学技术出版社,2004.

李传隆. 烟台地区葡萄根瘤蚜(Phylloxera vitifoliae Fitch)观察. 昆虫学报,1957(7):489-495.

李德美,刘俊,董继先. 砧木在葡萄种植中的优势分析. 河北林业科技,2005(5):59-61.

李华,贺普超,王跃进. 广适性优良欧亚种酿酒葡萄品种研究初报. 北方果树,1990(2):12-15.

李华. 欧亚种葡萄品种对霜霉病感病性的研究. 园艺学报,1988(1):23-26.

李华. 葡萄优质抗病育种新的杂交育种方法. 西北农业大学学报,1989(2):112-114.

李华,火兴三. 中国酿酒葡萄气候区划指标体系及区域化研究. 西北农林科技大学,2006,43
　　(12):69-72.

李华,火兴三. 中国酿酒葡萄气候区划的水分指标. 生态学杂志,2006(9):1124-1128.

李佩芬,卢柄芝,于向荣. 葡萄细胞悬浮培养及诱导研究初报. 园艺学报,1993(3):301-302.

李思经. 生物技术发展的现状和展望. 生物工程进展,1997(1):48-51.

李巍,张福庆,田卫东. 嫁接栽培——实现我国葡萄种植业现代化的重要途径. 中外葡萄与葡
　　萄酒,2001(2):13-14.

林兴桂,孙克娟,沈育杰. 山葡萄品种"左山二". 园艺学报,1991(3):281-283.

林兴桂. 我国两性花山葡萄的发现和利用. 作物品种资源,1982(2):36-37.

刘骏. 龙眼葡萄花序及开花特性的观察. 葡萄栽培与酿酒,1988(2):5-8.

刘丽,刘长远,王辉,等. 不同葡萄品种对霜霉病的抗性. 植物保护,2017,43(2):177-182,195.

刘丽曦,藏立强. 玫瑰香葡萄开花特性. 中国果树,1983(3):1-3.

刘树文,李华,何玲. 新技术在葡萄育种及葡萄酒酿造中的应用. 葡萄栽培与酿酒,1997(2):
　　41-44.

刘永康,程荣臣. 葡萄花期生物学特性观察. 山东果树,1984(3):15-17.

刘育昌. 葡萄遗传育种和品种改良新技术——第七届国际葡萄遗传育种学术讨论会文献综
　　述. 甘肃农业大学学报,1999,34:33-40.

刘允中,王玉旬,李桂珍,等. 促进葡萄杂种实生苗提早结果的研究. 葡萄栽培与酿酒,1984:
　　(2):8-12.

鲁会玲. 寒地栽培葡萄应采用抗寒砧木. 葡萄栽培与酿酒,1999(1):34.

罗国光. 关于蛇龙珠的起源探讨. 果树科学,1999,3:161-164.

涅格鲁里·A M. 葡萄育种原始材料的研究. 苏联农业科学,1957(9):457-460.

蒲富慎. 果树种质资源描述符——记载项目及评价标准. 北京:农业出版社,1990.

乔军,郭修武,马丽. 葡萄砧木对接穗生长发育的影响. 北方果树,2006(2):1-3.

亓桂梅,张久慧,张陆阳. 2010—2014年育出的葡萄新品种及特征分析. 中外葡萄与葡萄酒,
　　2015(5):52-58.

任国慧,吴伟民,房经贵,等. 我国葡萄国家级种质资源圃的建设现状. 江西农业学报,
　　2012,24(7):4.

邵宏波,初立业,姜思来. 转基因技术在果树抗性育种中的应用. 北方园艺,1994(96):12-13.

沈德绪,林伯年. 园艺植物遗传学. 北京:农业出版社,1985.

沈德绪. 果树育种学. 2版. 北京:中国农业出版社,1998.

沈隽,文丽珠,罗方梅. 东北山葡萄生产和利用的现况及其发展前途. 园艺通报,1958(1):
　　46-53.

沈隽. 关于葡萄品种观察记载的项目标准和方法的讨论. 园艺学报,1963(4):353-364.

石荫坪,王强生,尹永胜. 大玫瑰香葡萄的细胞学和育种行为——中国果树资源细胞学研究之三. 山东农学院学报,1983(Z1):1-12.

宋来庆,尹克林,翟衡,等. 蛇龙珠葡萄品种亲缘关系的 RAPD 分析. 中国农学通报,2005, 21(7):4.

孙云蔚. 中国果树史与果树资源. 上海:上海科学技术出版社,1983.

陶然,王晨,房经贵,等. 我国葡萄育种研究概况. 江西农业学报,2012,24(6):24-30.

王华,宁小刚,杨平,等. 葡萄酒的古文明世界、旧世界与新世界. 西北农林科技大学学报(社会科学版),2016,16(6):150-153.

王军,段长青. 欧亚种葡萄(Vitis vinifera L.)的驯化及分类研究进展. 中国农业科学,2010, 43(8):1643-1654.

王克,高秀萍,傅望衡. 葡萄砧木对根癌病抗性的研究. 中国果树,1990(3):12-16.

王蕾,李华,王华. 中国葡萄气候区划Ⅰ:指标与方法. 科学通报,2017,62(14):1527-1538.

王蕾,李华,王华. 中国葡萄气候区划Ⅱ:酿酒葡萄品种区域化. 科学通报,2017,62(14): 1539-1554.

王西平,万怡震,张剑侠,等. RAPD 及其在葡萄研究上的应用. 甘肃农业大学学报,1999(总34): 77-81.

王勇,李玉玲,孙锋,等. 2010 年以来中国葡萄育种研究进展. 中外葡萄与葡萄酒,2021(6): 90-97.

王跃进,Lamikanra O. 葡萄 RAPD 分析影响因子的研究. 农业生物技术学报,1997(4): 387-389.

王跃进,贺普超. 中国葡萄属野生种抗黑痘病的鉴定研究. 果树科学,1987(4):1-8.

吴光林. 果树生态学. 北京:农业出版社,1992.

修德仁,吴德玲,许桂兰,等. 龙眼葡萄的营养系选种. 园艺学报,1991(2):121-125.

杨晶辉. 对葡萄抗寒育种工作中有关问题的商榷. 葡萄科技,1983(2):12-15.

杨亚蒙,姜建福,樊秀彩,等. 葡萄属野生资源分类研究进展. 植物遗传资源学报,2020,21 (2):275-286.

杨增海. 园艺植物组织培养. 北京:农业出版社,1987.

尹永盛. 玫瑰香葡萄芽变简报. 中国果树,1982(2):32-36.

游积峰,谢学梅,陈培民,等. 我国北方葡萄根癌病的发生规律及药剂防治. 植物保护学报, 1986(3):145-150.

愈德浚. 中国果树分类学. 北京:农业出版社,1979.

翟衡,杜金华,管雪强,等. 酿酒葡萄栽培及加工技术. 北京:中国农业出版社,2003.

翟衡,管雪强,郝玉金,等. 葡萄野生资源和砧木抗南方根接线虫鉴定. 葡萄栽培与酿酒,1998 (1):6-7.

翟衡,管雪强,赵锦彪,等. 山葡萄及山欧杂种葡萄对南方根结线虫侵染的反应. 园艺学报, 2000,27(3):182-186.

翟衡,管雪强,赵春芝,等. 中国葡萄抗南方根结线虫野生资源的筛选. 园艺学报,2000,27

(1):27-31.

翟衡,李佳,邢全华,等. 抗缺铁葡萄砧木的鉴定及指标筛选. 中国农业科学,1999,32(6):34.

张大鹏. 法国波尔多地区葡萄栽培方式及其研究进展. 中外葡萄与葡萄酒,1988(3):52-57.

张浦亭,范邦文. 刺葡萄品种"塘尾葡萄". 中国果树,1985(1):32-34.

张文樾. 白香蕉芽变系"吉香"的细胞学研究,葡萄栽培与酿酒,1984(3):1-5.

张玉满,田砚亭,罗晓芳. 葡萄生物技术研究的进展,1997(1):71-74.

张振文. 中国葡萄区划. 2009 中国葡萄产业科技年会,2009,12:5-6.

张振文. 葡萄品种学. 西安:西安地图出版社,2000.

浙江农业大学. 果树育种学. 上海:上海科学技术出版社,1986.

中国农科院果树所育种室葡萄品种选育组. 葡萄抗寒育种的性状遗传倾向. 葡萄科技,1981
　　(3):1-5.

朱林. 葡萄品种花粉和花粉萌发形态的研究. 葡萄栽培与酿酒,1984(1):17-20.

左倩倩,郑婷,纪薇,等. 中国地方葡萄品种分布及收集利用现状. 中外葡萄与葡萄酒, 2019(5):
　　76-80.

Allen R G, Pereira L S, Raes D, et al. Crop evapotranspiration: guidelines for computing
　　crop water requirements. Rome:AOUASTAT Glossary,1998.

Alleweldt G,Speigel R,Reich B. Genetic resources of temperate fruit and nut crops: grapes
　　(Vitis). Talanta,2006,68(5):1512-1521.

Burr T, Otten L. Crown gall of grape: biology and disease management. Annual Review of
　　Phytopathology,1999,37(4):53-80.

Boubals D. Etuds de la distribution des cause de la résistance du Phylloxéra radiccole chez les
　　Vitacées. Plantes,1966,16:327-347.

Boubals D. Burr-Knots on grapevines in Provence. Horticultural Abstracts,1979 (10):639.

Boubals D. Problems on Grenache. Review of plant pathology,1981 (5):231.

Champagnol F. Eléments de physiologie de la vigne et de viticulture générale. Montpellier:
　　Imprimerie Déhan,1984.

Dermen H,Harmon F H,Weinberger J H. Fertile hybrids from a cross of a variety of *Vitis
　　vinifera* with *V. rotundifolia*. Journal of Heredity,1970(61):269-270.

Detjen L R. Pollination of the rotundifolia grapes. Journal of the Elisha Mitchell Scientific
　　Society, 1917, 33(3): 120-127.

Dunstan R T. Some fertile hybrids of bunch and muscadine grapes. Journal of Heredity,
　　1962,53(6): 299-303.

Fry B. Production of tetraploid Muscadine(*V. rotundifolia*) grape by gamma radiation.
　　Proc. Am. Soc. Hort. Sci.,1963(83):388-394.

Galet P C. Précis d'ampélographie pratique. 3rd ed. Montpellier:Imprimerie Charles Déhan,
　　1971.

Galet P C. Vignobles de france, tome 1 les vignes américaines. 2nd ed. Montpellier: Imprimerie

Charles Déhan,1988.

Galet P A. Practical ampelography-grapevine identification. Ithaca：Cornell University Press，1979.

Gu S L. Lethal temperature coefficient-a new parameter for interpretation of cold hardiness. Journal of Horticultural Science & Biotechnology,1999,74 (1):53-59.

Hugh J,Jancis R. The world atlas of wine. London：Mitchell Beazley，2005.

Huglin P，Schneider C. Biologie et ecologie de la Vigne. 2nd ed. Paris：Ed. Tec. & Doc，1998.

Jancis R. Vines grapes & wines. London：Mitchell Beazley，1986.

Jackson R S. Wine science：principles，practice，perception. 2nd ed. New York：Academic Press，2000.

José S C,Alves M A,Marques J C. Multivariate analysis for the classification and differentiantion of Madeira wines according to main grape varieties. Talanta,2006,68(5)：1512-1521.

Kocsis L，Granett J，Walker M A，et al. Grape phylloxera populations adapted to *Vitis berlandieri* × *V. riparia* rootstocks，American Journal of Enology and Viticulture,1999, 50(1):101-106.

Lemanova N B，Bacterial tumors (Agrobacterium tumefaciens) of grapevine in the vineyards of continental Europe Biology of the parasite. Bulletin de l'O. I. V. ,1979:529-539.

Lodhi M A，Ye G N，Weeden N F，et al. Amolecular marker basedlinkage map of vitis. Genome, 1995,38:786-794.

MacNeil K. The wine bible. Beijing：Workman Publishing Company，2001.

Malenin I. Resistance of some grape varieties and rootstocks to A. tumefactions. Plant Breeding Abstracts,1985 (6):523.

Martinez M，Mantilla J L G. Behaviour of *Vitis vinifera* L. cv. Albarino plants，produced by propagation in vitro，when using single bud cuttings. OENO One，1993，27:159-177.

Matsuta N，T Hirabayashi. Embryogenetic cell lines from somatic embryos of grape. Plant Cell Reports，1989(7):684-687.

Monette P L. Grape (Vitis vinifera). Biotechnology in Agriculture and Forestry. Berlin：Springer，1998.

Moore J N,Janick J. Methods in Fruit Breeding. Indiana：Purdue University Press,1983.

Mullins M G. 生长调节剂和果树育种:克服葡萄和柑橘的童期. 陈大明,译. 国外农学(果树), 1991(1):34-35.

Patel G I，Olmo H P. Cytogenetics of Vitis：I. The hybrid *V. vinifera* × *V. rotundifolia*. American Journal of Botany，1955,42(2):141-59.

Reynier A. Manuel de viticulture. Paris:Tec. &Doc. ，2001.

Robert T. Dunstan，some fertile hybrids of bunch and Muscadine grapes. Journal of Heredity,1962，53(6)：299-303.

Ron G G,王同坤. 通过挽救增加欧洲葡萄×圆叶葡萄杂种产生的数量. 葡萄栽培与酿酒，

1990(3):69-72.

Speigel R P. Effect of cyanamide in overcoming grape seed dormancy. HortScience,1987 (2):208-210.

Srinivasan C, Mullins M G. Physiology of flowering in the grapevine-a review. American Journal of Enology and Viticulture, 1981, 32:47-49.

Stamp J A, Meredith C P. Somatic embryogenesis from leaves and anthers of grapevine. Scientia Horticuture, 1988(35):235-250.

Szegedi E, Korbuly J, Koleda I, Crown gall resistance in East-Asian Vitis species and in their *V. vinifera* hybrids. Vitis,1984 (1):21-26.

T Stevenson. The Sotheby's wine encyclopedia. London:Dorling Kindersley,2005.

This P, Lacombe T, Thomas M R. Historical origins and genetic diversity of wine grapes. Trends in Genetics,2006,22(9):511-519.

Wu J A, Zhang Y L, Zhang H Q, et al. Whole genome wide expression profiles of Vitis amurensis grape responding to downy mildew by using Solexa sequencing technology. Bmc Plant Biology , 2010, 10(1):234.

Zinca N. Bacterial Tumors(Agrobacterium tumefaciens) of grapevine in the vineyards of continental Europe. Methods of control, Billetin de l'O. I. V. ,1979 (581-582):540-551.